通用机械设备
（第2版）

主编 窦金平 周 广
主审 解先敏

北京理工大学出版社
BEIJING INSTITUTE OF TECHNOLOGY PRESS

内 容 简 介

本书是高职机电类与设备管理类专业的规划教材。全书共7章，分别介绍起重机械、输送机械、泵、风机、空气压缩机、内燃机及通用机械设备管理基础，各章后均附思考题。

本书可供高职、中职学校有关专业选用，也可供从事企业机械设备维修与管理工作的工程技术人员和其他人员参考。

版权专有　侵权必究

图书在版编目（CIP）数据

通用机械设备／窦金平，周广主编．— 2 版．— 北京：北京理工大学出版社，2019.7（2024.8 重印）
ISBN 978-7-5682-7328-2

Ⅰ．①通… Ⅱ．①窦… ②周… Ⅲ．①通用设备-机械设备-高等学校-教材　Ⅳ．①TH

中国版本图书馆 CIP 数据核字（2019）第 156196 号

责任编辑：多海鹏	**文案编辑**：多海鹏
责任校对：周瑞红	**责任印制**：李志强

出版发行 ／ 北京理工大学出版社有限责任公司
社　　址 ／ 北京市丰台区四合庄路 6 号
邮　　编 ／ 100070
电　　话 ／ （010）68914026（教材售后服务热线）
　　　　　　（010）68944437（课件资源服务热线）
网　　址 ／ http://www.bitpress.com.cn

版 印 次 ／ 2024 年 8 月第 2 版第 4 次印刷
印　　刷 ／ 北京虎彩文化传播有限公司
开　　本 ／ 787 mm×1092 mm　1/16
印　　张 ／ 15
字　　数 ／ 352 千字
定　　价 ／ 46.00 元

图书出现印装质量问题，请拨打售后服务热线，负责调换

前　言

本书是在对全国范围内具有代表性的有关企业和设备工程类专业的毕业生做了广泛的调查，并深入研究21世纪我国经济建设对本专业人才的知识结构与能力结构的要求，总结现有相关专业、课程及编者等经验的基础上，根据全国高职高专院校机械类专业课程组要求进行编写的。《通用机械设备》自2011年12月出版以来，在教学实施过程中取得了较好的应用效果。

由于产业升级和结构调整对技能型人才有新要求，本次修订注意了该领域的现状和发展，展现了该领域中的新知识、新技术、新工艺和新方法；在理论知识的深度和知识点方面力求与目前的高等职业、中等职业教育相适应，图文并茂、深入浅出、通俗易懂；为巩固所学知识，启发学生思考问题，各章后均附有思考题。

通过本课程的学习，使学生懂得通用机械设备的工作原理、结构组成、技术性能；了解常见故障及其产生原因和排除方法；能正确地选、用设备和参加调试、维修工作；能做一些设备改进方面的工作，也为今后从事技术改造、设备更新及引进设备的消化等打下基础。

本书可供高职、中职学校相关专业学生选用，也可供有关工程技术人员参考。

本书在修订过程中得到了石家庄铁路职业技术学院、无锡职业技术学院、南京工业职业技术学院、湖南铁道职业技术学院、武汉职业技术学院、重庆工业职业技术学院、常州机电职业技术学院、番禺职业技术学院、徐州工业职业技术学院、西安航空技术高等专科学校、渤海船舶职业学院、广西机电职业技术学院等多所院校的支持，并提出了宝贵的建议，在此表示衷心感谢。

本书由山东工业职业学院窦金平、周广担任主编。

由于编者水平所限，书中不妥之处在所难免，恳请广大读者给予批评和指正，以便编者及时改进。

编　者

目 录

第一章 起重机械 ... 1
- 第一节 概述 ... 1
- 第二节 卷绕装置 ... 6
- 第三节 取物装置 ... 14
- 第四节 制动装置 ... 18
- 第五节 运行支承装置 ... 22
- 第六节 桥式起重机分类、组成和参数 ... 26
- 第七节 桥式起重机的桥架 ... 28
- 第八节 桥式起重机桥架运行机构 ... 33
- 第九节 桥式起重机的起重小车 ... 37
- 第十节 桥式起重机常见的机械故障及排除方法 ... 44
- 思考题 ... 46

第二章 输送机械 ... 47
- 第一节 概述 ... 47
- 第二节 带式输送机 ... 49
- 第三节 几种输送机械简介 ... 58
- 第四节 气力输送装置 ... 68
- 思考题 ... 74

第三章 泵 ... 75
- 第一节 离心泵工作原理与装置 ... 75
- 第二节 离心泵的性能参数 ... 76
- 第三节 离心泵的基本方程式 ... 81
- 第四节 离心泵的特性曲线 ... 83
- 第五节 离心泵的分类及结构 ... 86
- 第六节 离心泵的运行和调节 ... 95
- 第七节 离心泵的选用 ... 97
- 第八节 离心泵的故障及排除方法 ... 99
- 第九节 其他类型泵 ... 101
- 思考题 ... 104

第四章 风机 ... 105
- 第一节 概述 ... 105
- 第二节 离心通风机的工作原理和主要性能参数 ... 105
- 第三节 离心通风机的结构和分类 ... 108

第四节	离心通风机的运行与调节	115
第五节	离心通风机的型号和选型	118
第六节	离心通风机的故障及排除方法	123
第七节	其他风机	125
思考题		128

第五章 空气压缩机 129

第一节	概述	129
第二节	活塞式空压机的特点、类型和主要参数	129
第三节	活塞式空压机原理	133
第四节	活塞式空压机的结构	135
第五节	空压机工作的调节	146
第六节	空压机常见故障及排除方法	149
思考题		153

第六章 内燃机 154

第一节	概述	154
第二节	曲柄连杆机构	168
第三节	配气机构	176
第四节	润滑系统	184
第五节	冷却系统	186
第六节	汽油机燃料供给系统	188
第七节	汽油机点火系统	195
第八节	柴油机燃料供给系统	199
第九节	发动机的启动	208
思考题		210

第七章 通用机械设备管理基础 212

第一节	通用机械设备管理概述	212
第二节	通用机械设备的合理装备	215
第三节	通用机械设备的资产管理	216
第四节	通用机械设备的合理使用	220
第五节	通用机械设备的更新和改造	220
第六节	通用机械设备的安全管理	223
第七节	通用机械设备的维修管理	224
第八节	通用机械设备的技术档案管理	227
思考题		229

参考文献 230

第一章 起重机械

第一节 概 述

一、起重机械的作用及组成

起重机械是实现企业生产过程机械化和自动化、提高劳动生产率、减轻繁重体力劳动的重要工具和设备。它在工厂、矿山、车站、码头、仓库、水电站和建筑工地等，都有着广泛的应用。随着机械化、自动化程度的不断提高，在生产过程中，原来作为辅助设备的起重机械，有的已成为连续生产流程中不可缺少的专用工艺设备。图 1-1 所示为几种不同类型的起重机。

起重机械的作用是把它所工作空间内的物品，从一个地点运送到另一个地点。它一般由一个能完成上下运动的起升机构和一个或几个能完成水平运动的机构，如运行机构（即行走机构）、变幅机构和绕垂直轴旋转的旋转机构组成。

变幅机构是用于改变旋转起重机的旋转轴线到取物装置（如吊钩）中心线水平距离的机构。常见的变幅机构有两种：一种是使承载小车沿水平臂架运动来实现的，如图 1-1（b）所示，称为运动小车式变幅机构；另一种是通过改变动臂的俯仰倾角而使动臂末端取物装置改变位置的，如图 1-1（c）所示，称为摆动臂架式变幅机构。

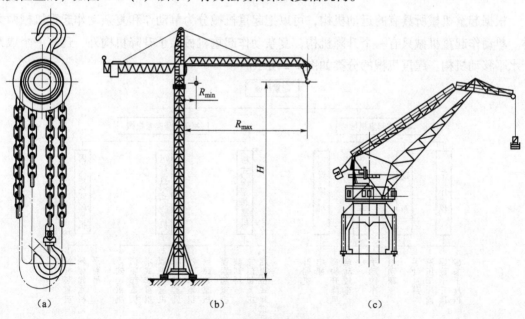

图 1-1 不同类型的起重机
(a) 手拉葫芦；(b) 塔式起重机；(c) 门座起重机；

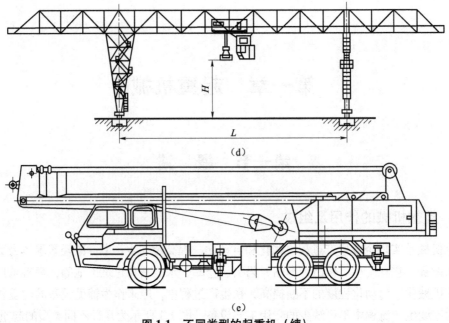

图 1-1 不同类型的起重机（续）

(d) 装卸桥；(e) 汽车起重机

起重机械通常由卷绕装置、取物装置、制动装置、运行支撑装置、驱动装置和金属构架等装置中的几种组成。这些装置中的前4种又是由起重机械专用的零部件所构成的，本课程将分别予以介绍。

二、起重机械的分类

根据起重机械所具有的运动机构，可以把起重机械分为单动作和复杂动作起重机械两大类。单动作起重机械只有一个升降机构，复杂动作起重机械除了升降机构外，还有一个或几个水平移动机构。起重机械的分类如图1-2所示。

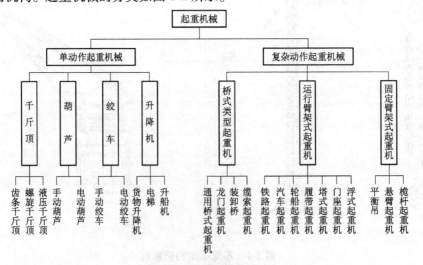

图 1-2 起重机械的分类

三、起重机的主要参数

起重机的主要参数，是设计和选用起重机的主要依据。其主要参数包括以下几项：

1. 额定起重量 G_n

额定起重量是指起重机允许吊起的物品连同抓斗和电磁吸盘等取物装置的最大质量（单位为kg、t），吊钩起重机的额定起重量不包括吊钩和动滑轮组的自重。

2. 跨度 s 和幅度 R

跨度是桥式类型起重机的一个重要参数，它指起重机主梁两端支承中心线或轨道中心线之间的水平距离（单位为m）。幅度是臂架类型或旋转类型起重机的一个重要参数，它是指起重机的旋转轴线至取物装置中心线的水平距离（单位为m）。

3. 起升范围 D 和起升高度 H

起升范围是指取物装置上下极限位置间的垂直距离（单位为m）。起升高度是指地面至吊具允许最高位置的垂直距离（单位为m）。

4. 工作速度

工作速度包括起重机的运行速度（m/min）、起升速度（m/min）、变幅速度（m/min）和旋转速度（r/min）。

5. 生产率

起重机单位时间内吊运物品的总质量，即生产率（单位为t/h）。

6. 质量和外形尺寸

它们是指起重机本身的质量（单位为t）和长、宽、高尺寸（单位为m）。

四、起重机工作级别

对于同样起重量的起重机，在不同场合下使用，它们的工况往往会有很大的差别。为区别起重机的工况，把起重机分为若干个工作级别。工作级别主要是考虑起重量和时间的利用程度以及工作循环次数的工作特性。起重机工作级别的划分与起重机的利用等级和载荷状态有关。

1. 起重机利用等级

起重机利用等级按起重机设计寿命期内总的工作循环次数 N 分为10级，见表1-1。

表1-1 起重机利用等级

利用等级	总的工作循环次数 N	附注	利用等级	总的工作循环次数 N	附注
U0	$1.6×10^4$	不经常使用	U5	$5×10^5$	经常断续地使用
U1	$3.2×10^4$		U6	$1×10^6$	不经常繁忙地使用
U2	$6.3×10^4$		U7	$2×10^6$	
U3	$1.25×10^5$		U8	$4×10^6$	繁忙地使用
U4	$2.5×10^5$	经常轻闲地使用	U9	大于 $4×10^6$	

2. 起重机的载荷状态

载荷状态表明起重机受载的轻重程度，分为4级，见表1-2。

表 1-2 起重机的载荷状态

载荷状态	说明	载荷状态	说明
Q1—轻	很少起升额定载荷，一般起升轻微载荷	Q3—重	经常起升额定载荷，一般起升较重载荷
Q2—中	有时起升额定载荷，一般起升中等载荷	Q4—特重	频繁起升额定载荷

3. 起重机工作级别的划分

按起重机的利用等级和载荷状态，工作级别分为 A1~A8，共 8 级，见表 1-3。

表 1-3 起重机工作级别的划分

载荷状态	利用等级									
	U0	U1	U2	U3	U4	U5	U6	U7	U8	U9
Q1—轻			A1	A2	A3	A4	A5	A6	A7	A8
Q2—中		A1	A2	A3	A4	A5	A6	A7	A8	
Q3—重	A1	A2	A3	A4	A5	A6	A7	A8		
Q4—特重	A2	A3	A4	A5	A6	A7	A8			

桥式起重机工作级别举例见表 1-4。

表 1-4 桥式起重机工作级别举例

取物装置	使用场地	使用程度	起重机工作级别
吊钩	电站、动力房、泵房、仓库、修理车间、装配车间	极少使用	A1
		很少使用	A2
		轻度使用	A3
	企业的生产车间、货场	中等使用	A4
		较重使用	A5
		繁重使用	A6
抓斗、电磁吸盘	仓库、料场、车间	较重使用	A5
		繁重使用	A6
		极重使用	A7

五、起重机机构工作级别

同一起重机中不同机构在工作时的情况各不相同，因此，把各机构的工作也划分成若干个工作级别，称为机构工作级别，这与起重机工作级别类似。它是按机构的利用等级和载荷状态进行划分的。

1. 机构利用等级

按机构总设计寿命分为 10 级，见表 1-5。

表 1-5 机构利用等级

机构利用等级	总设计寿命/h	说　明	机构利用等级	总设计寿命/h	说　明
T0	200	不经常使用	T5	6 300	经常中等地使用
T1	400		T6	12 500	不经常繁忙地使用
T2	800		T7	25 000	繁忙地使用
T3	1 600		T8	50 000	
T4	3 200	经常轻闲地使用	T9	100 000	

2. 机构的载荷状态

机构的载荷状态表明机构受载的轻重程度，分为 4 级，见表 1-6。

表 1-6 机构的载荷状态

载荷状态	说　明	载荷状态	说　明
L1—轻	机构经常承受轻的载荷，偶尔承受最大的载荷	L3—重	机构经常承受较大的载荷，也常承受最大的载荷
L2—中	机构经常承受中等的载荷，较少承受最大的载荷	L4—特重	机构经常承受最大的载荷

3. 机构工作级别的划分

按机构的利用等级和载荷状态分为 8 级，即 M1~M8，见表 1-7。电动葫芦往往是作为桥式起重机的起升机构和小车的运行机构使用的，所以它的工作级别是按起重机的机构工作级别划分的。

表 1-7 机构工作级别

载荷状态	机构利用等级									
	T0	T1	T2	T3	T4	T5	T6	T7	T8	T9
L1—轻			M1	M2	M3	M4	M5	M6	M7	M8
L2—中		M1	M2	M3	M4	M5	M6	M7	M8	
L3—重	M1	M2	M3	M4	M5	M6	M7	M8		
L4—特重	M2	M3	M4	M5	M6	M7	M8			

除上面提到的起重机工作级别、起重机机构工作级别外，《起重机设计规范》（GB/T 3811—2008）中还规定了起重机结构工作级别，按结构件中的应力状态和应力循环次数分为 A1~A8，共 8 级。以上这几种"工作级别"的划分方式都是相似的。

某一起重机的工作级别与其结构工作级别，特别是与主起升机构的工作级别有关。

起重机工作级别的划分，有利于制造厂进行系列生产，以降低生产成本、保证起重机的寿命。对用户来说，除根据起重量、跨度、起升高度、工作速度等主要性能参数选用起重机械外，还要从实际出发提出对起重机械工作级别的要求。

第二节　卷绕装置

卷绕装置在起重机械中的应用很广泛。图1-3所示为桥式起重机起升机构简图，卷绕装置是其中的一个组成部分。起升物品时，卷筒1旋转，通过钢丝绳2经动滑轮3和定滑轮5，使吊钩4竖直上升或下降。由此可知，卷绕装置是由起重用挠性件（钢丝绳或焊接链）、起重滑轮组和卷筒等构成的。

一、绳索滑轮组

1. 绳索滑轮组种类

绳索滑轮组是一种用于改变力和速度的滑轮、绳索系统，通常简称为滑轮组。它由若干个动滑轮、定滑轮和绳索组成。滑轮组有省力滑轮组和增速滑轮组两种。省力滑轮组在起重机中应用很广泛，常被称为起重滑轮组。

起重机起吊的物品，可以直接悬挂于卷筒末端的钢丝绳上，也可以通过滑轮组、钢丝绳与卷筒联系。动滑轮与定滑轮及卷筒间的每一段钢丝绳叫作一个绳索分支。使用这种起重滑轮组的优点是各分支可以用较小的绳索拉力提升较大的载荷，但载荷的升降速度却比不用滑轮组的低。

实际使用的起重滑轮组有单一滑轮组和双联滑轮组两种。桥式起重机中使用的单一滑轮组如图1-4所示，这种滑轮组在钢丝绳绕上或退出卷筒即吊钩在升降的同时，吊钩的悬挂点

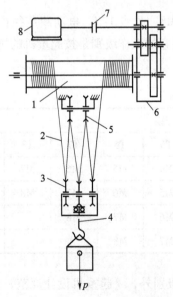

图1-3　桥式起重机起升机构简图
1—卷筒；2—钢丝绳；3—动滑轮；4—吊钩；5—定滑轮；
6—减速器；7—联轴器；8—电动机

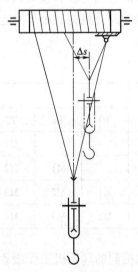

图1-4　单一滑轮组起升时的水平位移

还会产生水平方向的位移，这对用于安装或浇注等工作的起重机来说是不允许的。此外，它还会使起重载荷在桥式起重机两根主梁上的分配不等。因此，起重机上常成对地使用滑轮组，形成如图1-5所示的双联滑轮组。在双联滑轮组中，为了使绳索由一个滑轮组过渡到另一个滑轮组，中间应用了平衡滑轮，它可以调整两个滑轮组钢丝绳的拉力和长度；也有用平衡杠杆代替平衡滑轮来起作用的。

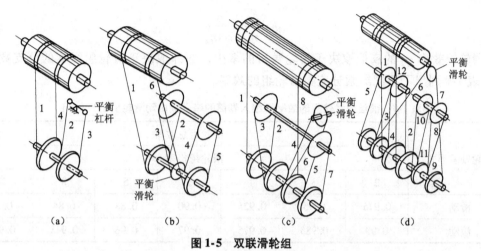

图1-5 双联滑轮组

(a) 平衡杆式；(b) 6分支；(c) 8分支；(d) 12分支

2. 滑轮组的倍率

在不考虑其他阻力的情况下，单一滑轮组中绕入卷筒的绳索分支上拉力与其他各分支拉力相同，都等于 F_0，故可写出下式：

$$F_0 = \frac{p}{m} \tag{1-1}$$

式中，p——吊钩的起升载荷（即起升质量的重力）；

m——滑轮组的倍率，数值上等于单一滑轮组的承载绳索分支数（图1-3中滑轮组 $m=3$），它是起重滑轮组省力的倍数，也是载荷升降被减速的倍数。

对于双联滑轮组，载荷 p 的承载绳索分支数为 $2m$，即钢丝绳每一分支拉力为

$$F_0 = \frac{p}{2m} \tag{1-2}$$

3. 滑轮组的效率

式（1-1）、式（1-2）中的拉力 F_0，是指滑轮组停止运动或虽在运动但忽略了各种阻力的理想状况下的拉力。实际上，滑轮组中的每个一动滑轮和定滑轮的轴承处都存在着摩擦阻力，并且钢丝绳在绕入、绕出各个滑轮时，由直变弯或由弯变直都存在着附加阻力，这个阻力就是钢丝绳的僵性阻力。

由于有着上述的两种阻力，绕入卷筒的绳索分支上的实际拉力 F 必定比理想拉力 F_0 大，若以 η_z 表示滑轮组的效率，则

$$\eta_z = \frac{F_0}{F} < 1 \tag{1-3}$$

在滑轮组效率 η_z 已知的情况下，单一滑轮组中绕入卷筒的那个绳索分支的实际拉力 F 可用式（1-4）求出，即

$$F = \frac{F_0}{\eta_z} = \frac{p}{m\eta_z} \tag{1-4}$$

当采用双联滑轮组时，绕入卷筒的一根绳索分支的实际拉力为

$$F = \frac{F_0}{\eta_z} = \frac{p}{2m\eta_z} \tag{1-5}$$

滑轮组效率 η_z 的高低取决于滑轮数目的多少，亦即取决于滑轮组绳索的分支数。表1-8、表1-9列出了不同绳索分支数滑轮组的效率。

表1-8 钢丝绳滑轮组的效率（绕入卷筒的牵引绳由动滑轮引出）（一）

滑轮轴承形式	滑轮组总效率						
	滑轮组倍率 m						
	2	3	4	5	6	8	10
滑动	0.975	0.95	0.925	0.90	0.88	0.84	0.80
滚动	0.99	0.985	0.975	0.97	0.96	0.945	0.915

表1-9 钢丝绳滑轮组的效率（绕入卷筒的牵引绳由动滑轮引出）（二）

滑轮轴承形式	滑轮组总效率						
	滑轮组倍率 m						
	2	3	4	5	6	8	10
滑动	0.93	0.905	0.88	0.856	0.84	0.80	0.76
滚动	0.97	0.965	0.955	0.95	0.94	0.925	0.905

对于单一滑轮组，绕入卷筒绳索分支的实际拉力 F 就是作用在卷筒上的圆周力。若为双联滑轮组，则卷筒上的圆周力为 $2F$。根据实际拉力 F，就可以求出卷筒所需的驱动力矩和选择所需要的钢丝绳。

二、滑轮

滑轮用于支承钢丝绳，并引导钢丝绳方向的改变。滑轮的结构和绳槽断面形状分别如图1-6和图1-7所示。钢丝绳绕进或绕出滑轮时偏斜的最大角度应不大于4°，滑轮绳槽断面的有关尺寸应按 JB/T 9005.1—1999 的规定进行加工。绳槽的表面粗糙度分为两级：1级表面粗糙度 Ra 为 6.3 μm；2级表面粗糙度 Ra 为 12.5 μm。滑轮直径的大小将直接影响到钢丝绳的寿命。增大滑轮的直径将减小钢丝绳的弯曲应力和钢丝绳与滑轮间的挤压应力。为保证钢丝绳的寿命，滑轮的最小缠绕直径应满足以下条件：

$$D_{0\min} = hd \tag{1-6}$$

式中，$D_{0\min}$——按钢丝绳中心计算的滑轮的最小缠绕直径（mm）；

h——与机构工作级别和钢丝绳结构有关的系数，按表1-10选取；

d——钢丝绳的直径(钢丝绳外接圆直径)(mm)。

双联滑轮组所用平衡滑轮的直径,对于桥式起重机也取 D_{0min}。

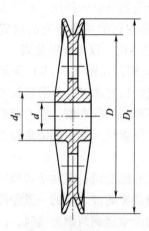

图 1-6 滑轮的结构

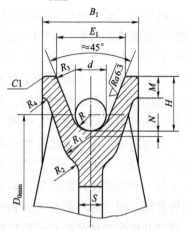

图 1-7 滑轮绳槽断面形状

滑轮应用不低于 HT200、ZG230-450 或 QT400-18 的材料铸成。直径较小时,滑轮可铸成实心的圆盘;直径较大时,圆盘上应带有刚性肋和减重孔;对于大尺寸滑轮,为减轻自重,采用焊接性好的 Q235 钢,以焊接轮代替铸造轮。

表 1-10 系数 h

机构工作级别	卷筒	滑轮	机构工作级别	卷筒	滑轮
M1~M3	14	16	M6	20	22.4
M4	16	18	M7	22.4	25
M5	18	20	M8	25	28

三、卷筒

在起升机构中,卷筒是用来驱动和卷绕钢丝绳的,即利用它的旋转运动使钢丝绳带动载荷升降,其结构如图 1-8 所示。

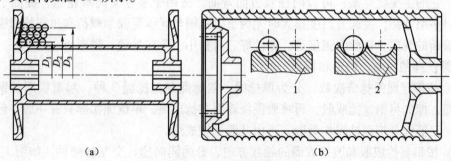

图 1-8 绳索卷筒结构

(a)光面卷筒;(b)螺旋槽卷筒

1—标准槽;2—深螺旋槽

钢丝绳在卷筒上的卷绕方式有单层卷绕和多层卷绕两种。桥式起重机上常用单层卷绕方式，但在起升高度很大时采用多层卷绕。多层卷绕使用的是光面卷筒。工作时，钢丝绳一层绕满后，再绕第二层。各层钢丝绳互相交叉，内层钢丝绳受到外层的挤压，而且各圈钢丝绳互相摩擦，这就使多层卷绕的钢丝绳寿命降低。多层卷绕卷筒的两侧壁有的制成略向内倾斜，如图1-7（a）所示，这有助于各层钢丝绳之间有一定错位，以免绳圈叠高。

单层卷绕的卷筒，表面都加工有卷绕钢丝绳用的螺旋槽，如图1-7（b）所示。这种槽形增大了钢丝绳与卷筒的接触面积，并能防止相邻钢丝绳的相互摩擦，从而延长了钢丝绳的使用寿命。螺旋槽有标准槽和深槽两种形式。一般情况下都使用标准槽，它的槽距比深槽的短些，因而卷筒的工作长度比深槽的要短，结构紧凑。当绳索绕入卷筒的偏角较大时，为防止绳索脱槽乱绕，可采用引导作用好的深槽卷筒。

对于单一滑轮组使用的卷筒，只在上面加工一条右旋的螺旋槽；而对于和双联滑轮组一起使用的卷筒，则应有与螺旋方向相反的两条螺旋槽，两条螺旋槽之间的一段卷筒应做成光面的。当起升机构把载荷提升到最高位置，双联滑轮组的绳索绕满两螺旋槽时，由动滑轮出来的两段绳索应靠向卷筒中部，这样可使绳索在载荷位于高位和低位时的偏角都不致太大。

卷筒的最小卷绕直径按下式确定：

$$D_{0\min} = hd$$

式中，$D_{0\min}$——按钢丝绳中心计算的卷筒最小卷绕直径（mm）；

　　　h——与机构工作级别和钢丝绳结构有关的系数，按表1-10选取；

　　　d——钢丝绳直径（mm）。

卷筒长度的确定与提升高度、所采用滑轮组形式及卷筒直径有关。

卷筒材料一般应用不低于HT200或ZG230-450的材料铸造。铸造卷筒的结构形式按JB/T 9006.2—1999的规定，分为A、B、C、D四型。标准对每型的结构、尺寸和加工要求都用图表作出了具体规定，大型卷筒多用Q235钢板卷成筒形焊接而成。

四、钢丝绳

起重机上所用的钢丝绳是一种挠性件。所谓挠性，就是有易于弯曲的特性。起重机上用的挠性件还有焊接链、片式关节链等，与钢丝绳相比，这两种链条都可以在直径很小的链轮上工作，而钢丝绳工作的滑轮或卷筒的直径则比链轮要大得多。但钢丝绳在起重机上仍广泛应用，它的主要优点是：可以向任意方向弯曲，适用于多分支的滑轮组，提高了起重能力；可以多层卷绕，在起升高度很大时尤为重要；钢丝绳承受骤加载荷和过载能力强，极少有骤然破断的现象；钢丝绳强度高、弹性好、自重小、工作平稳、噪声小。

1. 钢丝绳的种类、构造和标记

（1）按钢丝绳的捻绕次数，分为单捻绳、双捻绳和三捻绳3种。起重机用的钢丝绳多为双捻绳，即先将钢丝捻成股，再将股围绕着绳芯捻成绳。单捻绳实际只有一股，经一次捻制而成，三捻绳是把双捻绳作为股，再由几股捻绕成绳。

（2）按钢丝捻成股和股捻成绳的相互方向，分为同向捻、交互捻两种，如图1-9所示。钢丝在股中的捻向与股在绳中的捻向相同的称为同向捻，捻向相反的称为交互捻。同向捻的钢丝绳挠性好、寿命长，但易松散和产生扭转，用于经常保持张紧状态的场合，在起升机构中不宜采用。交互捻的钢丝绳挠性与使用寿命比同向捻的差，但这种钢丝绳不易松散和扭转，所以在起重机中应用广泛。

钢丝绳的捻制方向，国标规定用两个字母表示，第一个字母表示钢丝绳的捻向，第二个字母表示股的捻向。字母"Z"表示右向捻（与右旋螺纹或"Z"字形同向），字母"S"表示左向捻。"ZZ"或"SS"表示右同向捻或左同向捻，"ZS"或"SZ"表示右交互捻或左交互捻。

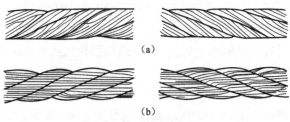

图 1-9　钢丝绳捻绕方向

(a) 同向捻钢丝绳；(b) 交互捻钢丝绳

在捻制钢丝绳时，捻角和捻距是重要的工艺参数。捻角指捻制时钢丝（或股）中心线与股（或绳）中心线的夹角。捻距指钢丝绳围绕股芯或股围绕绳芯旋转一周对应两点间的距离。

（3）按钢丝绳中股的捻制类型划分，常用的主要有点接触绳和线接触绳两种。点接触绳绳股中相邻两层钢丝捻距不同，它们之间呈点接触状态，如图 1-10 所示。由于接触应力较大，在反复弯曲时，绳内钢丝易于磨损折断，使寿命降低。为使各层钢丝绳受力均匀，各层捻角应大致相等。点接触的钢丝绳，其截面结构形式如图 1-11 所示。在起重机中常用线接触绳替代点接触绳。线接触绳绳股中的所有钢丝具有相同的捻距，外层钢丝位于里层各钢丝之间的沟缝里，内、外层钢丝互相接触在一条螺旋线上，形成了线接触，如图 1-12 所示。为了形成这种构造，需要采用不同直径的钢丝。这种构造有利于钢丝之间的滑动，使钢丝绳的挠性得以改善。当承载能力相同时，选用线接触绳可以取较小的绳径，从而可以选用较小直径的卷筒、滑轮和较小输出转矩的减速器，使整个起升机构尺寸、质量都得以减小。所以线接触绳被广泛地应用于起重机中。

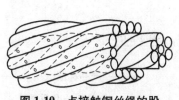 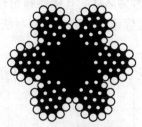 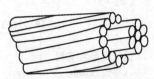

图 1-10　点接触钢丝绳的股　　图 1-11　点接触钢丝绳　　图 1-12　线接触钢丝绳的股

（4）线接触钢丝绳根据绳股结构的不同，又分为西鲁式（外粗式，代号 S）、瓦林吞式（粗细式，代号 W）、填充式（代号 Fi），如图 1-13 所示。

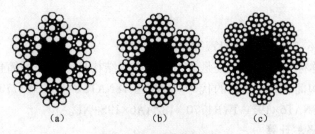

图 1-13　线接触钢丝绳

(a) 西鲁式（外粗式，代号 S）；(b) 瓦林吞式（粗细式，代号 W）；(c) 填充式（代号 Fi）

图 1-13 中西鲁式钢丝绳的结构标记为 6×19S，它由 6 股组成，每股又由 19 丝构成，这种绳股记为（9+9+1），表示最外层布置 9 根钢丝（粗），第二层布置 9 根钢丝（细），股中心只有 1 根钢丝（粗）。西鲁式绳股的优点是外层钢丝较粗，所以又称为外粗式。它适用于磨损较严重的地方。

图 1-13 中瓦林吞式钢丝绳的结构标记为 6×19W，它也由 6 股组成，每股由 19 丝构成，这种绳股记为（6/6+6+1）。它分为 3 层，6/6 表示最外层由 6 根细的和 6 根粗的钢丝组成。根据这个特征，瓦林吞式又称为粗细式。

图 1-13 中的填充式钢丝绳的结构标记为 8×19Fi。它的每股是这样构成的，在外层布置 12 根相同直径的钢丝，外层钢丝与里层钢丝所形成的空隙中，填充 6 根称为填充丝的细钢丝，这样做提高了钢丝绳截面的金属充满率，增加了破断拉力。它的绳股记为（12+6F+6+1）。6F 表示第二层有 6 根填充钢丝。

(5) 钢丝绳的股芯或绳芯。第一种是常见的用剑麻或棉芯做成的有机物芯，采用这种芯的钢丝绳具有较大的挠性和弹性，润滑性也好，但不能承受横向压力且不耐高温。第二种是石棉芯，性能与有机物芯相似，但能在高温条件下工作。第一、第二种都属于天然纤维芯，代号为 NF。第三种是用高分子材料制成的合成纤维芯，如聚乙烯、聚丙烯纤维，代号为 SF。第四种是用软钢钢丝的绳股做成的金属丝股芯或绳芯，代号分别为 IWS 或 IWR。它的强度高，能承受高温和横向压力，但润滑性较差。通常所说的钢丝绳为纤维芯（天然或合成的），代号为 FC。一般情况下常选用有机物芯的钢丝绳，高温工作时用石棉芯或金属芯钢丝绳，如在卷筒上多层卷绕时宜用金属芯钢丝绳。

(6) 钢丝的表面状态。钢丝绳所用的钢丝表面状态，常见的一种为光面钢丝，代号为 NAT，用于一般场合。在有腐蚀性的场所应用镀锌钢丝，它分为 3 种级别：A 级镀锌钢丝，代号为 ZAA；AB 级镀锌钢丝，代号为 ZAB；B 级镀锌钢丝，代号为 ZBB。

(7) 钢丝绳的全称标记和简化标记。全称标记的写法举例如下：

[例 1]

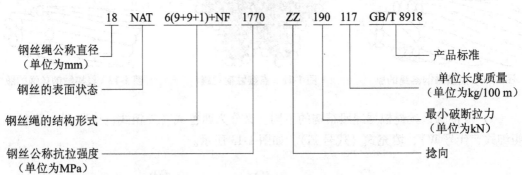

[例 2] 18 ZAA6（9+9+1）+SF1770ZS GB/T 8918

简化标记与全称标记的不同之处是全称标记中将结构形式这一段简化为：股的总数×每股的钢丝总数、结构简称代号+芯的代号。例如：18NAT6×19S+NF1770Z Z 190、18ZBB6×19W+NF1770ZZ、18NAT6×19Fi+IWR1770、18ZAA6×19S+NF。

2. 钢丝绳的选择与计算

钢丝绳在起重机中属于易损件，时常要进行更换，因此了解选用钢丝绳的计算方法很有必要。选用时，首先按钢丝绳的使用情况，从表1-11中确定钢丝绳的类型，然后根据受力情况确定钢丝绳的直径，最后再进行验算。

表 1-11　起重机常用的钢丝绳类型

钢丝绳的用途			钢丝绳类型
起重机拽引用	单层卷绕	$\dfrac{D}{d} \geqslant 25$	6×19W+NF
			6×19+NF
		$\dfrac{D}{d} < 20$	6×37S+NF
			6×19+NF
	多层卷绕	$\dfrac{D}{d} = 20\sim30$	6×19S+NF
拉索	不绕过滑轮的		1×37+NF
	绕过滑轮的		与起重用单层卷绕相同

注：D 为卷筒、滑轮绳槽槽底直径；d 为钢丝绳直径。表中钢丝绳类型 6×19、6×37 和 1×37 为点接触钢丝绳。

钢丝绳在工作中受拉、压、弯、扭复合应力作用，除了静载荷外还有冲击载荷的影响，受力情况复杂，难以精确计算。为简化起见，只根据拉伸载荷进行实用计算，计算方法有以下两种，可任选一种。

（1）钢丝绳最小直径按下式确定。

$$d = c\sqrt{F} \tag{1-7}$$

式中，d——钢丝绳最小直径（mm）；

c——选择系数（mm/$\sqrt{n}$），按表1-12选取；

F——钢丝绳最大工作静拉力（N）。

表 1-12　c 和 n 值

机构工作级别	选择系数 c 值			安全系数 n
	钢丝公称抗拉强度 σ_b/MPa			
	1 550	1 700	1 850	
M1~M3	0.093	0.089	0.085	4
M4	0.099	0.095	0.091	4.5
M5	0.104	0.100	0.096	5
M6	0.114	0.109	0.106	6
M7	0.123	0.118	0.113	7
M8	0.140	0.134	0.128	9

注：对于搬运危险物品的起重用钢丝绳，一般应按比设计工作级别高一级的工作级别选择其中的 c 和 n 值。对起升机构工作级别为 M7、M8 的某些冶金起重机，在保证一定寿命的前提下允许按低的工作级别选择，但最低安全系数不得小于6。

(2) 按与工作级别有关的安全系数选择钢丝绳直径,所选钢丝绳的破断拉力应满足

$$F_0 \geq Fn \tag{1-8}$$

式中,F_0——所选钢丝绳的破断拉力(N);

F——钢丝绳的最大工作静拉力(N);

n——钢丝绳的最小安全系数,按表 1-12 选取。

所选的钢丝绳直径还应满足与卷筒(滑轮)直径的比例要求,才能保证钢丝绳的使用寿命。为此,可参照式(1-6)进行验算。

第三节 取物装置

取物装置是起重机械的一个重要部件,有了它才能对物品进行正常的起重工作。不同物理性质和形状的物品,应使用不同的取物装置。通用取物装置中最常见的是吊钩,专用的取物装置有抓斗、夹钳和电磁吸盘、真空吸盘、吊环、料斗、盛桶、承重梁和集装箱吊具等。

一、吊钩和吊钩组

吊钩是使用得最多的取物装置。一般情况下,吊钩并不与钢丝绳直接连接,其通常是与动滑轮合成吊钩组进行工作的。

1. 吊钩

吊钩的形状如图 1-14 所示。图 1-14(a)所示为锻造单钩,上面部分称为钩颈,因其为直圆柱形,所以这种吊钩又称为直柄单钩,圆柱尾部螺纹是装配时安装螺母用的;下面弯曲部分称为钩体,它的断面为梯形,梯形的宽边向内、窄边朝外,这样可以使内、外侧应力接近,充分利用材料,使吊钩的质量得以减轻。现在这种吊钩的生产已经标准化,可根据吊钩材料的强度等级、机构工作级别和额定起重量选定钩号,不必自行设计与验算。这种吊钩按 R10 优先系数编钩号,钩号为 006～250,有额定起重量 0.1～250 t 的 30 种规格可供选用。图 1-14(b)所示为锻造双钩,用于大起重量的起重机上,它的优点是当双钩平均挂重时,中间的钩颈部分不存在弯曲应力,因而可以取较小断面,吊钩自重得以减

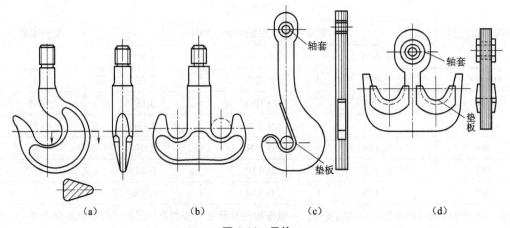

图 1-14 吊钩

(a)锻造单钩;(b)锻造双钩;(c)叠板单钩;(d)叠板双钩

轻。图 1-14（c）和图 1-14（d）所示为叠板单钩和双钩，它们是用多块钢板冲剪成的钩片叠合铆接而成的。为了使载荷平均地分配在每一个钩片上，在钩体处装有可拆换的垫板，同时在钩颈的圆孔中装有轴套，用销轴与其他部件连接。

吊钩对于起重机的安全可靠工作是至关重要的，为此对吊钩的材料及加工都有严格的要求。由于高强度钢对裂纹和缺陷很敏感，因而制造吊钩的材料都采用专用的优质低碳镇静钢或低碳合金钢，钢材牌号为 DG20、DG20Mn、DG34CrMo、DG34CrNiMo、DG34Cr2Ni2Mo。

2. 吊钩组

吊钩组又称吊钩装置或吊钩夹套，有以下两种形式。

（1）长型吊钩组。如图 1-15 所示，滑轮 1 的两边安装着拉板 3。拉板的上部有滑轮轴 2，下部有吊钩横梁 4，它们平行地装在拉板上。滑轮组滑轮数目单、双均可，横梁中部垂直孔内装着吊钩 5，吊钩尾部有固定螺母。为方便物品的装卸，吊钩应能绕垂直轴线和水平轴线旋转。因此，在吊钩螺母与吊钩横梁间装有推力轴承，这样吊钩就支承在吊钩横梁上，并能绕吊钩钩颈轴线旋转。同时，吊钩横梁支承在两边拉板的孔中（间隙配合），使横梁和吊钩能绕水平轴线旋转。横梁两端各加工一环形槽并用定轴挡板固定在拉板上，以防横梁轴向移动。滑轮轴两端也支承在拉板上，但由于滑轮轴两端加工成扁缺口，定轴挡板卡在其中，所以滑轮轴既不能转动也不能移动。此外，滑轮轴承上还有润滑装置；吊钩螺母处有可靠的防松装置；吊钩横梁上的推力轴承附有防尘装置。

（2）短型吊钩组。如图 1-16 所示，它与长型吊钩组不同，是将吊钩横梁加长，在横梁两端对称地安装滑轮，而不另设滑轮轴，这样就使吊钩组整体高度减小，故称其为"短型"。但为使吊钩转动而又不碰两边滑轮，它采用了长吊钩。很显然，短型吊钩组只能用于

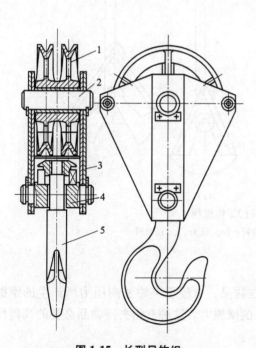

图 1-15　长型吊钩组
1—滑轮；2—滑轮轴；3—拉板；4—吊钩横梁；5—吊钩

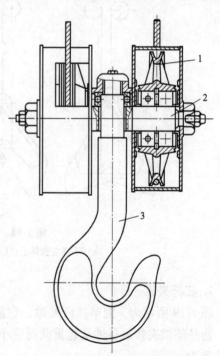

图 1-16　短型吊钩组
1—滑轮；2—滑轮轴；3—吊钩

双倍率滑轮组,因为单倍率滑轮组的平衡滑轮在下方,只有使用长型吊钩组才能安装这个滑轮。另外,短型吊钩组只能用于小倍率的滑轮组,即用于起重量较小的起重机上。否则,因滑轮数目过多,吊钩横梁过长,将使吊钩组自重过大。

二、抓斗

抓斗是一种装运散状物料的自动取物装置。抓斗按开闭方式不同有单绳抓斗、双绳抓斗和马达抓斗等,最常用的是双绳抓斗,如图1-17所示。根据颚板数目的不同又有双颚板抓斗和多颚板抓斗(多爪抓斗)之分,多颚板抓斗常为六颚板。图1-18所示为双绳抓斗的工作过程。

三、夹钳

夹钳是一种吊运成件物品的取物装置,利用它可以缩短装卸工作时间,减轻工作人员的体力劳动。夹钳的具体形状和尺寸依物品而不同,但都是靠夹钳钳口与物品的摩擦力来夹持物品的。按夹紧力产生的方式分杠杆夹钳和偏心夹钳两种。

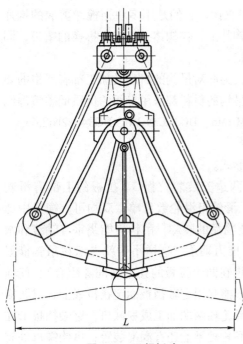

图1-17 双绳抓斗

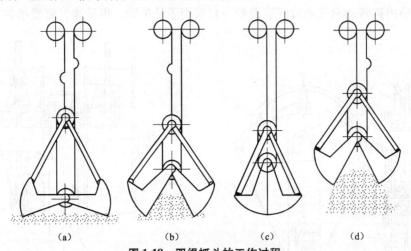

图1-18 双绳抓斗的工作过程

(a) 下降在物料上;(b) 抓取物料;(c) 起升;(d) 卸料

1. 杠杆夹钳

图1-19所示为一简单杠杆夹钳,它能夹持住物品,有赖于夹钳法向压力所产生的摩擦力。物品能被夹持的条件是起重载荷应小于钳口的摩擦力。这种夹钳夹持物品必要的几何尺寸关系为

$$c \leqslant \left(\frac{a}{\cos \alpha} + b\right) \mu \tag{1-9}$$

式中，μ——钳口对物品材料的摩擦因数；

a，b，c，α——图 1-19 所示各几何尺寸。

这种杠杆夹钳结构简单，应用时需要把它悬挂在起重机吊钩上，且需要辅助人员把夹钳张开，放到要吊运的物品上才能工作。

2. 偏心夹钳

如图 1-20 所示，它主要用于吊运钢板类物品。它的夹紧力是由物品的重力通过偏心块和物件之间的自锁作用而产生的，为能夹持不同厚度的物件，偏心块的曲线应采用对数螺旋线。

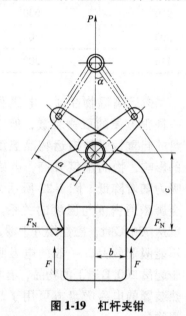

图 1-19 杠杆夹钳

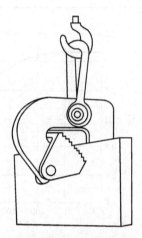

图 1-20 偏心夹钳

四、电磁吸盘

电磁吸盘又称起重电磁铁，用于搬运具有导磁性的金属材料物品。它不需要辅助人员帮助，通电时靠磁力自动吸住物品，断电时磁力消失，自动放下物品。

电磁吸盘的供电为 110~600 V 直流电，我国常用 220 V。由于供电电缆要随电磁吸盘一起升降，所以在起重机起升机构上常设有专门的电缆卷筒。

根据用途不同，电磁吸盘的底面通常制成圆形或长方形，如图 1-21 所示。圆形的用于常温条件下搬运钢铁材料，长方形的用于冶金车间搬运热态长形钢材。不同直径电磁吸盘的

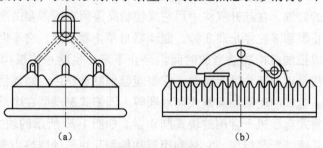

图 1-21 电磁吸盘

（a）圆形底面；（b）矩形底面

起重量不同，从表 1-13 中还可以看出物品形状对起重量有很大影响。

表 1-13 电磁吸盘的起重量

物件名称	电磁吸盘直径/mm		
	785	1 000	1 170
钢锭及钢板/kg	6 000	9 000	16 000
大型碎料/kg	250	350	650
生铁块/kg	200	350	600
小型碎料/kg	180	300	500
钢屑/kg	80	110	200

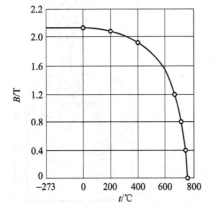

图 1-22 黑色金属磁通密度与温度的关系

搬运高温物品时，电磁吸盘是一种很方便的取物装置，但电磁吸盘的起重量受被搬运物品温度高低的影响，物品温度升高，电磁吸盘吸力随着降低。图 1-22 所示为黑色金属磁通密度与温度的关系。当温度达 730 ℃ 时，磁性接近于零，完全不能吸起物品，一般的电磁吸盘用于起吊 200 ℃ 以下的物品，有特殊散热装置的电磁吸盘方可用于起吊高温物品。

第四节 制动装置

起重机是一种间歇动作的机械，要经常地启动或制动。为保证起重机安全、准确地吊运物品，无论在起升机构还是在运行机构、旋转机构中都应设有制动装置。

一、制动器的作用和种类

根据作用原理不同，制动装置分为停止器和制动器两类。停止器是一种实现单方向运动，防止机构逆转的装置，在起升机构中用它来使物品停留在所需要的高度上。停止器有棘轮停止器、摩擦停止器和滚柱停止器 3 种。制动器与停止器不同，它不但可以使运动着的机构停下来，而且可以控制机构在适当的时间内停止下来，也就是使机构逐渐地减速直至停止。另外，不论机构是正向还是反向运动，它都能起到制动作用。制动器按构造分为块式制动器、带式制动器、盘式制动器和圆锥式制动器等。圆锥式制动器在电动葫芦一节中将另做介绍，本节只介绍桥式起重机上常用的块式制动器。如图 1-23 所示的块式制动器由制动轮、瓦块和杠杆系统及松闸装置等组成，它是利用制动轮和瓦块间的摩擦力来进行制动的。

二、块式制动器的制动轮、瓦块及摩擦材料

起升机构用制动轮，其材质应不低于45钢或ZG340-640。为使制动轮耐磨，可进行表面热处理，硬度应为45~55 HRC，表面深度2 mm处的硬度不低于40 HRC。运行机构制动轮可采用球墨铸铁，材质应不低于QT500-7。在起重机中并不单独加工和安装制动轮于轴上，往往是将联轴器的一个半体（或称半联轴器）同时作为制动轮使用的。

制动瓦块用钢或铸铁制造，为提高与制动轮之间的摩擦因数，在制动瓦块工作面上常覆盖摩擦材料。摩擦材料主要有棉织制品、石棉织制品、石棉压制带及粉末冶金摩擦材料等。棉织制品的工作温度在100 ℃以下，允许单位压力低，故用得很少。石棉织制品由石棉纤维和棉花编织并浸以能增加强度的沥青或亚麻仁油，这是一种常用的材料，它的摩擦因数 $\mu=0.35\sim0.4$，最高工作温度为175 ℃~200 ℃，允许单位压力较大，为0.05~0.6 MPa。石棉压制带又称石棉橡胶辊压带，它是用短纤维石棉与橡胶及少量硫黄混合压制而成的。它的性能更好，摩擦因数 $\mu=0.42\sim0.53$，最高工作温度为220 ℃，允许单位压力也达0.05~0.6 MPa，它的应用较多。还有一种石棉钢丝制动带应用也较为广泛。

块式制动器按结构可分为单块式和双块式两类。

三、单块制动器

图1-23所示为单块制动器的简图，这种制动器主要由制动轮1、瓦块2和制动杠杆3组成。制动轮通常都用键与机构上做旋转运动的轴固接在一起。制动轮轮缘外侧安装着瓦块，瓦块固定在杠杆上。在制动杠杆端部合闸力的作用下，瓦块压紧在制动轮上，靠摩擦力进行制动。

单块制动器在制动时对制动轮轴会产生很大的径向作用力，使轴弯曲，所以单块制动器只用于小起重量的手动起重机械上。

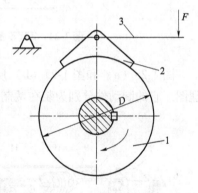

图1-23 单块式制动器
1—制动轮；2—瓦块；3—制动杠杆

四、双块制动器

在制动轮轮缘外侧对称地安装两个制动瓦块，并用杠杆系统把它们联系起来，使两个制动瓦块根据机构合闸或松闸的要求，同时压紧或脱开制动轮，这种制动器就是双块制动器。它适用于需要正、反转的机构，如起重机的起升机构或运行机构。在驱动机构的电动机通电工作的同时，制动器上的松闸装置通电推动制动杆松闸，使瓦块脱开制动轮，机构运转。而在电动机断电不工作时，松闸装置不通电，依靠弹簧、重锤或元件自重产生的作用力合闸制动，使机构速度降低直至停止。这种能实现机构断电制动、通电运转的制动器称为常闭式制动器。在起重机械突然断电的情况下，常闭式制动器使机构合闸制动停止运动，对保证人身和设备安全有着特别重要的意义。

双块制动器所用的松闸装置（又称松闸器）有制动电磁铁和电动推杆两类。制动电磁铁又有交流、直流，长行程、短行程，以及液压电磁铁之分；而电动推杆则有电动液压推杆和电动离心推杆之分。图1-24所示为ZWZ系列A型直流（短行程）电磁铁块式制动器。

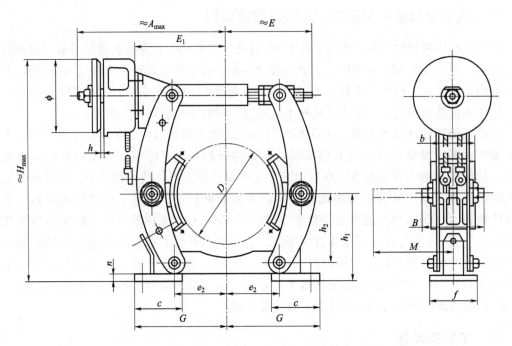

图1-24 ZWZ系列A型直流（短行程）电磁铁块式制动器

图1-25（a）和图1-25（b）所示分别为交流（短行程）电磁铁块式制动器的构造及原理图。它的制动件分别为装在两制动杆2上的瓦块3，瓦块的工作面一般都衬上片状的石棉

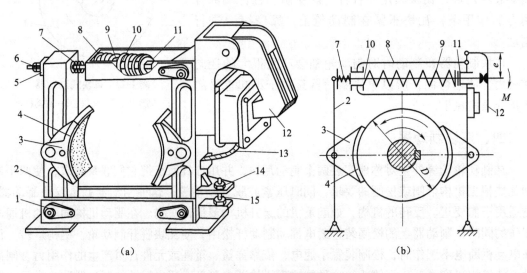

图1-25 交流（短行程）电磁铁块式制动器
(a) 构造图；(b) 原理图

1—底座；2—制动杆；3—瓦块；4—制动片；5—夹板；6—小螺母；7—辅助弹簧；8—框形拉板；9—主弹簧；
10—中心拉杆；11—螺母（共3个，紧贴主弹簧的那个是调整主弹簧长度用的，叫作调整螺母；
中间的是防止调整弹簧螺母松动的，叫作背螺母；第3个是卸闸瓦时使制动杆张开的，叫作张开螺母）；
12—衔铁；13—导电卡子；14—背螺母；15—调整螺母

橡胶辊压带或石棉钢丝制动带。工作时，合闸是靠主弹簧9的张力，而松闸则是靠直接装在右制动杆上的短行程电磁铁来实现的。

当电磁铁断电时，主弹簧9左端推动框形拉板8，使右制动杆压向制动轮；右端推动中心拉杆10上的螺母11，使左制动杆也压向制动轮，机构处于制动状态。此时主弹簧9张开，辅助弹簧7压缩。当机构运转时，电磁铁通电，吸引衔铁12使它绕上部铰链顺时针方向转动，将中心拉杆10向左推移，同时将框形拉板8向右拉，使两个制动杆往外摆动，两制动瓦块3与制动轮脱开。此时主弹簧被压缩，辅助弹簧张开。

这种块式制动器所用的松闸装置是电磁铁，它的行程通常在5 mm以内，称短行程电磁铁。它的优点是动作迅速，但制动时冲击大，不平稳，松闸力也小，只能用于制动力矩比较小的制动轮（直径300 mm以下）机构中。此外还有一种长行程电磁铁，它的行程通常大于20 mm，通过杠杆系统可以产生很大的松闸力，其适用于大型制动器。

五、短行程电磁铁双块制动器的调整

1. 调整电磁铁行程

如图1-26所示，为获得制动瓦块合适的张开量，应调整电磁铁的行程，即衔铁与电磁铁的距离，调整的方法是用一把扳手把住调整螺母1，用另一把扳手转动中心拉杆方头2，这样中心拉杆就可以左右移动，电磁铁调节行程应为3~4.4 mm。

2. 调节主弹簧工作长度

如图1-27所示，有时制动瓦块与制动轮虽然间隙合适，但溜钩（溜车）距离还是较大，说明主弹簧偏松，所产生制动力矩不足。这时为获得合适的制动力矩，应调整主弹簧。调整的方法是：用一把扳手把住中心拉杆方头3，用另一把扳手通过转动主弹簧调整螺母1来调整主弹簧长度，然后拧紧背螺母2，以防止调整螺母1松动。

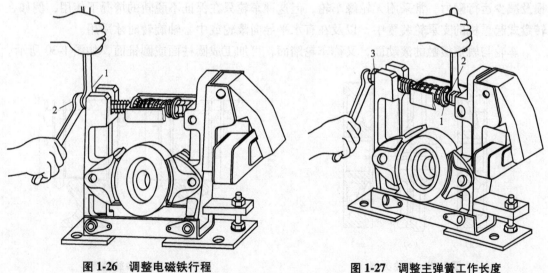

图1-26 调整电磁铁行程
1—调整螺母；2—中心拉杆方头

图1-27 调整主弹簧工作长度
1—调整螺母；2—背螺母；3—中心拉杆方头

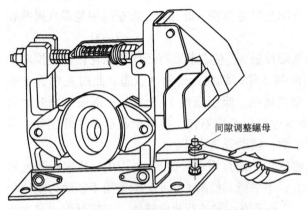

图 1-28 调整制动瓦块与制动轮的间隙

3. 调整两制动瓦块与制动轮的间隙

如图 1-28 所示，起重机在工作过程中，有的制动器松闸时会出现一个瓦块脱离，而另一个瓦块还在制动的现象，这不仅会影响机构的运动，还会使瓦块加速磨损。此时应进行调整，先将衔铁推在铁芯上，制动瓦块即松开，然后转动螺母。调整制动瓦块与制动轮之间的单侧间隙为 0.6~1 mm，并要求两侧间隙均等。

第五节 运行支承装置

为使起重机或载重小车做水平运动，起重机上都有运行机构。运行机构分有轨的和无轨的（如汽车起重机）两种。运行机构由运行支承装置和运行驱动装置组成。起重机用的有轨运行支承装置为钢制车轮，常运行在钢制轨道上。

一、车轮

1. 车轮的类型

车轮按轮缘分为无轮缘、单轮缘和双轮缘 3 种，如图 1-29 所示。为防止车轮脱轨，大轨距情况下应采用双轮缘车轮，如桥式起重机大车车轮。在轨距不超过 4 m 的情况下，允许采用单轮缘车轮，如桥式起重机的起重小车车轮。但对于有轮缘的车轮，当起重机走斜时，常会发生轮缘与轨道的强烈摩擦和严重磨损，这种现象称为啃轨或啃道。有时为避免啃轨磨损及减少运行阻力，常采用无轮缘车轮，但这种车轮只在保证不脱轨的情况下使用，例如在转盘式起重机的支承轮装置中，以及在有水平导向滚轮或中心轴旋转时才采用。

车轮与轨道接触的滚动面，又称车轮踏面，可加工成圆柱面或圆锥面，如图 1-30 所示。

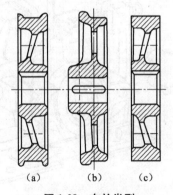

图 1-29 车轮类型

(a) 双轮缘；(b) 单轮缘；(c) 无轮缘

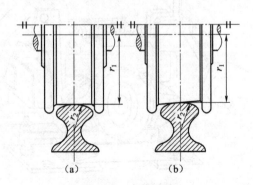

图 1-30 车轮踏面

(a) 圆柱面；(b) 圆锥面

在直线轨道上行走的起重机中，大多采用具有圆柱形踏面的车轮。但有的桥式起重机中带动桥架运行的主动车轮采用圆锥形踏面（锥度为1∶10），这是因为它能自动矫正桥架运行中产生的偏斜现象。圆锥形踏面的车轮还用于在工字钢梁下翼缘运行的小车，例如电动葫芦的运行小车，这时车轮大端与小端的圆周速度不同，会产生附加摩擦阻力与磨损，如图1-31（a）所示。所以，常常制成带圆弧状踏面的车轮或制成倾斜放置的圆柱面车轮，如图1-31（b）和图1-31（c）所示。

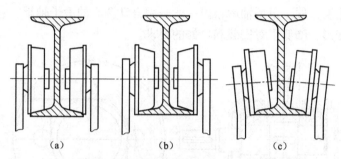

图1-31 工字钢下翼缘上运行的车轮

2. 车轮的材料

起重机车轮所用材料：轧制车轮材料应不低于60钢；锻造车轮材料应不低于45钢；铸造车轮材料应不低于ZG340-640。车轮轮坯应优先采用轧制或模锻轮坯。为了提高车轮表面的耐磨性能和使用寿命，钢制车轮一般应经热处理，踏面和轮缘内侧面硬度应达到300~380 HBS。对于人力驱动或机械驱动但速度较小的起重机，也可用铸铁车轮，其表面硬度为180~240 HBS。近年来，随着工程塑料的发展，有的已开始采用耐磨塑料车轮。

3. 车轮的支承和安装

车轮有定轴式与转轴式两种支承和安装方式。

定轴式是把车轮安装在固定机架的心轴上，如图1-32所示。轮毂与心轴之间可以装滑

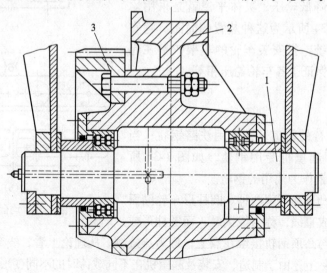

图1-32 装在固定心轴上的车轮

1—固定心轴；2—车轮；3—齿圈

动轴承，也可以装滚动轴承，车轮绕心轴能够自由转动。驱动转矩是靠与车轮固定在一起的齿圈传递给车轮的。由于是开式齿轮传动，故齿轮磨损严重，并且检修更换车轮或齿圈时要抽出心轴，很不方便。

转轴式是把车轮安装在转动轴上。通过转轴来传递转矩的车轮是主动车轮，如图1-33所示；不传递转矩的车轮是从动车轮，它没有图1-33中所示的轴伸。轴承是装在特制的角型轴承箱内的。角型轴承箱和车轮形成一个组件，组件整体通过专用螺栓固定在起重机机架上，因而检修、更换方便。角型轴承箱内一般采用自动调心的滚子轴承，它容许一定程度的安装误差和机架变形，降低了对安装和检修的要求。

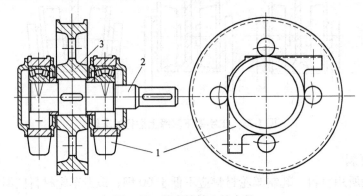

图1-33 装在转轴上的车轮
1—角形轴承箱；2—转轴；3—车轮

4. 均衡车架装置

车轮直径的大小主要根据轮压来确定，轮压大的轮径应大。但由于受厂房和轨道承载能力的限制，轮压又不宜过大。这时可用增加车轮数并使各车轮轮压相等的办法来降低轮压，具体来说就是采用均衡车架装置，图1-34所示为这种装置的简图。它实际上是一个杠杆系统，把安装车轮的车架铰接在起重机机体上，铰接保证了各车轮轮压相等。

二、轨道

起重机车轮运行的轨道，常采用铁路钢轨；当轮压较大时，采用起重机专用钢轨，如图1-35所示。有时也使用方钢作为代用的钢轨。

钢轨的轨顶有凸顶和平顶两种。圆柱形车轮踏面与平顶钢轨的接触成直线，称为线接触；而圆柱形或圆锥形踏面的车轮与凸顶钢轨接触在点上，称为点接触。从理论上看，线接触比点接触要好，承载能力大。但实际上，由于制造、安装及起重机在不同载荷时的不同变形，造成车轮不同程度的偏斜，使圆柱形的车轮与平顶钢轨在接触线上的压力分布不均，有时甚至只在轨道边缘的一个点上接触，产生很大的挤压应力；而点接触的凸顶钢轨对这不可避免的车轮倾斜的适应

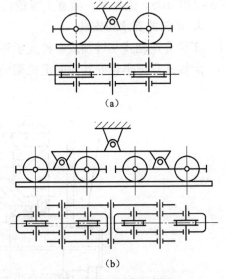

图1-34 均衡车架装置

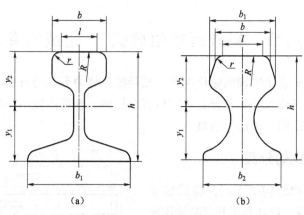

图 1-35 起重机用钢轨

(a) 铁路钢轨;(b) 起重机专用钢轨

性很强。实践证明,采用凸顶钢轨时车轮的寿命比采用平顶钢轨的长。所以,起重机大多采用凸顶钢轨。钢轨通常用碳、锰质量分数较高的钢材制成($\omega_C = 0.5\% \sim 0.8\%$,$\omega_{Mn} = 0.6\% \sim 1.0\%$),同时要进行热处理,使其有较高的强度和韧性,顶面又有足够的硬度。

钢轨的选用见表 1-14,钢轨型号中的数字表示这种钢轨单位长度的质量(kg/m)。方钢的型号则是以边长来表示的。

表 1-14 钢轨的选择

车轮直径/mm	200	300	400	500	600	700	800	900
起重机的专用钢轨	—	—	—	—	—	QU70	QU70	QU80
铁轮钢轨	P15	P18	P24	P38	P38	P43	P43	P50
方钢直径/mm	40	50	60	80	80	90	90	100

轨道在金属梁和钢筋混凝土上的固定方法,如图 1-36 所示。

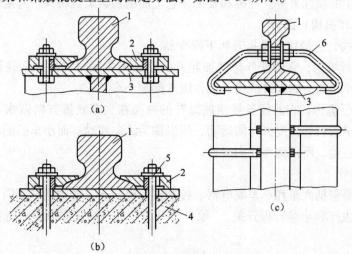

图 1-36 轨道的固定

(a) 用螺栓压板固定在金属梁上的轨道;(b) 用压板固定在钢筋混凝土梁上的轨道;(c) 用钩条固定在金属梁上的轨道
1—轨道;2—压板;3—金属梁;4—钢筋混凝土梁;5—螺栓;6—钩条

第六节 桥式起重机分类、组成和参数

桥式起重机是厂矿企业实现机械化生产、减轻繁重体力劳动的重要设备。在一些连续性生产流程中它又是不可缺少的工艺设备。它可以在厂房、仓库内使用，也可以在露天料场中使用，是应用最为广泛的一种起重机械。

一、桥式起重机的分类

按驱动方式和桥架结构的不同，桥式起重机分为手动单梁和双梁、电动单梁和双梁等几种形式。从图1-37和图1-38中可看出电动双梁桥式起重机的概貌及各部分的布置。

按用途和取物装置形式的不同，可分为吊钩式、电磁式（取物装置是电磁吸盘）和抓斗式以及两用或三用桥式起重机等。

一般情况下，桥式起重机的取物装置采用吊钩。人们把普通用途的、具有吊钩的电动双梁桥式起重机称为通用桥式起重机，以下主要介绍通用桥式起重机。

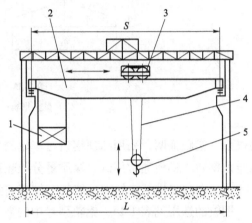

图1-37 桥式起重机示意图
1—驾驶室；2—大车；3—起重小车；
4—钢丝绳；5—吊钩组

二、桥式起重机的组成

桥式起重机的组成如图1-38所示。

1. 金属结构部分

桥架由主梁和端梁组成，主要用于安装机械和电气设备，承受吊重、自重、风力和大小车制动停止时产生的惯性力等。桥架和安装在它上面的桥架运行机构一起组成"大车"。

2. 机械（工作机构）部分

（1）起升机构，它的作用是提升和下降物品。

（2）小车运行机构，它的任务是使被起升的物品沿主梁方向做水平往返运动。小车运行机构与安装在小车架上的起升机构一起，组成起重小车。

（3）桥架运行机构，它的任务是使被提升的物品在大车轨道方向做水平往返运动。这个运动是沿着厂房或料场长度方向的运动，所以称为纵向移动。而小车的运动则是沿厂房或料场宽度方向的运动，所以称为横向运动。

3. 电气设备

电气设备主要包括大车和小车集电器、控制器、电阻器、电动机、照明、线路及各种安全保护装置（如大车和小车行程开关、"舱口"开关、起升高度限制器、地线和室外起重机用的避雷器）。

三、通用桥式起重机基本参数

通用桥式起重机早已系列化和标准化。为方便选用标准产品，下面对通用桥式起重机的

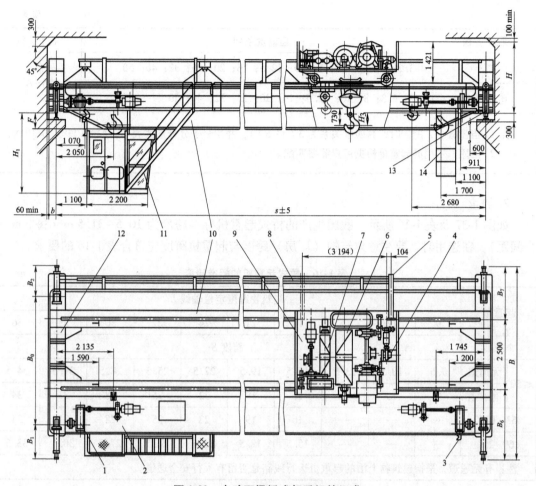

图 1-38 电动双梁桥式起重机的组成

1—大车运行机构；2—走台；3—大车导电架；4—小车运行机构；5—小车导电架；6—主起升机构；7—副起升机构；8—电缆；9—起重小车；10—主梁；11—驾驶室；12—端梁；13—大车车轮；14—大车导电维修平台

基本参数等作一简要介绍。

1. 起重量和工作级别

通用桥式起重机的起重量和工作级别见表1-15。

表1-15中，16 t以上的起重机有主、副两套起升机构，副钩起重量一般为主钩起重量的1/3~1/5。起重量用分数形式表示，分子为主钩起重量，分母为副钩起重量。

表 1-15 桥式起重机起重量和工作级别的划分

取物装置		起重量系列/t	工作级别
吊钩	单小车	3.2；4；5；6.3；8；10；12.5；16；20；25；32；40；50；63；80；100；125；160；200；250	A1~A2
	双小车	2.5+2.5；3.2+3.2；4+4；5+5；6.3+6.3；8+8；10+10；12.5+12.5；16+16；20+20；25+25；32+32；40+40；50+50；63+63；80+80；100+100；125+125	A4~A6

续表

取物装置	起重量系列/t	工作级别
抓斗	3.2；4；5；6.3；8；10；12.5；16；20；25；32；40；50	A5~A7
电磁吸盘	5；6.3；8；10；12.5；16；20；25；32；40；50	

注：1. 当没有主、副钩时，其匹配关系为3∶1~5∶1，并用分子分母形式表示，如80/20、50/10 等。
　　2. 二用、三用的起重量根据用户需要匹配。

2. 跨度

如图 1-37 及表 1-16 所示，我国生产的桥式起重机标准跨度为 10.5~31.5 m（每 3 m 一个间距）。在选用时，要注意建筑物（厂房）跨度与起重机跨度应符合表 1-16 的要求。

表 1-16　桥式起重机的标准跨度　　　　　　　　　　　　　　　　m

起重量 G_n/t		建筑物跨度定位轴线 L								
		9	12	15	18	21	24	27	30	33	36
		跨度 S									
≤50	无通道	7.5	10.5	13.5	16.5	19.5	22.5	25.5	28.5	31.5	34.5
	有通道	7	10	13	16	19	22	25	28	31	34
63~125		—	—	—	16	19	22	25	28	31	34
160~250		—	—	—	15.5	18.5	21.5	24.5	27.5	30.5	33.5

注：有无通道，是指建筑物上沿的起重机运行线路是否留有人行安全通道。

3. 起升高度

小吨位起重机起升高度一般有 6 m、8 m、10 m、12 m、14 m、16 m 等规格供选择，大吨位起重机的起升高度一般在 24 m 以下。

4. 工作速度

国产起重机系列的速度范围：

主钩起升速度　　中小吨位　　1.6~16 m/min
　　　　　　　　大吨位　　　0.63~10 m/min
小车运行速度　　　　　　　　10~63 m/min
大车运行速度　　　　　　　　20~125 m/min

第七节　桥式起重机的桥架

桥架为金属结构件，是起重机最重要的部件之一。桥式起重机的桥架按主梁数量分为单梁和双梁桥架两种。

一、单梁桥架

单梁桥架是由一个主梁与固定在主梁端部的两个端梁组成的。主梁是起重载荷的主要承载件,起重小车运行轨道就设在主梁上。两个端梁上各装有两个车轮,在运行电动机的驱动下,桥架可以纵向移动。起重量不大的桥式起重机,多采用这种单梁桥架。这种桥式起重机又被称为梁式起重机,其主梁可由工字钢或桁架组成。

当桥架跨度不大时,常用整段工字钢作主梁。工字钢断面的大小按刚度条件来选择。工字钢梁的两端与用槽钢组成的端梁刚性地连接在一起。为保证主梁在水平方向上的刚度,当梁的跨度超过6~7m时,可以在梁的一侧或两侧焊上斜撑,如图1-39(a)所示。当梁的跨度大于8~10m时,则在整个梁的一侧加上一片水平桁架,如图1-39(b)所示。

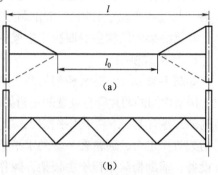

图1-39 单梁桥架
(a)主梁一侧或两侧加斜撑;
(b)主梁一侧加水平桁架

随着跨度及起重量的增加,工字钢主梁的截面相应地越选越大,自重也越来越大,这时可采用桁构式的单梁桥架,如图1-40所示。它是以工字钢主梁2为主体,将型钢加强杆件焊接在钢梁腹板位置的上部,使工字钢主梁的承载能力得到增强。为保证主梁在水平方向的刚度,在工字钢主梁的一侧加了一片水平桁架。它的上方可放置桥架运行装置的电动机、减速器、轴承架、轴、联轴器等驱动和传动零部件。如铺上木板或钢板,则成为"走台",可方便维修人员在桥架上的作业。又为增强水平桁架在竖直方向的刚度,在水平桁架的外侧另加一片竖直放置的桁架1,称为垂直辅助桁架。这片桁架实际上还起着走台栏杆的作用,保证了上桥作业人员的安全。

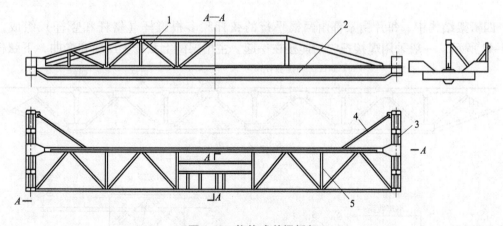

图1-40 桁构式单梁桥架
1—垂直辅助桁架;2—主梁;3—端梁;4—斜撑;5—水平桁架

电动单梁桥式起重机一般都采用电动葫芦作为它的起升机构,电动葫芦所带的运行小车车轮可沿工字钢主梁的下翼缘行走,称这种小车的运动为"下行式"。运行小车的运动使被电动葫芦提升的物品在车间或料场能做横向移动。

二、双梁桥架

大中型桥式起重机一般都采用双主梁桥架，它由两个平行的主梁和固定在两端的两个端梁组成。

端梁的作用是支承且连接两个主梁，以构成桥架，同时大车车轮通过角型轴承箱或均衡车架（超过4个轮子时用）与端梁连接。

双梁桥架的结构主要取决于主梁的形式。常见的双梁桥架有以下几种。

1. 桁构式桥架

如图1-41所示，这种桥架的两个主梁都是空间四桁架结构，承受大部分垂直载荷的，是位于桥架中间的两片竖直放置的主桁架。为保证主桁架在水平方向上的刚度，在每一主桁架的旁侧，又各有上、下两个水平桁架，以及将上、下水平桁架联系在一起的垂直辅助桁架。水平桁架兼作走台，通常在一侧的水平桁架上放置桥架运行机构，在另一侧水平桁架上放置电气设备。辅助桁架平行于主桁架，兼作栏杆。在主桁架的上弦杆上铺设起重小车的轨道。

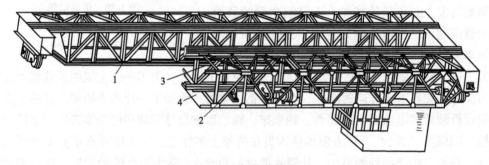

图1-41 桁构式桥架

1—主桁架；2—垂直辅助桁架（副桁架）；3—上水平桁架；4—下水平桁架

四桁架结构中，每片桁架都由两根平行的弦杆和多根腹杆（斜杆和竖杆）组成，如图1-42所示，一般采用焊接把它们连接在一起。主桁架的上弦杆受压缩和弯曲，下弦杆受

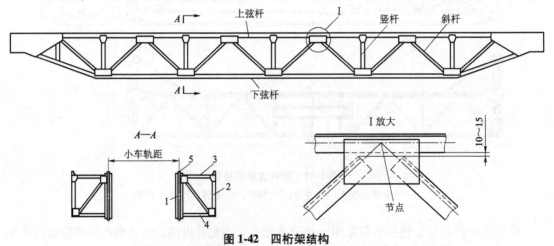

图1-42 四桁架结构

1—主桁架；2—辅助桁架；3—上水平桁架；4—下水平桁架；5—钢轨

拉伸。为减少上弦杆受起重小车车轮集中载荷作用下的弯曲,可增加一些竖杆。常见的上、下弦杆由两根不等边角钢对拼组成,腹杆多由两根等边角钢对拼组成。

各杆件的连接处是节点,为保证焊接强度,在节点处用节点钢板与杆件焊在一起。焊接时要求各杆件的中心线最好能交汇于节点。由对拼型钢组成的弦杆或腹杆,型钢应对称地焊在节点钢板的两侧。

2. 箱形桥架

箱形桥架的两个主梁和两个端梁都是箱形结构的。这种结构的梁,其断面是一个封闭的箱形,由上、下盖板和左、右腹板构成,它们之间均为焊接。图 1-43 所示为箱形主梁的结构。在主梁上盖板中央铺设小车轨道的称中轨主梁,而在箱形主梁某一腹板上方铺设小车轨道的称偏轨主梁。由于一般是在上盖板中央位置铺设小车轨道,为防止上盖板变形、保证上盖板与腹板的强度和稳定性,在箱形梁内每一定间隔位置处都焊上隔板和加强肋板,并沿纵向焊上加肋角钢。

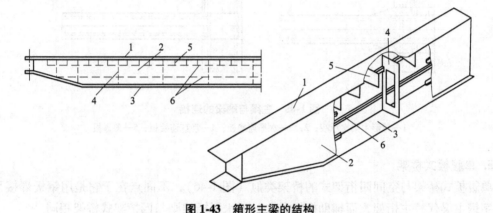

图 1-43 箱形主梁的结构
1—上盖板;2—腹板;3—下盖板;4—隔板;5—加强肋板;6—纵向加肋角钢

箱形主梁腹板的下缘,从受力方面来考虑,应为抛物线形,但为加工方便,主梁腹板靠两端的下缘做成斜线段,中部与上缘平行。

箱形桥架两主梁的外侧各焊有一个走台,一边的走台上安装大车运行机构,另一边的走台上安装电气设备。走台的高低位置取决于大车的运行机构,一般要保证减速器的低速轴与端梁上的车轮轴线同心。

端梁与主梁一样,断面也是箱形结构,由 4 片钢板组合焊接而成,如图 1-44 所示,端

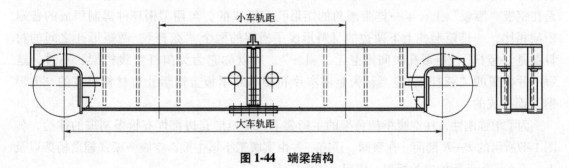

图 1-44 端梁结构

梁两头的下方用于安装角形轴承箱和大车车轮。端梁与主梁的连接，有如图1-45所示的两种形式。图1-45（a）所示为把箱形主梁的肩部放在端梁上，靠焊接的水平连接板2、3和垂直连接板4把主梁和端梁连接在一起。图1-45（b）所示为用箱形主梁上、下盖板的延伸段夹住端梁来连接，并辅以垂直连接板4和角撑板5焊接而成。为便于桥架的运输，端梁通常都被分割成两半段，如图1-44所示，每半段与一个主梁焊接在一起，运抵使用场所后，再用精制螺栓把它们拼装起来。

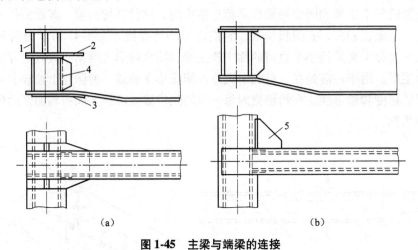

图1-45　主梁与端梁的连接

1—箱形主梁支承端；2，3—水平连接板；4—垂直连接板；5—角撑板

3. 单腹板式桥架

单腹板式桥架与空间四桁架式的桥架类似（图1-46），不同点在于它是用钢板焊接而成的工字钢主梁代替主桁架，而辅助桁架和上、下水平桁架则与四桁架式桥架相同。

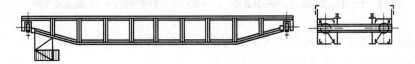

图1-46　单腹板式桥架

4. 空腹桁架桥架

空腹桁架桥架是一种无斜杆的金属结构（图1-47），它的主梁断面如 B—B 所示，是钢板焊接组合而成的箱形。组成箱形主梁的4个面，每面都可看作是一片桁架。这种桁架是在钢板"腹板"上开了一排带圆角的矩形孔而形成的。与用型钢杆件焊制而成的普通桁架相比，一排矩形孔上下两边的材料形成了桁架的两个"弦杆"，两矩形孔之间的材料就是"竖杆"，矩形孔中间则空无"斜杆"，所以称它为无斜杆空腹桁架，不过，这每一片桁架的"弦杆"，应当认为是由本片和相邻片钢板上矩形孔边材料组成的"T形钢"而构成的。

为了增强刚性，在空腹桁架桥架的主桁架上，各矩形孔边都焊有板条制成的镶边，如图1-47所示的 B—B 剖面。在我国，还有一种由实腹工字形主梁、空腹桁架式辅助桁架以及上、下水平桁架所构成的桥架，应用也较为广泛。

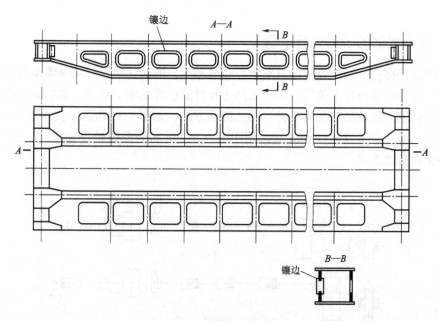

图 1-47　空腹桁架桥架结构

以上介绍的双梁桥架中，桁架式桥架自重小，省钢材，迎风面积小（对室外起重机减小风阻力有利），但外形尺寸大，要求厂房建筑高度大。另外，制作桁架相当费工。而箱形桥架外形小，高度尺寸小，由钢板组合而成的箱形梁特别适合自动焊接，加工方便。在桥架运行机构的布置和车轮的装配方面，箱形结构也有着明显的优越性。尽管箱形桥架自重较大，轮压比桁架式的约大 20%，但它仍是我国生产的桥式起重机的主要结构类型。

单腹板式桥架的自重和高度介于桁架式和箱形结构之间。空腹桁架桥架的自重比一般箱形和桁架式桥架都轻，刚性也好，且外形美观，有的大起重量起重机上已采用这种结构，其是一种很有发展前途的桥架结构类型。

三、对桥架主梁上拱和静挠度的要求

起重机工作时，桥架受载必然会产生下挠度，这将会对小车向桥架主梁两端的运动产生附加爬坡阻力。小车停止时又有向桥架主梁中央滑溜之势。为解决这个问题，要求桥架主梁必须上拱。在起重机运行机构组装完成以后，跨中上拱应为 $(0.9 \sim 1.4)\,S/1\,000$，且最大上拱应控制在梁的跨中 $S/10$ 范围内（S 为起重机跨度）。还要求起升额定载荷时，在跨中主梁的垂直静挠度应满足要求：对 A1~A3 级，不大于 $S/700$；对 A4~A6 级，不大于 $S/800$；对 A7 级，不大于 $S/1\,000$。

第八节　桥式起重机桥架运行机构

桥架运行机构，又称大车运行机构，它是由电动机、减速器、制动器、车轮和其他传动零件组成的。按传动机构组合的形式，基本上可分为集中驱动和分别驱动两大类。下面分别

予以介绍。

一、集中驱动的桥架运行机构

集中驱动是指在桥架走台中部只安装一台电动机，通过长传动轴同时驱动两边端梁上的主动车轮，以使桥架两侧车轮同时启动或停止且转速相等的驱动形式。集中驱动的桥架运行机构按长传动轴的转速高低又有3种不同的传动方式，如图1-48所示。其中图1-48（a）和图1-48（b）所示为高速轴传动方式，图1-48（c）所示为低速轴传动方式，图1-48（d）所示为中速轴传动方式。

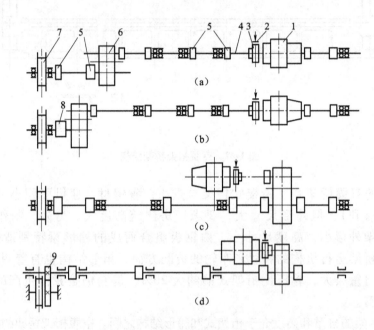

图1-48 集中驱动的桥架运行机构
(a)，(b) 高速轴传动方式；(c) 低速轴传动方式；(d) 中速轴传动方式
1—电动机；2—制动器；3，5—半齿联轴器；4—浮动轴；
6—减速器；7—车轮；8—全齿联轴器；9—开式齿轮

这3种传动方式，都把长传动轴分成若干个短轴段，并因此增加了许多轴承支座（采用调位轴承）。某些轴段是没有任何外部支承的"浮动轴"，如图1-48中4所示，这种轴允许径向和角度微量偏移及轴向微量窜动，而联轴器则采用半齿联轴器或全齿联轴器，这样可降低对长轴传动系统的安装要求。

高速轴传动方式的特点是传动轴转速等于电动机转速。由于转速高、力矩小，所以传动轴轴径小，因而轴承、联轴器等有关零部件尺寸、质量也小，减轻了安装在走台上的大车运行机构对主梁的扭矩。但是必须用两台减速器，并且对传动零部件的加工精度和安装质量要求高，否则传动零部件的偏心质量在高转速下将产生强烈的振动，这种传动方式适合大跨度的桥架。

低速轴传动方式的特点是传动轴转速等于车轮转速，它只用一台减速器，并且振动小。但由于转速低，传动轴轴径及有关的零部件尺寸、质量都比高速轴传动方式大得多，同时由于传动轴与车轮基本上是同心的,传动轴的位置远离主梁,使主梁承受较大的扭转载荷,所以它适用于跨度较小的起重机。

中速轴传动方式,传动轴转速介于电动机和车轮转速之间,它只用于桁架式桥架上。这是由于桁架式桥架的运行机构中传动轴都装在上水平桁架上,比端梁上的车轮轴线要高,故驱动车轮采用一对开式齿轮传动。

上述 3 种传动方式共同的缺点:一是桥架运行机构的传动零部件会不同程度地对主梁的受载产生不良影响;二是对传动零部件的安装要求高,并且维修困难。实际上由于传动轴装在主梁侧面的走台上,主梁的变形必然影响各段传动轴的同轴度,况且这种变形是随着载荷大小、载荷位置的变化而变化的,所以传动轴的安装很难得到满意的结果。

二、分别驱动的桥架运行机构

分别驱动是指桥架两端的主动车轮分别由两台电动机通过减速器来驱动的形式,如图 1-49 所示。图 1-49(a)所示为电动机与减速器、减速器与车轮间均采用浮动轴的传动方式;图 1-49(b)所示为只保留了高速浮动轴的传动方式;而图 1-49(c)所示为取消了浮动轴而采用全齿联轴器来补偿安装误差的传动方式。这 3 种传动方式基本相同。

分别驱动的桥架运行机构质量小、安装维护方便、安全可靠,甚至在只有一侧电动机运行的情况下,仍能短期维持起重机正常工作。如图 1-49(a)和图 1-49(b)所示的两种传动方式在我国生产的桥式起重机中已被广泛采用。

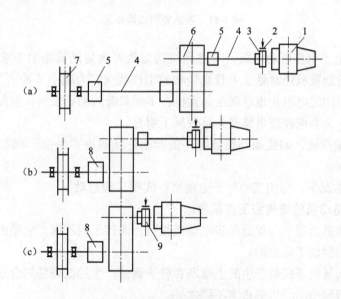

图 1-49 分别驱动的桥架运行机构
1—电动机;2—制动器;3,5—半齿联轴器;4—浮动轴;6—减速器;
7—车轮;8—全齿联轴器;9—全齿制动联轴器

另有一种称为"三合一"的驱动装置,它是将带制动器的电动机和减速器组合在一起,成为一个模块化的单元,目前应用较多,如图 1-50 所示。还有的将车轮与这种"三合一"驱动装置组合在一起,形成一个驱动轮箱模块单元,如图 1-51 所示。

三、实心转子制动电动机在运行机构中的应用

1. 笼型异步电动机的启动"冲击"问题

通常，各种起重机的大、小车运行机构和回转机构都采用绕线转子异步电动机或笼型异步电动机及锥形笼型异步电动机作为动力，运行机构如配用笼型异步电动机，在直接启动时就会出现较强的"冲击"现象，使起重机的工作质量受到影响。

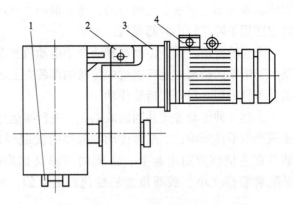

图 1-50 "三合一"驱动装置桥架运行机构
1—车轮；2—连接架；3—减速器；4—带制动器的电动机

为减小启动时的"冲击"，常采用以下措施：

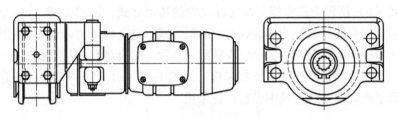

图 1-51 驱动轮箱模块单元

（1）电动机定子串接启动电阻。考虑到机构重载时大启动转矩的要求，这个启动电阻不能过大，但一般起重机经常处于中载或轻载的工作状况，为减小"冲击"，又希望这个电阻大些，所以采用固定电阻是很难满足起重机在不同载荷时的要求的。但如串接电阻并采用分级、分时启动，又会使控制电路复杂且效果不明显。

（2）加装调速系统，如变频调整器等，虽能很好地解决"冲击"问题，但价格昂贵且对使用环境要求高。

（3）在一般情况下，可用实心转子电动机，实现"缓启动"。

2. 实心转子电动机的结构和工作原理

实心转子电动机的定子与普通异步电动机相同，而转子则不同，它是由一个铁磁性的实心圆柱体经整体切削加工而成的。

转子中的磁场是定子磁势产生的主磁场和转子涡流产生的漏磁场的合成磁场。这是实心转子电动机与笼型异步电动机的根本不同之处。

3. 实心转子电动机和笼型异步电动机特性曲线的比较

图 1-52 所示为笼型转子电动机和实心转子电动机的机械特性曲线，图 1-53 所示为起重机运行机构的速度曲线。由图 1-52 和图 1-53 可以看出：

（1）笼型转子电动机在直接启动过程中转矩随转速增加（转差率减小）而增加，启动时间短，加速度大，此时是第一次冲击，在达到额定转速时电磁转矩又减小过快，造成了二次冲击。而实心转子电动机则具有较软的机械特性，冲击小。

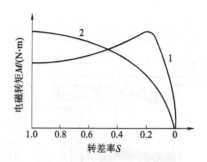

图 1-52 电动机机械特性曲线
1—笼型转子电动机；2—实心转子电动机

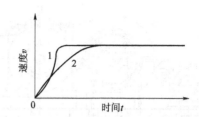

图 1-53 起重机运行机构速度曲线
1—笼型转子电动机驱动；2—实心转子电动机驱动

（2）在同样的负载下，实心转子电动机比笼型转子电动机的启动时间要长，这样启动时的"冲击"就减小了，即达到了"缓启动"的目的。

4. 实心转子电动机的优缺点

实心转子电动机的优点是控制简单可靠，无须调速装置和定子、转子电阻；启动电流很小（4 kV 以下电动机的启动电流为笼型的 1/2~1/5），过载能力很强，适于频繁启动；短时间的堵转和电源缺相不至于烧毁电动机；可用双速、多速实心转子电动机满足多种不同的运行速度要求，无论低速、高速均可直接通电启动。

实心转子电动机的最大缺点是功率因数较低，所以这种电动机在要求启动频繁、短时工作制的场合运用较为适宜。

5. 在起重机运行机构中的运用

近年来开发了两个系列的实心转子电动机，即 YSE 三相异步实心转子带制动器电动机和 YDSE 三相异步多速实心转子带制动器电动机。它们的制动部分均采用三相交流电磁铁盘式制动器，平面制动效果平稳，调整范围宽。这两个系列电动机的专业适应性较强，宜用于起重机大、小车的运行机构。

在要求平稳吊运铁水的铸造车间及有腐蚀气体的车间的使用证明，实心转子电动机成本低，运行可靠，故障率低。

第九节 桥式起重机的起重小车

桥式起重机的起重小车由起升机构、小车运行机构和小车架 3 部分以及安全防护装置组成，图 1-54 所示为起重小车的构造图。从图 1-54 中可以看出，运行机构和起升机构都由独立的部件构成，机构的各部件间通过有补偿功能的联轴器（如齿轮联轴器等）联系起来，这样就使得转轴中心线的安装误差得到补偿，以便于机构的安装和维修。

一、起升机构

起升机构主要由电动机、传动装置、卷绕装置、取物装置和制动装置组成，这里主要介绍起升机构的传动方式及其在小车架上的布置。

起升机构的传动方式分为闭式传动和开式传动两种。

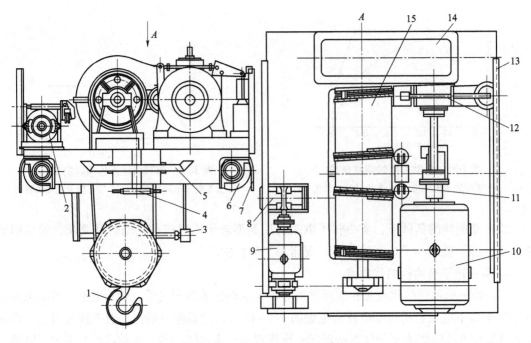

图 1-54 桥式起重机小车构造

1—吊钩；2，12—制动器；3—起升高度限位装置；4—缓冲器；5—撞尺；6—小车车轮；7—排障板；8—立式减速器；9—小车运行电动机；10—起升电动机；11—平衡滑轮；13—栏杆；14—减速器；15—卷筒

1. 闭式传动

闭式传动是在电动机与卷筒之间只有"闭式"减速器的传动，如图 1-55 所示。该传动方式的传动齿轮完全密封于减速箱内，在油浴中工作。由于润滑及防尘性能良好，齿轮寿命长，所以这种传动方式在桥式起重机中广泛使用。起升机构中常用的减速器是卧式二级圆柱斜齿减

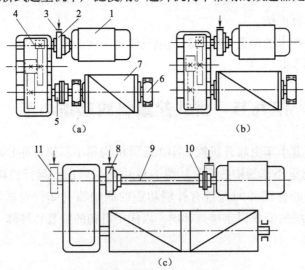

图 1-55 采用闭式传动的起升机构

1—电动机；2—带制动轮的弹性柱销联轴器或全齿联轴器；3—制动器；4—减速器；5—全齿联轴器；6—轴承座；7—卷筒；8—带制动轮的半齿联轴器；9—中间浮动轴；10—半齿联轴器；11—制动轮

速器。

在图 1-55（a）和图 1-55（b）中，电动机与减速器之间是用带制动轮的弹性柱销联轴器、梅花形弹性联轴器或全齿联轴器相连的。在图 1-55（c）中，电动机与减速器之间用了一段浮动轴，轴的一端装有半齿联轴器，另一端则装上带制动轮的半齿联轴器。浮动轴的长度不可太短，一般不小于 500 mm，否则对安装误差的补偿作用不大。

从安全角度考虑，带制动轮的半齿联轴器不应装在靠近电动机的一头，而应装在靠近减速器高速轴的一头。这样，即使浮动轴被扭断，制动器仍能制动住卷筒，保证了安全。有的起升机构把制动轮装在减速器高速轴的外侧，如图 1-55（c）中双点画线所示（11），效果是一样的。

减速器和卷筒的连接形式有多种。图 1-55（a）中是用一个全齿联轴器来连接的，虽然结构简单，但由于在减速器、卷筒之间安装了联轴器和轴承座，故使机构所占位置较大，且其自重也有所增加。另一种是在中小起重量桥式起重机中用得较多的结构，如图 1-56 所示。

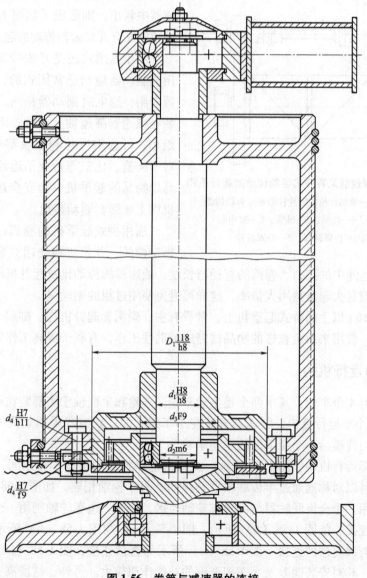

图 1-56　卷筒与减速器的连接

减速器低速轴伸出端做成扩大的阶梯轴，内部加工成喇叭孔形状，外部铣有外齿轮。喇叭口作为卷筒轴的支承，装有调心球轴承；外齿轮作为齿轮联轴器的一半，另一半联轴器是一个内齿圈，与卷筒的左轮毂做成一体。卷筒轴的右端由一个单独的装有调心球轴承的轴承座支承。这种连接形式结构紧凑，轴向尺寸小，并且减速器低速轴的转矩是通过齿轮联轴器直接传递给卷筒的，因而卷筒轴只是一个受弯而不受扭的转动心轴，所以它的轴径较小，但这种连接形式结构复杂，制造费工、费时。

2. 开式传动

在大起重量的起重机上，由于要求起升速度很小，故减速器必须有较大的传动比，这就需要用很笨重的多级减速器。为减轻起升机构的自重，把靠近卷筒的最后一级减速齿轮从减速器中移出，则形成了如图 1-57 所示的既有减速器又有开式齿轮传动的起升机构。

不论是闭式还是开式传动，起升机构所用的制动器应当是常闭式的，即断电时制动器合闸，通电时制动器松闸。制动器一般都装在减速器高速轴上，这是因为高速轴的转矩小，可选尺寸和质量都较小的制动器。对于铸造、化工等行业吊运液体金属或易燃易爆物品的起重机，为安全起见，应在起升机构上装两套制动装置。

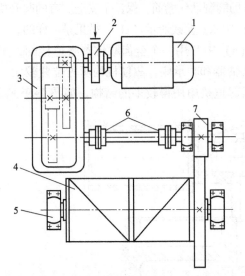

图 1-57 既有减速器又有开式齿轮传动的起升机构
1—电动机；2—带制动轮的弹性柱销或全齿联轴器；
3—减速器；4—卷筒；5—轴承；6—带中间
浮动轴的半齿联轴器；7—开式齿轮

通用桥式起重机的卷筒，一般都采用双螺旋槽的，并相应地使用双联滑轮组。滑轮组的倍率与钢丝绳中的拉力、卷筒的直径与长度、减速器的传动比及起升机构的总体尺寸等都有关系。一般是大起重量用大倍率，这样可避免使用过粗的钢丝绳。

在起重量 16 t 以上的桥式起重机上，常设有主、副两套起升机构。副起升机构的起重量小，但速度快，常用来吊运较轻的物品或完成辅助性工作，有利于提高工作效率。

二、小车运行机构

起重小车有 4 个车轮，其中两个是主动车轮。车轮和角型轴承箱都装在小车架下面。如图 1-58 所示的小车运行机构，制动器安装在小车架上面；减速器采用立式的，通过它把小车架上面的动力传递给小车架下面的主动车轮。

常见的小车运行机构如图 1-58 所示，立式减速器置于两主动车轮中间。减速器低速轴有两个轴伸，可以对称地通过半齿联轴器及浮动轴与车轮轴相连，如图 1-58（a）所示；也可以不对称地用一个全齿联轴器与一边车轮轴连接，而另一边车轮轴则用一个半齿联轴器和一段浮动轴来连接，如图 1-58（b）所示。图 1-58（a）和图 1-58（b）所示的另一个不同之处是电动机与减速器的连接。图 1-58（a）所示为直接连接；图 1-58（b）则是在中间加了一段浮动轴，其对安装误差及小车架变形的补偿作用较大。另外，这段高速浮动轴在小车运行机构制动时还能起一定的缓冲作用，吸收部分能量。正因为它有这个作用，所以小车运行机构的制动器多装于靠近电动机输出轴端的半齿联轴器上。为补偿图 1-58（a）所示的这种连接形式的安装误差，可在电动机与减速器之间采用带制动轮的全齿联轴器、弹性柱销联轴器或尼龙柱销联轴器。若联轴器不带制动轮，则可如图 1-58（a）所示那样，把制动轮装在电动机的另一轴伸上。

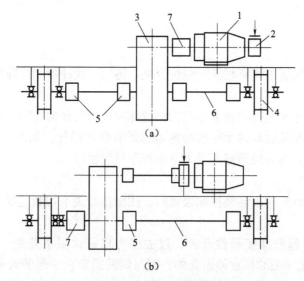

图 1-58　减速器装在主动车轮中间的运行机构
1—电动机；2—制动器；3—立式减速器；4—车轮；5—半齿联轴器；6—浮动轴；7—全齿联轴器

小车运行机构中采用如前所述的"三合一"驱动装置的已较广泛。这种"三合一"装置结构紧凑，成组性好，但维修不方便。

至于小车的车轮，为防止脱轨，现在大多用的是单轮缘车轮，并且轮缘朝外安装，这种车轮安全可靠，且减少了加工量。

三、小车架

小车架用于支承和安装起升机构、小车运行机构。此外，它还要承载全部的起重量。小车架必须有足够的强度和刚度，但又要求它自重小，以降低小车轮压和桥架的受载。

小车架一般采用型钢和钢板的焊接结构，由两根顺着小车轨道方向的纵梁和两根或多根与纵梁垂直的横梁及铺焊在它们之上的台面钢板组成，如图 1-59 所示。常见的纵梁、横梁多为箱形，通过焊接构成一个刚性的整体，纵梁的两端下部留有安装角型轴承箱的直角形悬臂。

小车台面上安装着电动机、减速器、卷筒、轴承座、制动器等。为方便安装对中，在台面上焊有必要的垫板。除此

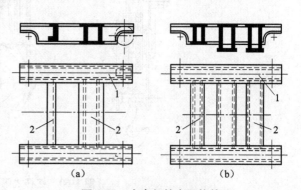

图 1-59　小车架的主要构件
1—纵梁；2—横梁

之外，台面上还留有让钢丝绳通过的矩形槽。

小车架上，受集中力大的地方，是安装定滑轮的部位，定滑轮支座可放在小车台面上，也可焊在小车架台面下边。

小车运行机构的立式减速器一般都固定在焊于横梁侧边的垫板上，为保证其强度和刚度，通常还要焊上肋板。

四、安全装置

起重小车的安全装置主要有栏杆、限位开关、撞尺、缓冲器和排障板等。

1. 栏杆

桥式起重机起重小车运行的轨道中间为钢丝绳和吊钩工作的空间，考虑到维修人员在小车上工作的安全，小车架朝着这个空间的两边都焊有保护栏杆，如图1-54中的13。小车架的另外两边朝向走台，为方便维修人员上下小车不设置栏杆。

2. 限位开关

当起升机构或运行机构运动到极端位置时，用限位开关来切断电源开关，以防止因操作失误而发生事故。

起升机构使用的起升高度限位开关，过去多为杠杆式限位开关，如图1-60所示。在图1-60（a）中，限位开关的短轴伸出壳外，而与短轴固定在一起的弯形杠杆2上，一头装着重锤1，另一头用绳索吊着另一个重锤4，重锤4上有一个套环3，起升机构的钢丝绳穿过这个套环。平时由于重锤4的力矩大于重锤1的力矩，限位开关的弯形杠杆处于图1-60（a）中实线所示的位置，当吊钩提升物品至极限高度时，吊钩组上的撞板5托起了重锤4，使弯形杠杆逆时针方向转过一个角度，如图1-60（a）中点画线所示，限位开关的短轴随之转动，有关触点分开，切断了起升电动机的电路，吊钩停止上升运动，这时即使再按上升按钮，起升机构也不能动作。图1-60（b）所示为另一种杠杆式限位开关装置，限位开关的动

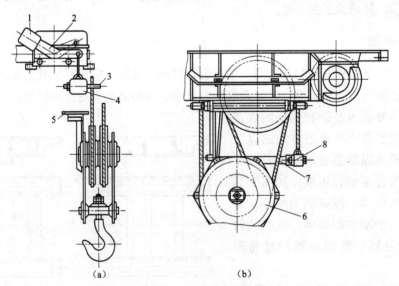

图1-60 杠杆式限位开关

（a）起升机构装有环套的重锤限位开关；（b）起升机构装有带连杆的重锤限位开关

1，4，8—重锤；2—限位开关的弯形杠杆；3—套环；5—撞板；6—吊钩夹套；7—杠杆

作与图 1-60（a）相同，所不同的是其是由吊钩夹套 6 顶起杠杆 7 而将重锤 8 托起，从而使限位开关工作的。

另一种旋转螺杆式起升高度限位开关装置如图 1-61 所示。螺杆 10 通过十字滑块联轴器 6 与卷筒轴相连，卷筒轴转动时，丝杠上的滑块 11 沿着导柱 9 左右滑动。当卷筒转动至吊钩处于上升极限位置时，滑块则向右移动至螺栓 13 顶压限位开关 14 的位置，使开关动作，断开起升电动机电路，限制了吊钩的继续上升。这种装置安装在小车架的卷筒端上，限程高度可以通过螺栓 13 来调节。其由于结构轻巧，装配、调整都很方便，故应用广泛。

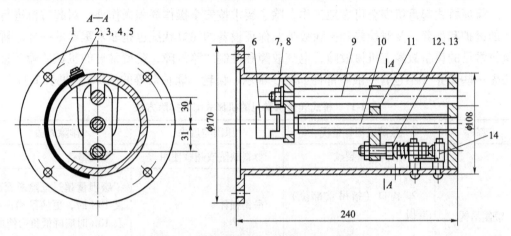

图 1-61　旋转螺杆式起升高度限位开关
1—壳体；2—弧形盖；3—螺钉；4—压板；5—纸垫；6—十字滑块联轴器；7，12—螺母；
8—垫圈；9—导柱；10—螺杆；11—滑块；13—螺栓；14—限位开关

小车运行机构的行程限位是由装在小车上的撞尺（如图 1-54 中的 5）和装在小车轨道两端的悬臂杠杆式限位开关共同完成的。小车运动至快到极端位置时，撞尺迫使限位开关的摇臂转动，切断电源，使小车及时得以制动。

3. 缓冲器

为防止运行机构行程限位开关失灵，在小车架上安装了弹簧缓冲器，其结构如图 1-62 所示。在桥架小车轨道的极端位置处装有挡铁，用它来阻挡小车的运动并通过缓冲器吸收碰

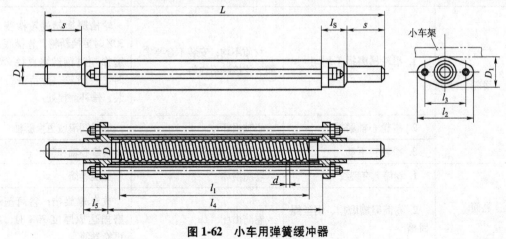

图 1-62　小车用弹簧缓冲器

撞时的能量。国家标准规定，其容许的最大减速度为 4 m/s^2。当小车速度不高时，也可用橡胶块和木块来进行缓冲。

4. 排障板

排除小车轨道上可能存在的障碍物，如维修时遗忘而搁在轨道上的工具等。

第十节　桥式起重机常见的机械故障及排除方法

为保证桥式起重机安全可靠地工作，除了要求按安全操作规程操作外，对起重机进行经常性的维护和保养，及时检修和排除故障，保证设备的完好状况也是非常重要的一环。桥式起重机常见的设备故障有机械故障、电气故障和控制线路故障，现就常见的机械故障及排除方法做一些简介（不包含一般零部件如轴、轴承、齿轮、联轴器等的故障），见表1-17。

表1-17　桥式起重机常见的机械故障及排除方法

零部件	故障或损坏情况	原因与后果	排除方法
锻制吊钩	1. 吊钩表面裂纹	材料缺陷或超载使用	更换吊钩
	2. 钩口（指吊重部位）磨损	吊钩损坏	磨损量超过危险断面高度10%时，更换吊钩；不及10%时应降低负荷使用
	3. 尾部螺纹、钩颈裂纹	超载使用	更换吊钩
	4. 钩口永久变形	超载使用产生疲劳	更换吊钩
片式吊钩	吊钩变形，钩片有裂纹	吊钩损坏	停止使用，更换新片
钢丝绳	断股、断丝、打结、磨损	断绳	断股、打结应停止使用；断丝数在一捻节距内超过总丝数的10%，应更换新绳；钢丝绳外层钢丝磨损超过钢丝直径40%时，应更换新绳
滑轮	1. 滑轮槽磨损不均匀	材质不均；安装不合要求；绳、轮接触不均匀	轮槽磨损超过轮槽壁厚30%时更换新轮，轮槽底径磨损超过钢丝绳直径25%时更换新轮；重新进行安装；修补磨损处
	2. 滑轮心轴磨损	心轴损坏	加强润滑或更换新轴
	3. 滑轮转不动	心轴和钢丝绳磨损加剧	检修心轴和轴承
卷筒	1. 卷筒上有裂纹	卷筒损坏	更换卷筒
	2. 卷筒绳槽磨损、钢丝绳跳槽	卷筒损坏	重车螺旋槽；卷筒壁厚磨损达原厚度20%时，应更换卷筒

续表

零部件	故障或损坏情况	原因与后果	排除方法
车轮	1. 轮辐、踏面有裂纹	车轮损坏	更换车轮或修补
	2. 主动车轮踏面磨损不均匀	表面淬火不均匀或车体走斜	重新车制或成对更换车轮
	3. 轮缘磨损	啃轨	轮缘磨损超过厚度50%时更换新轮
制动器	1. 制动不灵或制动轮打滑	1. 杠杆系统的活动轴销卡住； 2. 轴销孔间隙过大； 3. 制动轮径向圆跳动超差； 4. 两边制动片与制动轮的间隙不等； 5. 制动片与制动轮接触面积小； 6. 制动片与制动瓦铆合松动； 7. 制动片上的铆钉头外露； 8. 主弹簧太松或有永久变形； 9. 制动轮或制动片上有油污； 10. 制动片过度磨损	1. 加润滑油； 2. 更换销轴； 3. 修磨制动轮外圆摩擦面； 4. 调整间隙，使两边达到一致； 5. 调整制动器安装位置或修磨制动片； 6. 将铆钉铆紧； 7. 铆钉头应低于制动片至少2 mm； 8. 调紧主弹簧或更换主弹簧； 9. 用煤油清洗掉油污； 10. 更换制动片
	2. 制动器处于常紧状态	1. 电磁铁断线或线圈烧毁； 2. 制动片胶黏在带污垢的制动轮上； 3. 活动轴销被卡住； 4. 两边制动片与制动轮的间隙不等，一侧偏紧，甚至发出焦味； 5. 制动轮径向圆跳动超差； 6. 制动器主弹簧过紧； 7. 辅助弹簧损坏或弯曲不起作用	1. 连接中断的电线或更换线圈； 2. 用煤油清洗制动片； 3. 加润滑油； 4. 调整间隙，使两边达到一致； 5. 如电动机轴伸没有问题，可修磨制动轮外圆摩擦面； 6. 调整主弹簧； 7. 更换辅助弹簧
	3. 制动器易脱离原调整的位置，制动力矩不稳定	1. 调整主弹簧的螺母松动； 2. 螺母或丝杠的螺纹损坏	1. 拧紧调整螺母，并用锁紧螺母锁紧； 2. 更换新件或检修螺母、丝杠的螺纹

续表

零部件	故障或损坏情况	原因与后果	排除方法
小车运行机构	1. 打滑	1. 轨道上有油或冰霜； 2. 轮压不均； 3. 启动过猛（特别是笼型电动机的启动）	1. 去掉油污和冰霜； 2. 调整轮压； 3. 改善电动机的启动方法或选用绕线转子异步电动机
	2. 小车三条腿（有一个轮子悬空）	1. 车轮直径偏差过大； 2. 安装不合理； 3. 小车架变形	1. 按图样要求进行加工； 2. 重新调整安装； 3. 矫正小车架
大车运行机构	啃轨	1. 两主动轮轮径不等，误差过大； 2. 桥架金属结构变形； 3. 轨道安装误差； 4. 轨道顶面有油污或冰霜	1. 重新车制车轮或成对更换新轮； 2. 检修、矫正； 3. 调整轨道，使其跨度、直线性、标高等均符合技术标准； 4. 去掉油污或冰霜

思 考 题

1-1 起重机械由哪些装置组成？

1-2 变幅机构的作用是什么？变幅有几种方式？

1-3 起重机主要有哪些工作参数？

1-4 起重机工作级别分为几级？级别的划分与什么有关？

1-5 什么是滑轮组的倍率？滑轮组的效率高低与什么有关？

1-6 对与双联滑轮组配用的卷筒的螺旋槽有什么要求？

1-7 试述钢丝绳在起重机上得到广泛应用的原因。

1-8 线接触钢丝绳有几种类型？各有什么特点？

1-9 常用的取物装置有哪几种？

1-10 试述短行程电磁铁双块制动器的工作原理。应怎样对它进行调整？

1-11 桥式起重机由哪几部分组成？大车、小车各指什么？

1-12 桥式起重机桥架有哪几种类型？各有什么优缺点？

1-13 为什么桥架主梁必须上拱？对上拱的要求如何？

第二章 输送机械

第一节 概 述

一、输送机械的分类

输送机械是生产中输送物料的设备。其中连续输送机械是以连续流动的方式在水平方向、垂直方向或倾斜方向输送物料的机械。在现代化工矿企业中,连续输送机是在生产过程中组成有节奏流水作业输送所不可缺少的部分。使用这些设备,除可以进行纯粹的物料输送外,还可与生产流程中的工艺过程相配合,形成流水作业线。

输送机械的种类很多,按照其结构特点和用途可分为以下几种。

(1) 带有挠性牵引件的输送机,如带式输送机、链式输送机、板式输送机、刮板式输送机、提升机和架空索道等。

(2) 无挠性牵引件的输送机,如螺旋输送机、辊子输送机和振动输送机等。

(3) 其他输送机械,如气力输送机、叉车等。

二、货物的特性

输送机械搬运的货物可分为散状物料(简称散料)和成件物品两大类。

1. 散料特性

输送机械的主要技术参数、有关零部件的结构及材料选择都要考虑所运散料的特性。除有害性、腐蚀性、自燃性、危险性等外,影响最大的主要是散料的物理性质,如粒度、堆积密度、温度、湿度、流动性、内摩擦因数、外摩擦因数、可压实性、易碎性和黏结性等。

(1) 粒度。物料单个颗粒(或料块)的大小叫作物料颗粒(或料块)的粒度,以颗粒的最大长度 d (mm) 表示。散状物料按物料粒度特征分为8级,见表2-1。

表2-1 散装物料粒度分级

级别	粒度 d/mm	粒度类别
1	>100~300	特大块
2	>50~100	大块
3	>25~50	中块
4	>13~25	小块
5	>6~13	颗粒状
6	>3~6	小颗粒状
7	>0.5~3	粒状
8	0~0.5	粉尘状

(2) 堆积密度。物料在自然松散堆积状态下单位体积的质量称为堆积密度 ρ_0（t/m³）。不同物料的堆积密度见表2-2。

散料按其堆积密度分为4级：

轻物料：$\rho_0 \leq 0.4$ t/m³；

一般物料：$\rho_0 = 0.4 \sim 1.2$ t/m³；

重物料：$\rho_0 = 1.2 \sim 1.8$ t/m³；

特重物料：$\rho_0 > 1.8$ t/m³。

输送机械的类型应与散料堆积密度的级别相适应。堆积密度大于 1.6 t/m³ 的重物料应选用重型输送机械。

表2-2 物料的堆积密度 ρ_0、自然堆积角 ϕ、静摩擦因数 μ

物料名称	堆积密度 ρ_0/(t·m⁻³)	自然堆积角 ϕ/(°)		静摩擦因数 μ		
		动态	静态	对钢板	对木板	对胶带
铸造型砂	1.25~1.30	30	45	0.71		0.61
焦炭	0.36~0.38	35	50	1.00	1.00	
铁矿石	2.10~2.40	30	50	1.20		
褐煤	0.65~0.78	35	50	1.00	1.00	0.70
小块石灰石	1.20~1.50	30		0.56	0.70	
烧结料	1.60~2.00	30				

(3) 温度。散料在输送机械中输送时，料流的最高温度或低温物料的最低温度叫作散料的温度。

散料按其温度分为4级：

低温物料：≤4 ℃；

常温物料：4 ℃~50 ℃；

中温物料：50 ℃~450 ℃；

高温物料：>450 ℃。

温度对输送机械的影响很大，输送机械的强度计算、材料、结构及加工工艺等都要考虑温度要求。

(4) 流动性。散料向四周自由流动的性质叫作物料的流动性，用自然堆积角反映。自然堆积角是指散料自由均匀地落下时，所形成的、能稳定保持的锥形料堆的最大角（即自然坡度表面与水平面之间的夹角），又称自然坡角。输送带运行时的散料堆积角称为运行堆积角或动自然堆积角，输送带静止时的散料堆积角称为静自然堆积角。不同物料的自然堆积角可查表2-2。

(5) 内摩擦因数 μ。因散料颗粒间的相互嵌入作用及其表面接触而引起的阻碍物料间相对滑动的摩擦力，与散料层所受的法向压力之比，叫作散料的内摩擦因数。

在相对静止状态下，两料层间的内摩擦因数叫作散料的静态内摩擦因数；两料层以一定的速度相对滑移时，两料层间的内摩擦因数叫作散料的动态内摩擦因数。

（6）外摩擦因数。散料和与之接触的固体材料表面之间的摩擦力与接触面上的法向压力之比，叫作散料对固体材料表面的外摩擦因数。

散料和与之接触的固体材料表面在相对静止状态下的摩擦因数，叫作静态外摩擦因数；散料和与之接触的固体材料表面以一定的速度相对滑移时，两料层间的外摩擦因数叫作动态外摩擦因数。

2. 成件物品特性

凡是在输送过程中作为一个单元来考虑的货物，如装有散料的或液体的瓶、罐、袋、盒、箱以及原本就是按件搬运的固体物料都称为成件物品。又轻又小的成件物品常集装成单元进行搬运，则单元可视作一个新的成件物品。

选用输送成件物品的输送机械时，须考虑下述几项主要特性：

（1）几何形状和外形尺寸（长、宽、高）。
（2）质量，倾覆角，相对于成件物品底面的重心高度，重心变动范围。
（3）与输送机械相接触的材料性质。
（4）底面形状。
（5）底面的物理性质，如光滑或粗糙、软或硬等。

成件物品的物理特性、化学特性和对外界影响的敏感性，如腐蚀性、易破碎性、锋利性、易燃易爆性、放射性及防倾翻、防水等因素，也是选用输送机械时必须考虑的。

第二节　带式输送机

一、带式输送机的工作原理和特点

带式输送机（图2-1）是一种用挠性输送带不停地运转来输送物料的连续输送机。输送带绕过若干滚筒后首、尾相接形成环形，并由张紧滚筒将其张紧。输送带及其上面的物料由沿输送机全长布置的托辊（或托板）支承。驱动装置使传动滚筒旋转，借助传动滚筒与输送带之间的摩擦力使输送带运动。带式输送机是用途最广泛的一种连续输送机械。它具有生产率高（最大可达37 500 t/h）、运输距离远（一般为200～300 m，目前在世界上单级最长可达15 km）、自重小、工作可靠、操作简便、能源消耗小、结构简单、便于维护、对地形的适应能力强，既能输送各种散料，又能输送单件质量不太大的成件物品，有的甚至还能运

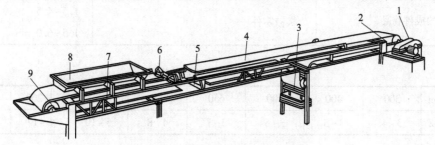

图 2-1　通用带式输送机
1—驱动装置；2—传动滚筒；3—张紧装置；4—输送带；5—平形托辊；
6—槽形托辊；7—机架；8—导料槽；9—改向滚筒

送人员等主要特点，所以在工厂、矿山、电站、建筑工地、港口、农产品加工等许多部门都得到了广泛的使用。如铸造车间运送型砂；冶金工厂运送焦炭、矿石；建筑工地运送建筑材料；港口装卸货物等。带式输送机的缺点是输送带容易磨损，8~12个月就要更换一次，且输送带的价格较贵，几乎占了整个设备价格的一半。

二、带式输送机的主要零部件

1. 输送带

带式输送机中的输送带，既是物料承载件，又是牵引件，所以对它的要求较高。要求输送带的强度高、自重小、伸长率小、挠性好、耐磨性好和寿命长。

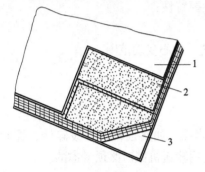

图 2-2 织物芯输送带结构
1—上覆盖胶；2—胶布层；3—下覆盖胶

通常使用的输送带有橡胶带、塑料带、钢带和金属丝带等，其中以橡胶带为主。

（1）织物芯输送带。织物芯输送带是由数层棉织品或麻织品的衬布层用橡胶加以黏合而成的。为了保护衬布层不受潮湿的浸蚀、外界的机械损坏和物料的磨损，在上、下面以及两个侧面通常再覆以橡胶保护层，如图2-2所示。橡胶覆层厚度及衬布层数的选用见表2-3和表2-4。

输送带中的衬布层承受着机械拉力，一般是机械拉力越大，使用输送带的宽度也越大，衬布层数目也越多。

表 2-3 橡胶覆层厚度推荐值

物料特征	材料名称	工作表面覆层 δ_1/mm	非工作表面覆层 δ_2/mm
粉末状或夹微粒的物料	水泥、高炉灰、生熟石灰	1.5	1.0
$\rho_0<2$ t/m³　中小粒度	焦炭、石灰石、白云石、烧结矿、砂	3.0	1.0
$\rho_0>2$ t/m³　粒度<100 mm	矿石、石块	3~4.5	1.5
$\rho_0>2$ t/m³　粒度 200~300 mm	金属矿、岩石	4.5	1.5
$\rho_0>2$ t/m³　粒度>300 mm	大块铁矿石、锰矿石	6	1.5
硬壳包装　质量<15 kg	箱子、桶	1.5~3.0	1.5
无包装的成件物品	机械零件	1.5~4.5	1.5
		1.5~6.0	1.5

表 2-4 带宽与衬布层数的推荐值

带宽 B/mm	300	400	500	650	800	1 000	1 200	1 400
衬布层数 Z	3~4	3~5	3~6	3~7	4~8	5~10	6~12	7~12

输送带两端的连接，如图2-3所示，可以采取金属卡子法（机械法）和硫化法（热黏合法）冷黏接头。金属卡子法连接工艺简单，但输送带强度受到削弱，且容易将输送带撕裂。所以只在快速检修时使用，正常场合多不采用。金属卡子法能达到输送带强度的35%~40%。冷

黏接头将接头部位的胶布层和覆盖胶层剖切成对称的阶梯状，将胶布层打毛并清洗干净后涂3遍氯丁胶黏合剂。将输送带两端合拢后加压，在常温下（25 ℃±5 ℃）保持2 h使其固化即可。此法操作方便，成本低，接头强度可达到带体强度的70%左右，因此运用渐多。

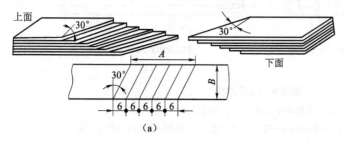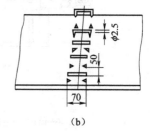

图 2-3　输送带的连接
（a）硫化法；（b）金属卡子法

硫化法是较理想的办法，这种接头的强度可以达到输送带强度的85%～90%。硫化法将输送带的两端按衬布的层数切成阶梯形接口，其尺寸依带宽及衬布层数而定，然后用汽油加以洗涤。涂上黏合胶，将接头粘好后放入金属的模压板中加热（用蒸气或电加热）到140 ℃～150 ℃时压紧，保持25～60 min即可粘好。重要的带式输送机多用硫化法接头。

（2）钢绳芯输送带。钢绳芯输送带是用特殊的钢绳作带芯，用不同配方的橡胶作覆盖材料，从而制成具有各种特性的输送带，其结构如图2-4所示。带芯的钢绳由高碳钢制成，钢丝表面镀锌或镀铜，分为左、右捻两种在输送带中间隔分布。钢绳芯带强度高，弹性伸长小，承槽性好，耐冲击，抗疲劳，能减小滚筒直径，使用寿命长，特别适合于长距离输送。接头形式均采用硫化法。

2. 滚筒

滚筒分传动滚筒及改向滚筒两大类。

（1）传动滚筒。与驱动装置相连，其外表面可以是裸露的金属表面（又称"光面"，输送机长度较短时用），也可包上橡胶层来增加摩擦力。

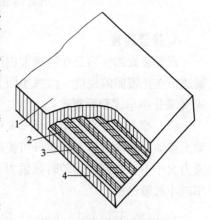

图 2-4　钢绳芯输送带结构
1—上覆盖胶；2—钢绳；
3—带芯胶；4—下覆盖胶

（2）改向滚筒。用来改变输送带的运行方向和增加输送带在传动滚筒上的围包角，一般均做成光面。

滚筒的结构，主要有钢板焊接结构和铸焊结构两类，如图2-5所示。后者用于受力较大的大型带式输送机。

3. 托辊

托辊是承托输送带及物料的部件，如图2-6所示，它也是带式输送机中使用最多、维修工作量最大的部件。按其在输送机中的作用与安装位置分为承载托辊、空载托辊、挡辊、缓冲托辊和调心托辊等。托辊一般用无缝钢管制成，为使转动灵活，采用滚动轴承，并有良好的密封，其结构如图2-7所示。

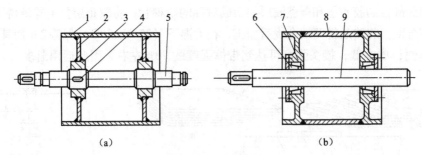

图 2-5 滚筒结构

(a) 钢板焊接结构；(b) 铸焊结构

1,8—筒体；2—腹板；3—轮毂；4—键；5,9—轴；6—胀圈；7—铸钢组合腹板

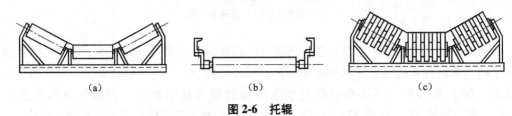

图 2-6 托辊

(a) 承载托辊；(b) 空载托辊；(c) 缓冲托辊

4. 张紧装置

张紧装置的作用是在输送带内产生一定的预张力，避免其在传动滚筒上打滑；同时控制输送带在托辊间的挠度，以减小阻力和避免撒料。张紧装置的结构形式主要有螺杆式、重锤式（又分小车式和垂直式）。

(1) 螺杆式张紧装置。图 2-8 中张紧滚筒装在可移动的滚筒轴承座上，此轴承座可在机架上移动。转动机架上的螺杆可使滚筒前后移动，以调节输送带的张力。其结构简单，但张紧力大小不易控制，运转时张紧力不能恒定，张紧行程小，因此只用于机长小于 100 m、功率较小的输送机。

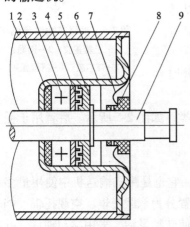

图 2-7 辊子结构

1—外筒；2—内密封；3—轴承；4—外密封；5—弹簧卡圈；
6—轴承座；7—防尘盖；8—橡胶密封圈；9—轴

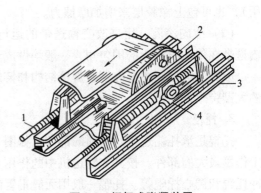

图 2-8 螺杆式张紧装置

1—螺杆；2—滚筒；3—机架；
4—可移动的滚筒轴承座

（2）重锤式张紧装置。它是利用重锤力来张紧输送带的。这种装置有两种不同形式，如图 2-9 和图 2-10 所示。图 2-9（a）所示为小车重锤式，张紧滚筒装在一个能在机架上移动的小车上，由重锤通过钢丝绳拉紧小车。其结构较简单，能保持恒定的张紧力，张紧迅速可靠，适用于机长较长、功率较大的输送机。图 2-9（b）所示为垂直重锤式，它的优点是可利用输送走廊下的空间；缺点是改向滚筒多，增减重锤和维护滚筒困难。

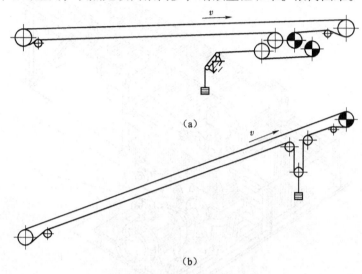

图 2-9　重锤式张紧装置示意图
（a）小车重锤式；（b）垂直重锤式

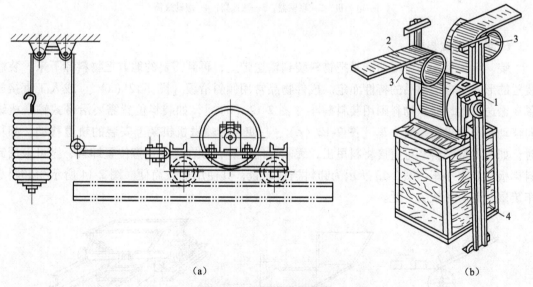

图 2-10　重锤式张紧装置
（a）小车重锤式张紧装置；（b）垂直重锤式张紧装置
1—张紧滚筒；2—输送带；3—改向滚筒；4—重锤

5. 驱动装置

驱动装置是带式输送机中的动力部分，它是通过驱动滚筒，借摩擦力把动力传到输送带进行物料输送的。驱动装置主要由电动机、联轴器、减速器、制动器（或逆止器）、传动滚筒组成。输送机可根据需要采用单滚筒驱动或双滚筒、多滚筒驱动。大多数带式输送机采用单滚筒驱动装置，如图2-11所示。

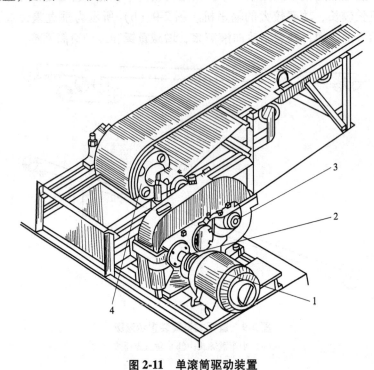

图 2-11 单滚筒驱动装置

1—电动机；2—联轴器；3—减速器；4—驱动滚筒

6. 装、卸载装置

装、卸载装置的主要功能是把物料装到输送带上，再到需要的地方把物料卸下来。装载装置的形式按输送物品的特性而定。成件物品常用倾斜滑板［图2-12（a）］或人工直接放置在输送带上，粒状物料则用装料漏斗［图2-12（b）］，如装料位置需要沿带式输送机纵向移动时，则采用装料小车［图2-12（c）］，使它沿输送机机架上安装的轨道移动。卸料时，如在尾部卸料，可直接将料甩出，无须专门装置；如在中途任意位置卸料，则可采用卸料挡板和卸料小车。图2-13所示为卸料挡板装置，其使用比较简便。图2-14所示为卸料小车装置，其应用较为广泛。

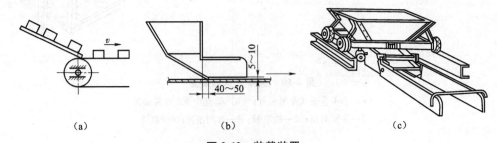

图 2-12 装载装置

(a) 倾斜滑板；(b) 装料漏斗；(c) 装料小车

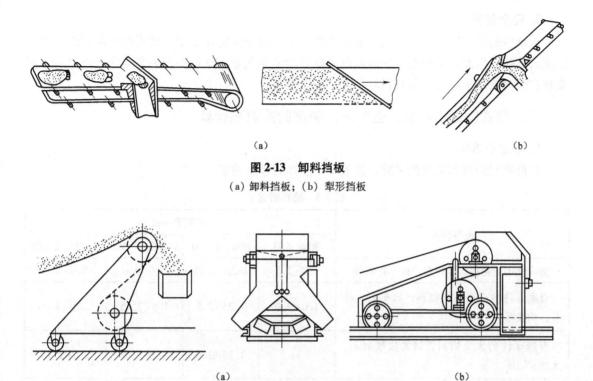

图 2-13 卸料挡板

(a) 卸料挡板；(b) 犁形挡板

图 2-14 卸料小车

(a) 单侧卸料小车；(b) 双侧卸料小车

7. 清理装置

清理装置的作用是清扫输送带卸载后仍附着在带面上的物料。这些物料残留在带上，在经过改向卷筒、支承托辊时会产生振动和磨损，同时也会增加运动阻力、降低生产率。

常用的清理装置有两种：一种是清理刮板 [图 2-15 (a)]，适于清理干燥物料。刮板用弹簧压紧在卸料后的带面上，以刮去残余物料。另一种是清扫刷 [图 2-15 (b)]，适于清扫潮湿或黏性物料。清扫刷由驱动滚筒经传动装置驱动，清扫刷的运动方向应与带的运动方向相反，以增强清理效果。

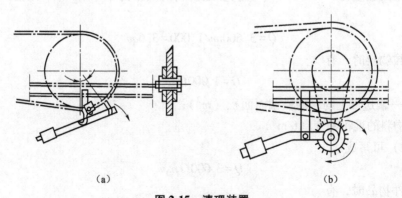

图 2-15 清理装置

(a) 清理刮板；(b) 清扫刷

8. 安全装置

在倾斜的带式输送机中,当向上运送物料时,特别要防止由于偶然事故停车而造成物料倒流的危险。因此,必须有停止器和制动器作为安全装置。这些安全装置通常靠近驱动滚筒或装在滚筒轴端上,常用的有棘轮、块式制动器等。

三、带式输送机带速、生产率、带宽的选取和计算

1. 带速的确定

根据物料特性和初定的带宽,按表2-5推荐的带速确定。

表 2-5 推荐带速 v m/s

物料特征	带宽 B/mm		
	500、650	800、1 000	1 200、1 600	1 800、2 000
磨琢性小的物料,如原煤、盐、谷物等	1.0~2.5	1.25~3.15	1.6~4.0	2.0~6.0
有磨琢性的中、小块物料,如矿石、砾石、炉渣等	1.0~2.0	1.25~2.5	1.6~3.15	2.0~4.0
有磨琢性的大块物料,如大块硬岩石、大块矿石等	—	1.25~2.0	1.6~2.5	2.0~3.15

注:1. 输送机长度较大时,取偏上限数。
  2. 水平输送时,取偏上限数。
  3. 物料粒度大且不均匀时,取偏下限数。
  4. 输送粉尘大的物料时,$v<1$ m/s。
  5. 输送机上配有电动卸料车时,$v \leqslant 3.15$ m/s。
  6. 输送机上配有犁式卸料器时,$v \leqslant 2.0$ m/s。
  7. 需要对物料进行手选时,$v=0.2 \sim 0.3$ m/s。

2. 生产率的计算

单位时间内输送物品的质量称为输送机的生产率,以 Q 表示。

若输送带线速度为 v(m/s),单位长度上物料的质量为 q(kg/m),则生产率 Q(t/h)可以表示为

$$Q = 3\,600qv/1\,000 = 3.6qv \tag{2-1}$$

运送散粒物料时,有

$$Q = 1\,000\Omega\rho_0 \tag{2-2}$$

式中,Ω——输送带上物料的横截面面积(m²);
  ρ_0——物料的堆积密度(t/m³)。

式(2-1)可写成

$$Q = 3\,600\Omega\rho_0 v \tag{2-3}$$

运送成件物品时,有

$$q = \frac{G}{a} \tag{2-4}$$

式中，G——一件物品的质量（kg）；

a——物品之间的间距（m）。

此时，生产率为

$$Q = 3.6 \frac{G}{a} v \tag{2-5}$$

3. 输送带宽度的确定

输送带宽度主要取决于生产率，同时也要考虑输送带的速度和物料粒度尺寸对它的影响。现由式（2-3）中的 Ω，经变换推出带宽 B 的计算公式，如图2-16所示。

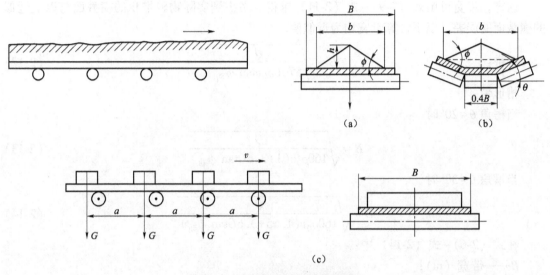

图 2-16 输送带上物料横截面面积

(a) 平带；(b) 槽形带；(c) 成件物品

对于平带，物料在输送带上堆积的横截面面积 Ω，可采用近似计算法，把它看成一个等腰三角形，其底边 b 取为带宽 B 的0.8倍，即 $b = 0.8B$，B 的单位为 m。底角 ϕ 为物料的"动自然堆积角"$\phi_动$。另外，考虑到倾斜输送时，截面积有一定的缩小，用 C 表示这种缩小系数。则

$$\Omega = C \frac{bh}{2} = C \frac{b}{2} \frac{b}{2} \tan \phi_动 = 0.16CB^2 \tan \phi_动 \tag{2-6}$$

对于槽形带，分析物料堆积的横截面，可把它看作是由一个等腰梯形（面积为 Ω_1）和一个等腰三角形（面积为 Ω_2）组成的。

由此

$$\Omega = \Omega_1 + \Omega_2 = \frac{1}{2}(0.4B + 0.8B)0.2B \tan \theta + 0.16CB^2 \tan \phi_动$$

当槽角 $\theta = 20°$ 时

$$\Omega = B^2(0.0437 + 0.16C \tan \phi_动) \tag{2-7}$$

当槽角 $\theta = 30°$ 时

$$\Omega = B^2(0.0693 + 0.16C \tan \phi_动) \tag{2-8}$$

将式（2-6）、式（2-7）、式（2-8）分别代入式（2-3）中，可得输送带在不同槽形时的生产率计算公式。

平带：
$$Q = 3600\rho_0 v(0.16CB^2 \tan\phi_{动}) = 576C\rho_0 vB^2 \tan\phi_{动} \tag{2-9}$$

槽形带：

当槽角 $\theta = 20°$ 时
$$Q = 3600\rho_0 vB^2(0.0437 + 0.16C\tan\phi_{动}) \tag{2-10}$$

当槽角 $\theta = 30°$ 时
$$Q = 3600\rho_0 vB^2(0.0693 + 0.16C\tan\phi_{动}) \tag{2-11}$$

这样，带宽可由式（2-9）~式（2-11）求得。考虑到实际物料堆积的横截面与以上近似的横截面的误差，以下计算带宽均为近似值。

平带：
$$B \approx \sqrt{\frac{Q}{576C\rho_0 v\tan\phi_{动}}} \tag{2-12}$$

槽形带：

当槽角 $\theta = 20°$ 时
$$B \approx \sqrt{\frac{Q}{160\rho_0 v(1+3.6C\tan\phi_{动})}} \tag{2-13}$$

当槽角 $\theta = 30°$ 时
$$B \approx \sqrt{\frac{Q}{160\rho_0 v(1.55+3.6C\tan\phi_{动})}} \tag{2-14}$$

在式（2-6）~式（2-14）中：

B——带宽（m）；

Q——生产率（t/h）；

ρ_0——物料的堆积密度（t/m³），常见物料的 ρ_0 值见表2-2；

v——输送带的线速度（m/s）；

C——与倾斜输送有关的系数，输送机倾角 β 小于10°时 $C=1$，$\beta=11°~15°$ 时 $C=0.97$，$\beta=16°~22°$ 时 $C=0.9$；

$\phi_{动}$——物料的动自然堆积角，常见 $\phi_{动}$ 由表2-2可查得。

计算出带宽后，还应按物料最大粒度 d（mm）加以检验。

对未经筛分的物料
$$B \geqslant 2d + 200$$

对已经筛分的物料
$$B \geqslant 3.3d + 200$$

如带宽不能满足粒度的要求，则应把带宽 B 的尺寸加大一个档级。

第三节 几种输送机械简介

一、板式输送机

板式输送机（图2-17）也是一种连续输送机。板式输送机的形式多种多样，但目前使

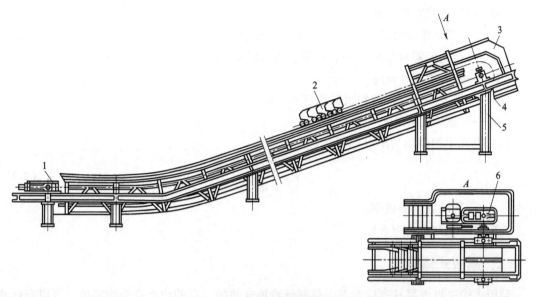

图 2-17 板式输送机
1—尾部张紧装置；2—运载机构；3—导料防护装置；4—驱动链轮装置；5—机架；6—传动装置

用最多的为链带挡边的波浪形板式输送机（俗称鳞板输送机）、双链式平板输送机和轻型平板输送机 3 种。板式输送机可沿水平方向和倾斜方向输送各种散粒物料和成件物品，常用于流水线中运送工件。与带式输送机相比，它可用来输送比较沉重的、粒度较大的、具有锋利棱角和强磨琢性的货物，更适宜于输送炽热的物品。它的主要优点是：适用范围广，生产效率高，可做长距离运输，运输平稳可靠，噪声较小，输送线路布置灵活性较大，而且在较短距离内能完成一定高度的提升。现有的板式输送机生产率有的达到 1 000 t/h，输送距离在 1 000 m 以上，输送倾角为 30°~35°，有的甚至可达 60°，转弯半径一般为 5~8 m，仅为带式输送机的 1/10 左右。所以，板式输送机在国民经济的许多部门，如冶金、煤炭、化工、动力和机械制造业等均有广泛的应用。板式输送机的主要缺点是：牵引链条和承载底板的自重大，结构较复杂，制造和维修困难，因此成本也较高。

板式输送机主要由传动装置、驱动链轮、尾部张紧装置、运载机构、机架、卸料和清扫装置等组成。根据需要，有的板式输送机还配有受料漏斗和上密封罩。板式输送机由传动装置带动驱动链轮旋转，通过与牵引链条的啮合来带动由输送槽、牵引链和支承滚轮（行走轮）组成的运载机构，使滚轮沿机架上的导轨行走，从而完成输送工作。

（1）板式输送机的输送能力。

输送成件物品的能力（件/h）

$$Q = 3\,600 v / a_t \tag{2-15}$$

式中，v——输送速度（m/s）；

a_t——成件物品在输送机上的间距（m）。

输送散料的能力（t/h）

$$Q = 3\,600 [KB^2 K_1 \tan(0.4\phi) + Bh\psi] v \rho_0 \tag{2-16}$$

式中，K——侧板系数，有侧板时 $K = 0.25$，无侧板时 $K = 0.18$；

B——输送槽宽度（m）；

K_1——倾斜输送时的系数（可参考有关表）；

ϕ——散料的静堆积角（°），全部为大块时$\phi=0°$；

h——侧板高度（m）；

ψ——填充系数，一般粒度时取$0.65\sim0.75$；

ρ_0——物料堆积密度（t/m^3）。

（2）电动机的驱动功率（kW）

$$P = \frac{1.3F_Z v}{1\,000\eta} \tag{2-17}$$

式中，η——传动系统的效率；

F_Z——负载阻力（N）。

二、刮板式输送机

刮板式输送机也是具有挠性牵引件的连续输送机械。它的优点是结构简单，可以在任意位置装料和卸料（可以在尾部卸料，也可以在中部任意位置卸料，在槽底设有活动卸料口即可）；缺点是物料在运输过程中，容易被挤碎或压实成块，刮板和槽壁磨损大，摩擦阻力大，功率消耗大。因此，它的长度不能太长。

刮板式输送机的构造如图2-18所示，它主要由牵引链、输料槽、刮板、星轮及驱动装

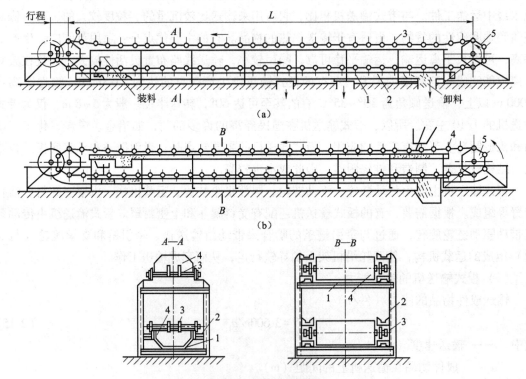

图2-18 刮板式输送机

(a) 输料槽在下面；(b) 输料槽在上面

1—输料槽；2—机架；3—支承滚轮；4—刮板；5—驱动链轮；6—导向链轮

置等部分构成。其作为牵引用的链条为片式关节链。在链条上安装有许多刮板,它们相隔一定间距,并沿料槽移动。输送机的工作分支一般在下面,而无载分支则在上面。刮板由钢板冲压或铸造而成,其形状应与料槽形状相适应,一般有长方形、梯形、圆形等。工作时,物料装入槽内(填充在刮板之间),利用装在链条或绳索上的刮板,沿固定的输料槽移动而推动物料前进。刮板输送机可以运送煤、矿石或其他散粒物品,但不适合运送黏性物料和易碎性以及磨蚀性较大的物料。

(1) 刮板输送机的输送能力 (t/h)

$$Q = 3\,600 A \psi \rho_0 v \tag{2-18}$$

式中,A——溜槽中的散料可能占有的最大截面积(m^2);
ψ——散料装满系数;
ρ_0——散料的堆积密度(t/m^3);
v——刮板链速度(m/s)。

(2) 驱动功率 P (kW)

$$P = \frac{F_d v}{1\,000 \eta} \tag{2-19}$$

式中,η——传动装置的效率;
F_d——刮板链的动张力(N)。

三、斗式提升机

斗式提升机用于在竖直方向内或在很大倾斜角时运送各种散料和碎块物料,是一种广泛采用的垂直输送设备。斗式提升机的优点是:与其他输送机比较,能在垂直方向输送物料而占地面积较小;在相同提升高度时,输送路线大为缩短,使其系统的布置紧凑;能在全封闭的罩壳内进行工作,有较好的密封性,可减少对环境的污染。它的主要缺点有:输送物料的种类受到限制;对过载敏感性强;要求均匀给料等。所以,在通常情况下,斗式提升机的生产率限制在 300 t/h 范围内,提升高度不大于 80 m。但是,近年来随着高强度牵引构件的开发应用,在很大程度上扩展了它的应用范围。

斗式提升机的分类方法很多。例如,按物料的运送方法,可分为竖直的和倾斜的;按牵引构件的形式可分为带式和链式;按物料从料斗中卸载的方式,可分为离心式、重力式和混合式,如图 2-19 所示;按料斗在牵引构件上的布置情况,可分为料斗稀疏布置和料斗密集布置。

当装满物料的料斗分支运行至头部驱动轮后,在料斗中物料某质点同时受重力 mg 和离心力 $m\omega^2 r$ 的作用,其合力 F 的方向通过一点 P。随着料斗在驱动轮上的继续运动,合力 F 的作用线与中心线的交点 P 可视为固定不变。P 点称为极点,PO 线称为极距 h (m)。

$$h = 895/n^2 \tag{2-20}$$

式中,n——驱动轮转速(r/min)。

(1) 重力式卸载。当 $h > r_0$ 时,极点的位置在料斗外边缘轨迹之外,重力值比离心值大。料斗内物料颗粒向料斗的内边移动,物料颗粒受重力的作用卸出,故称重力式卸载。

重力式卸载一般用链条作牵引件,也可用橡胶带。在输送灼热物料时,应采用耐热橡胶

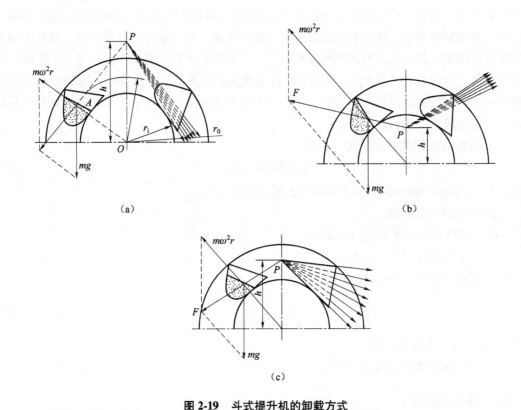

图 2-19 斗式提升机的卸载方式
(a) 重力式；(b) 离心式；(c) 混合式

带。在满足重力式卸载的条件下，料斗在牵引件上可密集布置或稀疏布置，用于堆积密度大、有磨琢性的物料。其选用速度较低，一般取 0.4~0.8 m/s。

(2) 离心式卸载。当 $h<r_i$ 时，极点在驱动轮的圆周内，颗粒的离心力远大于重力。料斗内物料向斗的外边移动，物料受离心力的影响而抛出，故称离心式卸载。

离心式卸载方式多用橡胶带作牵引件，料斗多为稀疏布置，也可密集布置，用于流动性良好的粉末状、小颗粒物料，速度可取 1~3.5 m/s。

(3) 混合式卸载。当 $r_i<h<r_0$ 时，极点位于驱动轮圆周与料斗外边缘轨迹之间，颗粒离心力值与重力值差异很小，料斗内物料一部分沿料斗外边卸出，一部分沿料斗内边卸出，故称混合式卸载。混合式卸载多用链条作牵引件，料斗稀疏布置，用于流动性不良的粉状或含水物料，速度介于上述两种之间，可取 0.6~1.6 m/s。

斗式提升机的主要部件有料斗、牵引构件、机首、底座和中间罩壳等。

斗式提升机（图 2-20）用固接着一系列料斗的牵引件（胶带或链条）环绕它的上驱动滚筒或链轮，与下张紧滚筒或链轮构成具有上升分支和下降分支的封闭环路。斗式提升机的驱动装置装在上部，使牵引件获得动力；张紧装置装在底部，使牵引件获得必要的初张力。物料从底部装载、上部卸载。除驱动装置外，其余部件均装在封闭的罩壳内。

(1) 斗式提升机输送能力 Q（t/h）

$$Q=3.6V_0\psi\rho_0 v/a \tag{2-21}$$

式中，V_0——料斗的全斗容积（dm³）；

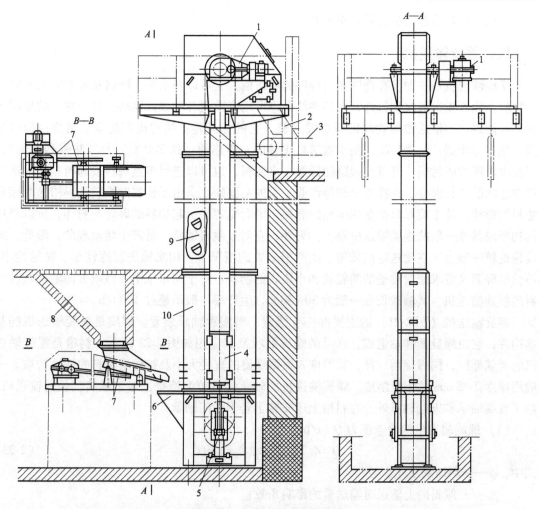

图 2-20 斗式提升机设备系统

1—驱动装置；2—卸料槽；3—带式输送机；4—张紧重锤；5—张紧装置；6—底部装载槽；7—往复式给料器；8—存料斗；9—牵引件与料斗；10—提升机罩壳

v——料斗运行速度（m/s）；

ψ——填充系数；

a——料斗间距（m）；

ρ_0——物料堆积密度（t/m³）。

（2）驱动功率 P（kW）

$$P = K_1 \frac{QH}{367\eta}(1.15 + K_2 K_3) \tag{2-22}$$

式中，H——提升高度（m）；

K_1——功率备用系数，$H<10$ 时 K_1 取 1.45，$10 \leqslant H \leqslant 20$ 时 K_1 取 1.25，$H>20$ 时 K_1 取 1.15；

η——驱动装置的效率；

K_2——斗型的计算功率系数；

K_3——输送能力的计算功率系数。

四、螺旋输送机

螺旋输送机是一种没有挠性牵引构件的输送机，它可以在水平、倾斜及垂直向上方向输送物料。除了输送散粒物料外，在某些场合也可用来输送各种成件物品。目前常见的是用于水平及微斜方向输送散粒物料的螺旋输送机。它的优点是：结构比较简单、紧凑；容易维修，成本也较低；料槽封闭，便于输送易飞扬的、炽热的（达200℃）及气味强烈的物料，以减少对环境的污染；可以在线路的任意一点装料，也可以进行多点装料或卸料；在输送过程中还能够进行混合、搅拌或冷却等作业。它的主要缺点是由于物料对螺旋及料槽的摩擦和物料的搅拌，使螺旋和料槽受到强烈的磨损，同时也容易引起物料的碾轧与粉碎，所以消耗的功率较其他一般的连续输送机都大。另外，它对过载很敏感，易产生堵塞现象。因此，螺旋输送机一般宜于在输送距离较短、生产率不大的情况下，用来输送磨琢性小、黏结性小、不怕破碎而又要求密封输送的粉粒状和小块状的物料。对于用来水平及微斜方向输送散粒物料的螺旋输送机，其输送长度一般为30~40 m，生产率一般不超过100 t/h。

螺旋输送机（图2-21）的主要部件有螺旋、料槽和轴承装置。螺旋是螺旋输送机的基本构件，它由螺旋面和轴组成。常见的螺旋形状及其应用如图2-22所示。料槽是螺旋输送机的承载部件，同螺旋面一样，其厚度δ根据螺旋的直径大小及被输送物料的特性选取，一般用厚度2~8 mm的钢板制成。螺旋输送机的轴承装置较为特别，对于螺旋较长的输送机，除了首端轴承和末端轴承外，在料槽上还安装了若干中间轴承。

（1）螺旋输送机的输送能力 Q（t/h）

$$Q = 4.7 \times 10^{-3} \psi \beta_0 k_2 g \rho_0 n D^3 \qquad (2\text{-}23)$$

式中，ψ——料槽的填充系数；

β_0——倾斜向上输送时输送量的影响系数；

k_2——螺旋螺距与直径的比例系数；

g——重力加速度（9.81 m/s²）；

ρ_0——物料的堆积密度（kg/m³）；

n——螺旋转数（r/min）；

D——螺旋的直径（m）。

（2）电动机的功率 P（kW）

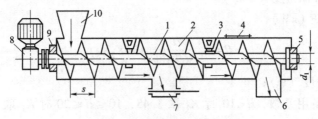

图2-21 螺旋输送机的示意图

1—轴；2—料槽；3—中间轴承；4—中间装料口；5—末端轴承；6—末端卸料口；
7—中间卸料口；8—驱动装置；9—首端轴承；10—装卸漏斗

$$P = \frac{QL\omega_0}{367\eta} \tag{2-24}$$

式中，Q——生产率（t/h）；

L——物料输送长度（m）；

ω_0——阻力系数；

η——传动效率。

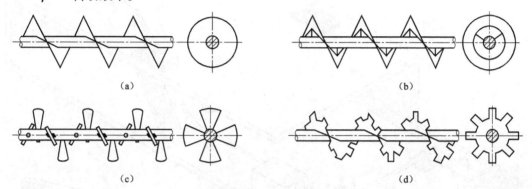

图 2-22　螺旋形状

(a) 实体的；(b) 带式的；(c) 叶片式的；(d) 齿形的

五、悬挂输送机

悬挂输送机适用于厂内成件物品的空中输送，运输距离由十几米到几千米，在多机驱动情况下，可达 5 000 m 以上；输送物品单位质量由几千克到 5 t；运行速度为 0.3~25 m/s。

悬挂输送机所需驱动功率小，设备占地面积小，便于组成空间输送系统，实现整个生产工艺过程的搬运机械化和自动化。

根据牵引件与载货小车的连接方式，悬挂输送机可分为通用悬挂输送机和积放式悬挂输送机。

(1) 通用悬挂输送机（图 2-23）。

通用悬挂输送机由构成封闭回路的牵引件、滑架小车、轨道、张紧装置、驱动装置和安全装置等部件组成，成件物品悬挂在沿轨道运行的滑架小车上。由于在运行过程中需进行装卸载，且有时在输送物品时还要进行一定工艺操作，因此通用悬挂输送机的运行速度较低，多在 8 m/min 以下。

(2) 积放式悬挂输送机（图 2-24）。

积放式悬挂输送机与通用悬挂输送机的区别主要有以下几点。

① 承载件（载重小车）与牵引件无固定连接，而是靠牵引件上的推杆推动载重小车运行。因此，也称为推式悬挂输送机。牵引件与载重小车有各自的运行轨道。

② 有道岔装置，载重小车可与牵引件脱开，从一条输送线路转到另一条输送线路。

③ 有停止器装置，载重小车可在线路上的任意位置停车，故能同时完成运输、储存、工艺操作过程和组织协调生产的任务。

积放式悬挂输送机多用于大批量生产的企业中，除机械部件外，在电气控制上采用小车寄存装置和线路自动装置，可实现生产运输的机械化和自动化。

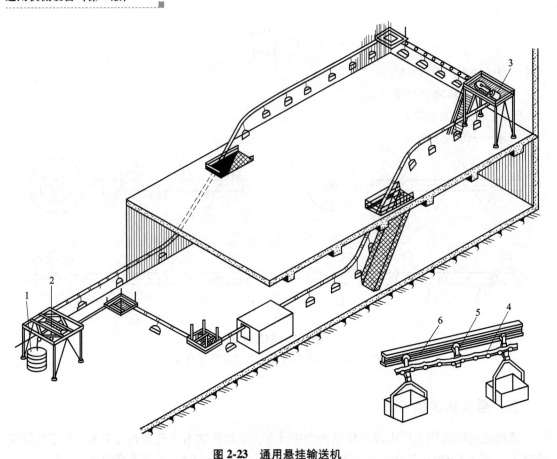

图 2-23 通用悬挂输送机
1—重锤；2—张紧装置；3—驱动装置；4—牵引链条；5—滑架小车；6—轨道

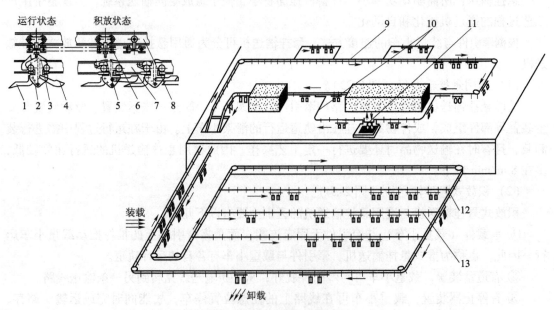

图 2-24 积放式悬挂输送机
1—尾板；2—积放式小车车体；3—拨爪；4—前杆；5—推杆；6—牵引链条；7—载重轨道；
8—牵引轨道；9—主线；10、13—副线；11—升降机；12—道岔

六、辊子输送机

辊子输送机是利用辊子的转动来输送成件物品的输送机械。它可沿水平或具有较小倾角的直线或曲线路径进行输送。辊子输送机结构简单，安装、使用、修护方便，工作可靠。其输送物品的种类和质量的范围很大，对不规则的物品可放在托盘上进行输送。

辊子输送机按结构形式可分为无动力辊子输送机和动力辊子输送机。

1. 无动力辊子输送机（图 2-25）

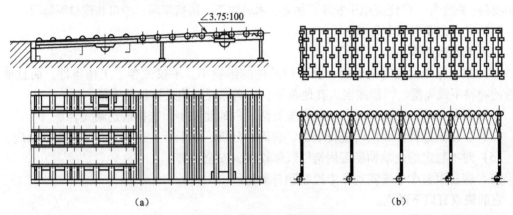

图 2-25　无动力辊子输送机
(a) 重力式；(b) 外力式

无动力辊子输送机靠物品自身的重力或人力使物品在辊子上进行输送。物品与辊子的接触表面应平整坚实，物品应至少具有跨过 3 个辊子的长度。重力式辊子输送机机体略向下倾斜，依靠物品自重产生的下滑力进行输送。水平或略向上倾斜的外力式辊子输送机则依靠人力推动物品运行，多用于半自动化生产线，也可单独使用。

2. 动力辊子输送机（图 2-26）

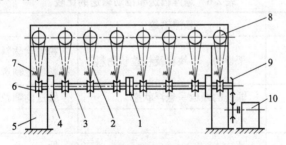

图 2-26　圆形带传动辊子输送机
1—联轴器；2—传动带；3—传动轴；4—轴承座；5—机架；6—带轮；
7—张紧装置；8—辊子；9—链轮；10—驱动装置

动力辊子输送机由原动机通过齿轮、链轮或带传动驱动辊子传动，靠传动辊子和物品间的摩擦力实现物品的输送。在某些场合也使用液力或气动推杆推动物品前进。辊子输送机的主要部件有辊子和机架，在动力辊子输送机上还有张紧装置和驱动装置等。

第四节 气力输送装置

一、气力输送装置的工作原理及特点

气力输送装置是利用气流来运送物料的输送装置。气流将物料通过管道输送到目的地,然后将物料从气流中分离出来。它主要用来输送散粒物料,如碎煤、煤粉、水泥、沙子、谷物、化学物料、黏土等,广泛应用于农业、林业、木材加工、铸造车间、港口和建材等部门。

它的优点主要有以下几点。

(1) 输送效率高。

(2) 整个输送过程完全密闭,受气候条件的影响小,不仅改善了工作条件,而且使被运送的物料不致吸湿、污损或混入其他杂质,从而保证被运送物料的质量。

(3) 设备简单,结构紧凑,工艺布置灵活,占地面积小,选择输送路线容易。

(4) 在输送过程中可同时进行混合、粉碎、分级、烘干等,也可进行某些化学反应。

(5) 对不稳定的化学物品可用惰性气体输送,安全可靠。

(6) 容易对整个系统实现集中控制和自动化。

它的缺点有以下两点。

(1) 与其他设备相比,能耗较高。

(2) 对物料的粒度、黏性与湿度有一定的限制。

二、气力输送的分类

气力输送按基本原理可分为两大类:一类是悬浮输送,即利用气流的动能进行物料的输送,又称动压输送;另一类是推动输送,即利用气体的压力能进行物料的输送,也称静压输送。悬浮输送和推动输送的比较见表2-6。

表 2-6 悬浮输送和推动输送的比较

项　　目	悬浮输送	推动输送
物料输送	干燥的、小块状及粉粒状物料	粉粒状物料,湿的和黏性不大的物料也能输送
流动状态	输送的颗粒呈悬浮状态	输送的颗粒呈料栓状
混合比	小	大
输送气流速度	高	低
压力损失	单位输送距离压力损失较小	单位输送距离压力损失较大
单位能耗	大	小
系统中出现的磨损	大	小
被输送的物料的破碎情况	可能破碎	破碎少

1. 悬浮气力输送系统

当输料管中的气流速度足够大时,散粒物料在气流中呈悬浮状态运动,气流将物料送到

目的地后,再将物料从气流中分离出来,这种系统称为悬浮气力输送系统。

按输送空气在管道中的压力状态分,主要有吸送式和压送式两种类型。

(1) 吸送式。如图2-27所示,气源设备装在系统的末端,当风机运转后,整个系统形成负压,这时,在管道内、外存在压差,空气被吸入输料管。与此同时,物料也被带入管道,并被输送到分离器中。在分离器中物料与空气分离,被分离出来的物料由分离器底部的旋转卸料器卸出,空气被送到除尘器净化,净化后的空气经风机排入大气。

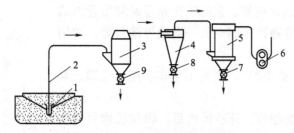

图2-27 吸送式气力输送装置系统
1—吸嘴;2—输料管;3,4—分离器;5—收尘器;6—风机;7—卸灰器;8,9—卸料器

(2) 压送式。如图2-28所示,气源设备装在系统的进料端前。由于风机装在系统的前端,工作时,管道中的压力大于大气压,整个系统处于正压状态。在这个系统中被输送的物料不能自由地进入输料管,必须使用能密封的供料装置,否则会造成物料飞扬而污染环境。通常物料从料斗经旋转供料器加入管道中,随即被正压气流输送至目的地的分离器中。在分离器中,物料与空气分离并由旋转卸料器卸出。

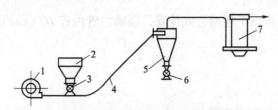

图2-28 压送式气力输送装置系统
1—风机;2—料斗;3—供料装置;4—输料管;5—分离器;6—卸料器;7—收尘器

这种压送式的气力输送系统,虽然是正压系统,但仍然靠高速气流输送,物料在管中也仍然是悬浮状态,所以它还是动压输送,这点与静压输送是完全不同的。

悬浮输送系统除以上两种主要类型外,还有一种复合式或称为混合式的,它由吸送式或压送式组成,兼有两者的特点,可以从数处吸入物料并压送到较远的地方。但这种系统较复杂,同时气源设备的工作条件较差,易造成风机叶片和壳体的磨损。

2. 压力推动输送系统

推动输送系统是依靠气体的静压来进行输送的。当物料沉积并填充在输料管中形成料柱(或称料栓)时,作用在料柱两端面的压力差成为料柱的推动力。如将料柱分割成彼此不相连的短料栓,则可实现各段料栓的移运而达到输送的目的。

本章主要介绍悬浮气力输送系统及其主要组成。

三、气力输送装置的主要组成部件

1. 供料装置

供料装置是使物料与空气混合并将其连续送入输料管中的设备。它的构造形式对气力输送装置能否可靠地工作、装置的能耗和输送能力的大小有很大的影响。

（1）吸送式装置的供料器。它的工作原理是利用管内的真空度，通过供料器将物料连同空气一起吸进输料管，常用的有以下几种。

① 双套型吸嘴（图 2-29），主要用于车、船、仓库、料场吸取物料。

工作时吸嘴与风管相连，开动风机后，粉粒状物料与空气混合吸入输料风管。作用在物料上表面的是一次空气，而从双套型吸嘴内、外管之间环形截面进入的是二次空气（或称补气），调整吸嘴上的可调螺母，使外套管上下移动，改变吸嘴内外管端面间隙 S，调节二次空气进入量，可获得最佳的料气混合比，即最佳的输送效率。二次空气进入过多，混合比减小，生产率反而下降。对不同的吸送物料，S 的最佳值由试验确定，例如吸送稻谷时最佳 S 为 $2 \sim 4$ mm，吸嘴插入料堆深度以大于 400 mm 为宜。

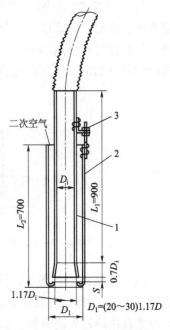

图 2-29 双套型吸嘴
1—内管；2—外套管；3—可调螺母

吸嘴主要尺寸可以按以下经验公式计算，吸嘴内管内径 D_i（mm）为

$$D_i = 18.8 \sqrt{\frac{Q_j}{m_z U_a}}$$

式中，Q_j——计算风量（m³/h）；

U_a——吸嘴处输送气流速度（m/s）；

m_z——同时工作的吸嘴个数。

② 固定式接料嘴（又称喉管，如图 2-30 所示），它的作用是使物料在吸入的空气中悬浮、混合并被气流加速，进入输料管。接料嘴的形状应能使气流的能量更多地用于克服物料的惯性，使物料很快地悬浮并获得足够的启动初速度。接料嘴主要有 Y 形、L 形和 r 形（又称动力型）等形式，多用于铸造车间砂处理系统。

（2）压送式装置的供料器。它在压力下工作，要求能均匀供料并保证气密性。

① 喷射式供料器，如图 2-31 所示，这种供料器主要由喷嘴、喉管和扩压管组成的文丘里装置构成。工作时，压缩空气从喷嘴中高速喷出，在喷嘴附近形成一定的真空从而将上部落下的物料抽吸而入（换句话说，是被大气压压入，或者说是在压力差作用下被推送进供料器的），与喷出的空气在喉管充分混合形成气料流，经扩压管降速升压后送往输料管。

这种供料器的受料口无空气上吹而使物料溢出现象，因而料仓无须密封，并且由于无运动部件，故具有简单可靠的特点。但由于能耗较大，故仅限于短距离、小容量的输送。喷嘴喷出速度为 $100 \sim 340$ m/s。

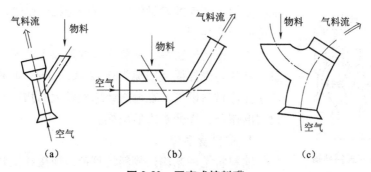

图 2-30 固定式接料嘴
(a) Y形；(b) L形；(c) r形（动力型）

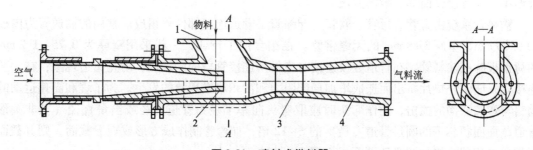

图 2-31 喷射式供料器
1—受料口；2—喷嘴；3—喉管；4—扩压管

② 双容器文丘里型供料装置，如图 2-32 所示。该装置的工作原理与喷射式供料器相同，它通过上、下瓣阀的开闭，两个容器和谐地对混料室供料，使物料落入文丘里部分并与环形"喷嘴"高速喷出的气流混合，由输料管送出。

上部料斗通过进料阀放料到一个容器时，由于下瓣阀关闭，物料不会落入混料室，此时这个容器中的空气压力比大气压略高，含有物料粉尘的空气通过排气滤网过滤后排出，直至这个容器内、外压力平衡。而另一个容器此时不进料但下瓣阀是打开的，由于容器上部与外面大气相通，故物料在大气压力作用下可顺畅落入文丘里部分。

③ 旋转式供料器，如图 2-33 所示。这种设备在压送式或吸送式气力输送装置中都可使用，在压送式装置中作供料器用，在吸送式装置中作卸料器用。一般适用于流动性较好、磨琢性较小的粉粒和小块状物料。其优点是结构紧凑，

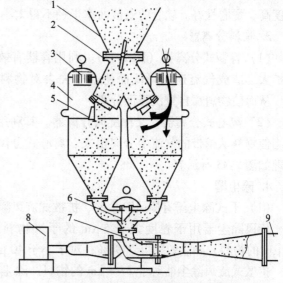

图 2-32 双容器文丘里型供料装置
1—上部料斗；2—进料阀；3—排气滤网；
4—容器本体；5—上瓣阀；6—下瓣阀；
7—文丘里部分；8—气源；9—输料管

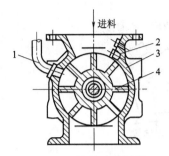

图 2-33 旋转式供料器
1—均压管；2—防卡挡板；
3—壳体；4—旋转叶轮

维修方便，能连续定量供料，有一定的气密性。缺点是转子与壳体磨损后易漏气。

为了保持气密性，每侧应有两片以上的转叶与壳体周壁接触，叶片与壳体周壁间隙为 0.12~0.2 mm。叶片材料硬度要略高于壳体材料硬度。在输送磨琢性较大的物料时，叶片端部装设耐磨镶条，以便磨损后更换。

2. 输料管系统

输料管是用来输送物料的管道，连接在供料器和卸料器之间。输料管一般采用圆形截面管，使空气在整个截面上均匀分布，这是物料稳定输送的一个重要条件。此外，其阻力较其他管形小，并且制作简单、维修方便。

输料管系统由直管、弯管、软管、伸缩管、管道连接部件等组成。常用的输送管为内径 50~300 mm、壁厚 3~8 mm 的无缝钢管。在粮食加工行业，一般采用壁厚为 0.75~1.2 mm 的薄钢板制成输料管。在管道分段连接时应保持连接管段的同轴度，防止错边现象；在法兰连接处，应防止垫片挤出而造成增加局部阻力和淤积堵塞现象的发生。为了缓和高速运动的物料与弯头壁面的撞击，制作弯头时应取弯头曲率半径为管道直径或当量直径（与非圆形管道截面面积相等的圆形管道直径）的 6~12 倍。如弯管制作成方形或矩形截面，则其截面面积要与相邻连接的圆管截面面积相等。

软管主要用于需要灵活连接的场合。例如吸送式系统中取料吸嘴与输料管之间的连接或输料管出口卸料分离器之间的连接。由于软管的阻力较硬管大，故应尽量少用。用于人工操作段的软管要求质量小、柔软；在中部连接的软管要求强度高、耐磨性好。软管的安装曲率半径不得太小。

3. 物料分离器

（1）容积式分离器（图 2-34）。利用容器有效截面的突然扩大，造成气流速度降低而使空气失去对物料的携带能力，从而使物料靠自重沉降而分离。

（2）离心式分离器，又称旋风分离器。其利用离心力的作用使物料从携带的气流中分离出来。离心式分离器的工作原理如图 2-35 所示。

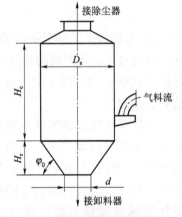

图 2-34 容积式分离器

4. 除尘器

（1）干式除尘器有旋风除尘器、扩散式旋风除尘器及袋滤器等形式。

旋风除尘器用于粒度大于 5 μm 的干燥物料除尘，结构简单，维修容易。对于小于 20 μm 的物料，除尘效率可达 90%；对于小于 40 μm 的物料，除尘效率可达 99%。

扩散式旋风除尘器对于 2~5 μm 的物料，除尘效率为 95%~99%，进口输送气流速度为 14~20 m/s。

袋滤器的除尘效率高达 99% 以上，宜用于粒度小于 10 μm 的粒尘状物料，但不宜过滤有黏性的粉尘，袋滤器体积一般都较大。图 2-36 所示为脉冲式袋滤器工作示意图，该图画有两个滤袋，左边表示含尘气体经滤袋过滤成干净气体流出的情况，右边表示当滤袋表面粘满粉尘后喷气管反向喷吹，自动进行滤袋清理的情况，以上两种工作情况由脉冲阀控制自动交替进行。滤袋材料常用的有纯棉纤维织成的滤布、印刷毡、细毛毡、工业涤纶绒布、玻璃纤维滤布等。

（2）湿式除尘器有泡沫除尘器、自激式除尘器、卧式旋风水浴除尘器、文丘里洗涤器等形式，多用作第二级除尘装置。图2-37所示为泡沫除尘器的工作原理。

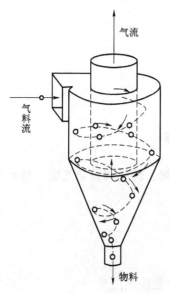

图2-35 离心式分离器（旋风分离器）工作原理

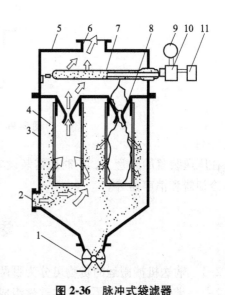

图2-36 脉冲式袋滤器
1—卸灰器；2—含尘空气进口；3—下部箱体；4—滤袋；
5—上部箱体；6—干净空气出口；7—喷气管；8—文丘里管；
9—气包；10—脉冲阀；11—控制阀

5. 卸料装置

（1）旋转式卸料器。其结构与旋转式供料器相同，多用于吸送式气力输送系统旋风分离器的下部。

（2）双阀门式卸料器（图2-38）。用于卸高温物料或磨琢性物料。由于上下阀门的开启和闭合必须联动，因而结构复杂。此外，当上下容器存在压差时，为了顺利地开闭阀门，要设置压力平衡连通器。

（3）单阀门式卸料器。多用于低压差时，结构与双阀门式中的一道阀相似，阀门靠物料自重开启，靠重锤关闭。

6. 风管及其附件

在吸送式气力输送系统中，分离器到除尘器间风管的气流速度一般为 $14 \sim 18$ m/s，除尘器到气源设备间风管的气流速度一般为 $10 \sim 14$ m/s。

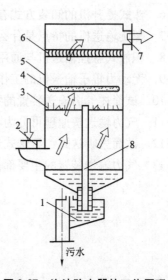

图2-37 泡沫除尘器的工作原理
1—水封装置；2—含尘空气进口；3—多孔板；
4—环状喷水管；5—除尘器外壳；6—挡水板；
7—干净空气出口；8—溢流管

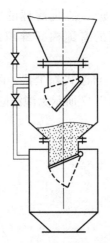

图 2-38 双阀门式卸料器

在压送装置的风管上，有时还需装设单向阀、节流阀、转向阀、储气罐、油水分离器、气体冷却器和消声器等。

思 考 题

2-1 输送机械搬运的货物可分为哪两大类？其特性是什么？
2-2 带式输送机由哪些基本部件组成？各有什么功用？
2-3 带式输送机中采用的输送带有哪些？各有何特点？
2-4 带式输送机上常用的清理装置有哪些？
2-5 与带式输送机相比，板式输送机有何优缺点？
2-6 斗式提升机的卸装方式有哪几种？试简述其工作原理。
2-7 螺旋输送机的特点是什么？
2-8 积放式悬挂输送机与通用悬挂输送机有何不同？
2-9 无动力辊子输送机的工作原理是什么？
2-10 试简述气力输送装置的特点。
2-11 气力输送按原理可分为哪几类？
2-12 试简述吸送式、压送式悬浮气力输送的工作原理。
2-13 气力输送装置的主要部件有哪些？各有何功用？

第三章 泵

泵是一种用来输送液体的机械，通过泵可把原动机的机械能变为液体的动能和压力能。泵的种类很多，根据工作原理的不同，可分为以下几种类型。

（1）叶片泵。叶轮在旋转过程中，由于叶片和液体的相互作用，叶片将机械能传给液体，使液体的压力能增加，达到输送液体的目的，如离心泵、轴流泵等。

（2）容积泵。依靠泵内工作容积的变化而吸入或排出液体并提高液体的压力能，如活塞式泵、回转式齿轮泵等。

（3）喷射泵。利用工作流体（液体或气体）的能量来输送液体，如水喷射泵、蒸汽喷射泵等。

第一节 离心泵工作原理与装置

一、离心泵的工作原理

图 3-1 所示为离心泵工作简图。泵的主要工作部件为安装在轴上的叶轮 1，叶轮上均匀分布着一定数量的叶片 2。泵的壳体 3 是一个逐渐扩大的扩散室，形状如蜗壳，工作时壳体不动。泵的入口与插入液池一定深度的吸入管 8 相连，吸入管的另一端装有底阀 7，泵的出口则与阀门 5 和排出管 6 相连。

开泵前，吸入管和泵内必须充满液体，这时先通过漏斗 4 冲灌液体（称为灌泵），然后关闭漏斗下方的阀门而开泵。开泵后，叶轮高速旋转，其中的液体随着叶片一起旋转，在离心力的作用下，飞离叶轮向外射出，射出的液体在泵壳扩散室内速度逐渐变慢，压力逐渐增加，然后从泵出口和排出管流出。此时，在叶轮中心处由于液体被甩向周围而形成既没有空气又没有液体的真空低压区，液池中的液体在池面大气压力的作用下，推开底阀 7 经吸入管流入泵内。液体就是这样连续不断地从液池中被抽吸上来又连续不断地从排出管流出的。

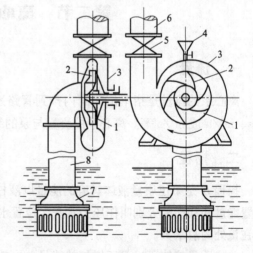

图 3-1 离心泵工作简图

1—叶轮；2—叶片；3—泵壳；4—漏斗；
5—阀门；6—排出管；7—底阀；8—吸入管

二、离心泵装置

离心泵装置示意图如图 3-2 所示,由离心泵 3、电动机、吸入管 2、排出管 8 和阀门等组成。

底阀 1 由单向阀和防污网组成。底阀上的单向阀只允许液体从吸液池流进吸入管,而不允许反方向流动。它的主要作用是保证泵在启动前能灌满液体,而周边的防污网则起着防止液池中的杂物被吸入泵中的作用。

单向阀 7 在停泵时靠排出管中的液体压力而自动关闭,以防止液体倒流回泵内而冲坏叶轮。

截止阀 6 的作用是在开、停或检修泵时截断流体,对于小型泵装置,它还用于调节泵的流量。

真空表 4 和压力表 5 分别用于测定泵的入口和出口的压力,人们可以根据表的读数的变化,分析和判断泵的运行是否正常。

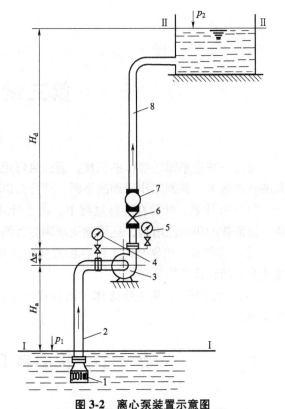

图 3-2 离心泵装置示意图

1—底阀;2—吸入管;3—离心泵;4—真空表;
5—压力表;6—截止阀;7—单向阀;8—排出管

第二节 离心泵的性能参数

一、流量

离心泵的流量是指单位时间内排到管路系统的液体体积,一般用 q 表示,常用单位为 L/s、m^3/h 或 m^3/s 等。离心泵的流量与泵的结构、尺寸和转速有关。

二、扬程

扬程 H 是单位质量液体具有的能量以液柱高度表示的值,也叫作水头。表示液体静压、位置能量和动能的分别叫作压力水头、位置水头和速度水头,液体在某处各种能量的总和称为在该处的总水头。

单位质量液体通过泵所增加的能量,也就是泵所产生的总水头,称为扬程,单位为 m。

运行状态下,泵扬程的计算如下所述。

离心泵输液系统如图 3-2 所示,通过泵将吸液池中的液体输送到排液池中。为计算扬程,在系统中取吸入液面为 I-I,排出液面为 II-II,设这两处的液面压力分别为 p_1、p_2(单位为 Pa),液体流速分别为 v_1、v_2(单位为 m/s),并设 H_s、H_d 分别为泵入口至吸入液面、泵出口至排出液面的垂直距离（单位为 m），h_s、h_d 分别为吸入管路、排出管路的水头损失（单位为 m），Δz 为压力表与真空表安装点的垂直距离（单位为 m），ρ 为液体的密度（单位为 kg/m³），g 为重力加速度（9.81 m/s²）。

用伯努利方程式可以导出泵扬程 H（单位为 m）的计算式为

$$H = \frac{p_2 - p_1}{\rho g} + \frac{v_2^2 - v_1^2}{2g} + H_s + H_d + h_s + h_d + \Delta z \tag{3-1}$$

当吸液池和排液池都与大气相通时，$p_1 = p_2 = p_b$（环境大气压力）。当池内液面面积很大时，可认为 $v_1 \approx 0$、$v_2 \approx 0$，则式（3-1）可以改为

$$H = H_s + H_d + h_s + h_d + \Delta z \tag{3-2}$$

由图 3-2 可知，$H_s + H_d + \Delta z$ 为泵将液体提升的垂直高度，即几何扬程 H_g。$h_s + h_d$ 为吸入管路和排出管路水头损失之和，用 Σh 来表示，所以式（3-2）又可写为

$$H = H_g + \Sigma h \tag{3-3}$$

在同样的情况下，即 $p_1 = p_2 = p_b$ 且 $v_1 \approx 0$、$v_2 \approx 0$ 时，经过演变，式（3-2）的扬程 H 也可用压力表和真空表的读数 p_y 和 p_z 来表示（单位为 m），即

$$H = \Delta z + \frac{p_y}{\rho g} + \frac{p_z}{\rho g} + \frac{v_d^2 - v_s^2}{2g} \tag{3-4}$$

在式（3-4）中，v_s、v_d 分别为吸入管、排出管中的液体流速，可根据输液流量 q 和吸入管、排出管的直径求出。

三、功率

1. 有效功率 P_u

泵的有效功率是指单位时间内泵输送出的液体获得的有效能量，也称输出功率。

$$P_u = \frac{\rho g q H}{1\,000} \tag{3-5}$$

式中，q——泵的流量（m³/s）；

H——泵的扬程（m）；

ρ——介质密度（kg/m³）；

g——重力加速度（g = 9.81 m/s²）。

2. 轴功率 P_a

泵的轴功率是指单位时间内由原动机传到泵轴上的功，也称输入功率，单位是 W 或 kW。

四、效率

离心泵在实际运转中，由于存在各种能量损失，致使泵的实际（有效）压头和流量均低于理论值，而输入泵的功率比理论值高。反映能量损失大小的参数称为效率。

离心泵的能量损失包括以下 3 项。

（1）容积损失，即泄漏造成的损失。无容积损失时泵的功率与有容积损失时泵的功率之比称为容积效率 η_v。闭式叶轮的容积效率值为 0.85~0.95。

（2）水力损失。由于液体流经叶片、蜗壳的沿程阻力，流道面积和方向变化的局部阻

力,以及叶轮通道中的环流和旋涡等因素造成的能量损失。这种损失可用水力效率 η_h 来反映。额定流量下,液体的流动方向恰与叶片的入口角一致,这时损失最小,水力效率最高,其值为 0.8~0.9。

(3) 机械效率。由于高速旋转的叶轮表面与液体之间的摩擦,由泵轴在轴承、轴封等处的机械摩擦造成的能量损失。机械损失可用机械效率 η_m 来反映,其值为 0.96~0.99。

离心泵的总效率由上述 3 部分构成,即

$$\eta = \eta_v \eta_h \eta_m$$

离心泵的效率与泵的类型、尺寸、加工精度、液体流量和性质等因素有关。通常,小型泵效率为 50%~70%,而大型泵可达 90%。

五、转速

转速 n 为泵轴每分钟转动的次数,单位为 r/min。中小型泵的转速一般均以异步电动机的转速为准,这样便于泵和电动机直接传动。常用的转速为 2 900 r/min、1 450 r/min、970 r/min、730 r/min。

六、比转数

叶片式泵(离心泵、轴流泵、混流泵等)的叶轮有不同的形状。在泵的性能参数中有一个既反映泵的基本形状又反映泵的基本性能(流量、扬程、转速)的综合参数——比转数 n_s,又称比转速,可用下式计算:

$$n_s = \frac{3.65n\sqrt{q}}{H^{\frac{3}{4}}} \tag{3-6}$$

式中,n——泵的转速(r/min);

q——泵的流量(m^3/s);

H——泵的扬程(m)。

比转数是量纲为 1 的数。同一台泵,在不同工况下有不同的比转数。一般取最高效率工况时的比转数作为泵的比转数。由比转数可大致知道泵的叶轮形状、性能及性能曲线的变化规律,如表 3-1 所示。

表 3-1 比转数和叶轮形状与性能曲线的关系

水泵类型	离心泵			混流泵	轴流泵
	低比转数	中比转数	高比转数		
比转数	50~80	80~150	150~300	300~500	500~1 000
叶轮简图					
尺寸比	$\frac{D_2}{D_0} \approx 2.5$	$\frac{D_2}{D_0} \approx 2.0$	$\frac{D_2}{D_0} \approx 1.8~1.4$	$\frac{D_2}{D_0} \approx 1.2~1.1$	$\frac{D_2}{D_0} \approx 0.8$

续表

水泵类型	离心泵			混流泵	轴流泵
	低比转数	中比转数	高比转数		
叶片形状	圆柱形叶片	进口处圆扭曲 出口处圆柱形	扭曲形叶片	扭曲形叶片	扭曲形叶片
工作性能曲线	(图)	(图)	(图)	(图)	(图)

大流量、小扬程的泵,比转数大;反之小流量、大扬程的泵,比转数小。比转数小的泵,叶轮出口宽度小,叶轮外径 D_2 大,D_2 与叶轮进口处直径 D_0 的比可以达到3,叶轮中的流道狭长,流量小但扬程高。此时的叶片泵是离心泵。

当叶轮形状结构的变化达到 D_2/D_0 为 1.1~1.2,比转数为 300~500 时,这种叶片泵就成了混流泵;当 D_2/D_0 为 0.8 左右,比转数为 500~1000 时,叶片泵则变为轴流泵。

七、离心泵的吸入性能

1. 汽蚀

汽蚀是液体汽化造成的对泵过流零部件(液流经过泵时所接触到的零部件)的破坏现象。为了说明汽蚀,这里先介绍饱和气压的概念。

水在一个大气压力作用下,温度上升到100 ℃时汽化生成蒸汽,但在高山上,由于气压(单位 10^5 Pa)较低(表3-2),水在不到 100 ℃ 时就开始汽化。

表3-2 大气压力与海拔高度的关系

海拔高度/m	-600	0	100	200	300	400	500	600	700	800
大气压 $\dfrac{p_b}{\rho g}$/Pa	113 000	103 000	102 000	101 000	10 000	98 000	97 000	96 000	95 000	94 000

这个现象说明外压越低,水汽化时的温度越低,或者反过来说,水汽化时的温度越低,压力也越低。20 ℃ 的水,在水面压力低至 24 kPa 时就开始汽化(注:只有水的汽化才称为"汽化")。在一定温度下,液体开始气化的压力称为液体在这个温度时的饱和气压(单位为 Pa),水的饱和蒸汽压与温度的关系如表3-3所示。

表3-3 水的饱和蒸汽压与温度的关系

温度 t/℃	0	6	10	20	30	40	50	60	70	80	90	100
水的饱和蒸汽压 $\dfrac{p_v}{\rho g}$/Pa	610	931	1 226	2 334	4 240	7 380	12 180	19 900	31 200	47 400	70 500	101 325

泵中压力最低处在叶轮进口附近，当此处压力降低到当时温度的饱和气压时，液体就开始气化，大量气泡从液体中逸出。当气泡随液体流至泵的高压区时，在外压的作用下，气泡骤然凝缩为液体。这时气泡周围的液体即以极高的速度冲向这个原来是气泡的空间，并产生很大的液力冲击。由于每秒钟有许多气泡凝缩，于是就产生许多次很大的冲击压力。在这个连续的局部冲击负荷作用下，泵中过流零部件表面逐渐疲劳破坏，出现很多剥蚀的麻点，随后呈蜂窝状，最终出现剥落的现象。除了冲击造成的损坏外，液体在气化的同时，还会析出溶于其中的氧气，使过流零部件氧化而腐蚀。这种由机械剥蚀和化学腐蚀共同作用，使过流零部件被破坏的现象就是汽蚀现象。据有关资料介绍，即使对非金属材料，汽蚀也同样会发生。图 3-3 所示为受汽蚀破坏的叶轮。在汽蚀现象发生的同时，还伴随着振动和噪声，并且由于气泡堵塞了泵叶轮的流道，使流量、扬程减少，效率下降。汽蚀现象对泵的正常运行是十分有害的。汽蚀是由泵叶轮吸入侧的压力过低所致，为此应设法减少吸入管路的损失，并合理确定泵的安装高度。

图 3-3 受汽蚀破坏的叶轮

2. 允许吸上真空高度

泵在正常工作时吸入口所允许的最大真空度，叫作允许吸上真空高度，由于它用液体的液柱表示，故称其为高度。允许吸上真空高度与泵的几何安装高度（泵中心至吸入液面的垂直距离）有关。

已知标准大气压等于 101 325 Pa（也曾用 760 mmHg 或 10.33×10^3 mmH$_2$O 表示）。

如用泵来抽水，吸水池里的水是在大气压力的作用下被吸入泵内的，或者更确切地说是被大气压力"压入"泵内的。若泵的吸入口处为绝对真空，那么水泵最大吸水高度应为 10.33 m。但实际上，泵的吸入口处不可能形成绝对真空，并且水在流经底阀、弯头、直管段时都要产生水头损失。因此，在大气压下工作的水泵，不可能有这么高的吸水高度。这就说明，每一型号规格的水泵都存在着一个小于 10.33 m 的最大吸上真空高度 H_{sc}。

泵的最大吸上真空高度 H_{sc} 由试验求出。由于在 H_{sc} 下工作时泵仍有可能产生汽蚀，为保证离心泵在运行时不产生汽蚀，同时又有尽可能大的吸上真空高度，我国规定留 0.3 m 的安全量，即将试验得出的 H_{sc} 减去 0.3 m 作为泵的允许最大吸上真空高度，又称允许吸上真空高度，以 H_{sa}（单位为 m）表示，即

$$H_{sa} = H_{sc} - 0.3 \tag{3-7}$$

泵产品样本或说明书上的 H_{sa} 值是在标准状况下（1 个大气压即 10.33×10^3 mmH$_2$O，20 ℃）以清水试验得出的。若泵的使用条件（指大气压力、温度和液体介质）变化，则应按下式进行换算：

$$H'_{sa} = H_{sa} + \left(\frac{p_b}{\rho g} - 10.33\right) + \left(0.24 - \frac{p_v}{\rho g}\right) \tag{3-8}$$

式中，H'_{sa}——非标准状况工作时泵的允许吸上真空高度（m）；

H_{sa}——泵铭牌上的允许吸上真空高度（m）；

$\dfrac{p_b}{\rho g}$——泵工作处的大气压头（m）；

$\dfrac{p_v}{\rho g}$——液体的汽化压头（m）。

已知泵的允许吸上真空高度，则泵的允许最大安装高度可用下式求得（单位为m）：

$$H_{an}=H_{sa}-\dfrac{v_s^2}{2g}-h_s \qquad (3-9)$$

式中，H_{an}——保证泵不产生汽蚀的允许最大几何安装高度，又称泵的允许安装高度（m）；

v_s——泵吸入口的流速（m/s）；

h_s——吸入管路的水头损失（m）。

在泵的性能表中，有时用汽蚀余量表示汽蚀性能，而不采用允许吸上真空高度。汽蚀余量在国外称为净正吸上水头，用 NPSH 表示。汽蚀余量分为有效汽蚀余量（NPSH）$_a$ 和必需汽蚀余量（NPSH）$_r$。有的资料把它们分别写为 Δh_a 和 Δh_r，一般泵性能表中只提供（NPSH）$_r$，即 Δh_r 的数据。可参看有关资料中的公式及校正系数并加上必要的安全裕量计算泵的允许安装高度。

第三节　离心泵的基本方程式

一、液体在叶轮中的流动

当叶轮推动液体旋转时，液体质点在叶轮中所做的是复合运动，如图3-4所示。在与叶轮一起旋转的动坐标系观察到的液体质点运动称为相对运动，速度为 w，方向沿着叶片的切线方向。动坐标系相对固定坐标的运动称为牵连运动，其速度用 u 表示，方向与旋转半径 r 垂直。从固定坐标系观察到的液体质点的运动称为绝对运动，速度用 c 表示。绝对速度 c 等于相对速度 w 与牵连速度 u 的矢量和。液体进入叶轮和流出叶轮的速度关系如图3-4中的速度平行四边形所示。这种速度平行四边形可以简化为如图3-5所示的速度三角形，图中各速度、夹角的下标，进口为1、出口为2。从叶片进口处和出口处的速度三角形看，$c_2>c_1$，液体通过叶轮后速度增大了，能量提高了。

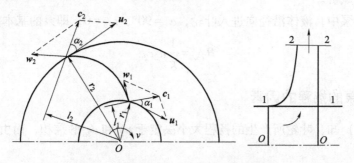

图3-4　液体在叶片进、出口的速度变化

图3-5中的 c_{1r}、c_{2r} 和 c_{1u}、c_{2u} 分别为叶轮进、出口处的径向分速和圆周分速，角度 α 表示绝对速度 c 与圆周速度 u 的夹角，角度 β 表示液体相对速度 w 与圆周速度 u 的夹角，β 又称流动角。这里，还应提及的是叶片的安装角，它表示叶片的切线和所在圆周切线间的夹

角，用 β_a 表示。β_a 和 β 是不同的两个角度。β_a 是由结构确定的角度，故称其为安装角，而 β 是由液体流动所形成的速度之间的夹角，故称为流动角。

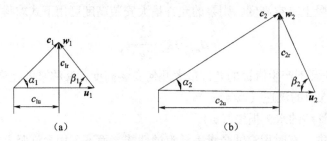

图 3-5 叶片进、出口速度三角形
(a) 进口速度三角形；(b) 出口速度三角形

二、无限多叶片叶轮时泵的基本方程式

液体在叶轮中的流动是相当复杂的，为简化起见，假设：叶轮有无限多个叶片，且叶片厚度为无限薄；泵中的液流是压力、速度、密度都不随时间而变化的稳定流；泵所输送的液体是理想的不可压缩的液体，可不考虑液体的摩擦阻力。

液体在旋转叶轮的流道中流动，从叶轮处获得了能量，这种能量传递过程可用流体力学中的动量定理来推导。导出的公式为

$$H_{T\infty} = \frac{1}{g}(u_2 c_{2u} - u_1 c_{1u}) \tag{3-10}$$

式中，$H_{T\infty}$——无限多叶片时的理论扬程（m）；

g——重力加速度（m/s²）；

u_1，u_2——进口、出口处的圆周速度（m/s）；

c_{1u}、c_{2u}——进口、出口绝对速度的圆周分速度（m/s）。

这就是泵的基本方程式，又称欧拉方程式。它不仅适用于离心泵和轴流式泵，也适用于离心式和轴流式风机。

一般在离心泵中，液体沿径向进入叶轮，$\alpha_1 = 90°$，$c_{1u} = 0$，即泵的基本方程式为

$$H_{T\infty} = \frac{1}{g} u_2 c_{2u} \tag{3-11}$$

三、影响泵的扬程的因素

由式（3-11）知，叶轮所产生的扬程大小决定于 u_2 和 c_{2u} 的乘积，而由图 3-5 可以很容易看出

$$c_{2u} = u_2 - c_{2r} \cot\beta_2 \tag{3-12}$$

所以式（3-8）写为

$$H_{T\infty} = \frac{u_2}{g}(u_2 - c_{2r}\cot\beta_2) \tag{3-13}$$

下面讨论影响泵的扬程的几个因素。

1. 叶轮直径 D_2 和转速 n 的影响

理论扬程随叶轮圆周速度 u_2 的增大而增大,而

$$u_2 = r_2\omega = \frac{\pi D_2 n}{60}$$

故理论扬程随叶轮直径 D_2 和转速 n 的增大而增大。

2. 叶片弯曲形状对理论扬程的影响

如图 3-6 所示,假设有无限多叶片时,在相同的叶轮外形尺寸和相同的转速条件下:

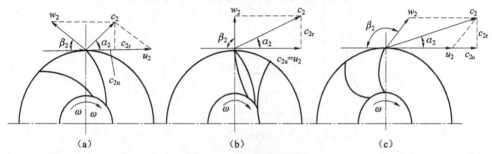

图 3-6 叶轮叶片形式
(a) 后弯式叶片;(b) 径向叶片;(c) 前弯式叶片

当 $\beta_2 = 90°$ 时,叶片为径向出口,称径向叶片,则

$$\cot\beta_2 = 0,\quad H_{T\infty} = \frac{u_2^2}{g}$$

当 $\beta_2 < 90°$ 时,称后弯式叶片或后向叶片,则

$$\cot\beta_2 > 0,\quad H_{T\infty} < \frac{u_2^2}{g}$$

当 $\beta_2 > 90°$ 时,称前弯式叶片或前向叶片,则

$$\cot\beta_2 < 0,\quad H_{T\infty} > \frac{u_2^2}{g}$$

由此可见,随着角 β_2 的增大,理论扬程 $H_{T\infty}$ 提高。但随着 β_2 的增大,绝对速度 c_2 也增大,使液体流动的阻力提高,反而降低了效率。为此,离心泵总是采用后弯式叶片,并且 $\beta_2 = 20° \sim 30°$。

第四节 离心泵的特性曲线

离心泵在工作时,若泵转速为某一定值,则用来表示流量、扬程、功率、效率和允许吸上真空高度(或汽蚀余量)等相互之间关系的曲线叫作泵的性能曲线或特性曲线。

通常泵生产厂在样本中提供的特性曲线如图 3-7 所示,特性曲线是以流量为横坐标,以扬程、功率、效率和允许吸上真空高度或必需汽蚀余量等为纵坐标所绘出的曲线,它们分别叫作扬程曲线(q-H)、功率曲线(q-P_a)、效率曲线(q-η)和汽蚀特性曲线。这些曲线往往绘于同一直角坐标系中,前三条曲线是基本特性曲线。利用这些曲线可以了解泵的性能,对于正确地选择和经济合理地使用泵都起着非常重要的作用。

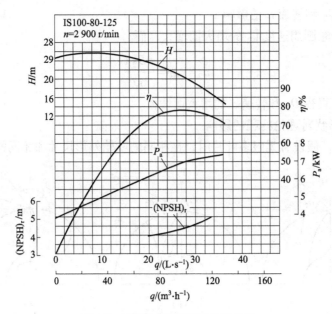

图 3-7 IS100-80-125 泵特性曲线

一、对特性曲线的分析说明

1. q-H 曲线

后弯叶片离心泵的 q-H 曲线从形状上分有以下 3 种。

(1) 驼峰特性曲线。如图 3-8 中曲线 I 所示,这种曲线具有中间凸起、两边下弯的特点,比转数小于 80 的离心泵,其 q-H 曲线都是这样的。这类泵在极大值 A 点以左工作时会出现不稳定工况,故应使泵在 A 点以右工作。

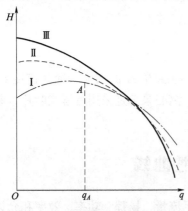

图 3-8 离心泵的 q-H 特性曲线

I—驼峰特性曲线;II—平坦特性曲线;
III—陡降特性曲线

(2) 平坦特性曲线。如图 3-8 中曲线 II 所示,比转数为 80~150 的离心泵都是这种特性曲线。这类泵适用于流量调节范围较大,而压头变化要求较小的输液系统中。

(3) 陡降特性曲线。如图 3-8 中的曲线 III 所示,一般比转数在 150 以上的泵,其 q-H 曲线都是这个形状。这类泵适用于流量变化不大时要求压头变化较大的系统中,或在压头有波动时要求流量变化不大的系统中。例如在油库中,一台泵为多个油罐分别输油,而各油罐之间距离和高度差较大时,可选用 q-H 曲线陡降的离心泵。

离心泵工作时,一般是流量小时扬程高,当流量逐渐增加时,扬程却逐渐降低。启动泵后排出阀门尚未打开时,压力表显示的压力较高,而此时的流量为 0,但随着排出阀门慢慢开大,流量逐渐增大,而压力表上显示的压力则逐渐减小。

2. $q\text{-}P_a$ 曲线

由曲线的走向可知,流量与功率同时增减。当流量为 0 时,功率最小但不等于 0。实际操作中很容易得到证实,当开大排出阀门,流量增加时,电流表指针上升,说明功率加大;关闭阀门流量为 0 时,电流表指示的电流为最小,功率也最小。由此得到启示,采用关阀启动比采用开阀启动所消耗的功率要小。为节省电能,离心泵操作时应关阀启动。

3. $q\text{-}\eta$ 曲线

一般效率曲线都是驼峰曲线,曲线上的最高点就是最高效率点。在性能曲线图上,取任意一个流量值,都可在 $q\text{-}H$、$q\text{-}P_a$、$q\text{-}\eta$ 曲线上找到与它相对应的扬程、功率和效率值,通常把这一组相对应的参数称为工作状况,简称工况。泵可以在各种工况下工作,但只有一个最佳的工况,即对应于最高效率点的那个工况。过最高效率点作一垂线,把它与各条曲线的交点,即对应于最高效率的点称为最佳工况点,并希望泵都能在最佳工况下工作。最佳工况点的参数称为额定参数,常在铭牌上标出。但实际上泵很难刚好在最高效率点工作,况且工作中流量等参数经常变化,不可能始终工作在这个工况点上。为此,现实的做法是在 $q\text{-}\eta$ 曲线上最高效率点左、右两边划出一段效率比最高效率降低不超过 6%~8% 的范围,要求泵在此效率较高的范围内工作。这个范围叫作泵的高效率区或称泵的工作范围。通常在产品样本的性能表中都列出某一型号泵的 3 个流量、3 个扬程等数据,中间的那一组数据就是泵的最佳工况和额定参数,两边的数据基本上是泵工作范围边缘的参数。

二、泵性能和特性曲线的改变

常会遇到这样的情况,原来使用的泵因生产条件变化而不能适应生产需要,这时要想办法改变泵的性能。一般较为简单实用的办法有以下几种。

1. 改变转速

若原泵的各参数为扬程 H_1、流量 q_1、必需汽蚀余量 $(NPSH)_{r1}$、功率 P_{a_1} 和效率 η_1,当转速由 n_1 变为 n_2 时,相应地分别变为 H_2、q_2、$(NPSH)_{r2}$、P_{a_2} 和 η_2,则它们之间有如下关系:

$$\frac{q_1}{q_2}=\frac{n_1}{n_2} \quad \frac{H_1}{H_2}=\left(\frac{n_1}{n_2}\right)^2 \quad \frac{(NSPH)_{r1}}{(NSPH)_{r2}}=\left(\frac{n_1}{n_2}\right)^2 \quad (3\text{-}14)$$

$$\frac{P_{a_1}}{P_{a_2}}=\left(\frac{n_1}{n_2}\right)^2 \quad \eta_1 \approx \eta_2$$

式(3-12)称为离心泵的比例定律。按照这些关系,可以根据某一转速 n_1 时的特性曲线作出转速变为 n_2 时的特性曲线。

改变转速有一定的限制,若采用提高转速的办法来增加流量、扬程,则转速的提高不宜超过 10%,以免损坏泵体、叶轮等;若采用降低转速的办法来改变泵性能,则转速的降低以不超过 20% 为宜,否则换算误差较大,特别是效率相差较大。

2. 车削叶轮外径

除非更换叶轮,增大叶轮外径是不可能的,而车削叶轮减小外径则容易得多。若原泵叶轮外径为 D_{21},在转速为 n 时的扬程、流量、轴功率分别为 H_1、q_1、P_{a_1},经车削后叶轮外径为 D_{22},扬程、流量、轴功率分别为 H_2、q_2、P_{a_2},它们之间的关系如下。

对中高比转数($n_s=80\sim300$)泵:

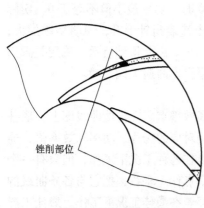

图 3-9　叶片锉去部位

$$\frac{q_1}{q_2}=\frac{D_{21}}{D_{22}}$$

$$\frac{H_1}{H_2}=\left(\frac{D_{21}}{D_{22}}\right)^2$$

$$\frac{P_{a_1}}{P_{a_2}}=\left(\frac{D_{21}}{D_{22}}\right)^3$$

对低比转数（$n_s=35\sim80$）泵：

$$\frac{q_1}{q_2}=\left(\frac{D_{21}}{D_{22}}\right)^2$$

$$\frac{H_1}{H_2}=\left(\frac{D_{21}}{D_{22}}\right)^2$$

$$\frac{P_{a_1}}{P_{a_2}}=\left(\frac{D_{21}}{D_{22}}\right)^4 \tag{3-15}$$

上述的关系称为车削定律。叶轮外径车削后，一般效率都要降低。为不使效率降低过多，对叶轮的车削量应加以限制，如表 3-4 所示。

车削后的叶轮，在叶片的背面或前面（工作面）适当锉去或切去部分金属，如图 3-9 所示，可部分或完全消除效率的下降。

表 3-4　叶轮外圆的最大车削量

比转数 n_s	≤60	60~120	120~200	200~250	250~300	300~400
最大车削量 $\left(\frac{D_{21}-D_{22}}{D_{21}}\right)\times100\%$	20	15	11	9	7	5

第五节　离心泵的分类及结构

一、离心泵的分类

由于需求的不同，故设计研制了不同结构和规格的离心泵。离心泵类型很多，一般根据用途、叶轮、吸入方式、压出方式、扬程和泵轴位置等来分类。

（1）按离心泵的用途可分为清水泵、杂质泵和耐酸泵。

（2）按叶轮结构可分为：闭式叶轮离心泵，叶片左、右两侧都有盖板，如图 3-10（a）所示，适用于输送无杂质的液体，如清水、轻油等；开式叶轮离心泵，叶片左、右两侧没有盖板，如图 3-10（b）所示，适用于输送污浊液体，如泥浆等；半开式叶轮离心泵，叶轮在吸入口一侧没有盖板（前盖板），只有后盖板，如图 3-10（c）所示，适用于输送有一定黏性、容易沉淀或含有杂质的液体。

（3）按叶轮数目可分为：单级离心泵，只有一个叶轮，扬程较低，一般不超过 50~70 m；多级离心泵，泵的转动部分（转子）由多个叶轮串联，如图 3-11 所示，泵的扬程随

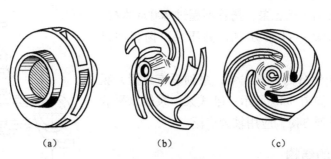

图 3-10 离心泵叶轮
(a) 闭式；(b) 开式；(c) 半开式

叶轮数的增加而提高，扬程最大可达 2 000 m。

（4）按泵的吸入方式可分为：单吸式离心泵，液体从一侧进入叶轮，这种泵结构简单，制造容易，但叶轮两侧所受液体总压力不同，因而有一定的轴向推力；双吸式离心泵，液体从两侧同时进入叶轮，如图 3-12 所示，这种泵结构复杂，制造困难，主要的优点是流量大，轴向力平衡。

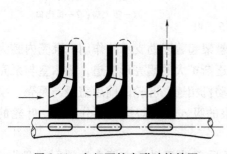
图 3-11 多级泵的串联叶轮简图

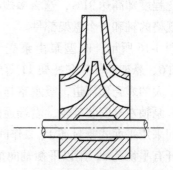
图 3-12 离心泵双吸式叶轮

（5）按泵的压出方式可分为：蜗壳式离心泵，如图 3-13 所示，液体从叶轮流出后，直接进入蜗壳的流道，由于流道截面由小变大，故速度减慢，部分动能转化为静压。这种压出方式结构简单，常用于单级离心泵或多级泵的最后一级；图 3-14 所示为导流式离心泵（透平泵），在叶轮外周的泵壳上固定有导叶，导叶起着导流的作用，同时液体流经导叶，部分动能被转化为压力能。导叶用于多级泵和高速离心泵上，在单级泵中的应用较少。

图 3-13 蜗壳式离心泵

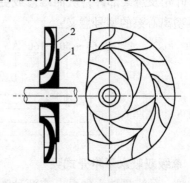
图 3-14 导流式离心泵（透平泵）简图
1—叶轮；2—导叶

（6）按扬程分为：低压泵，扬程不超过 200 m 水柱；中压泵，扬程为 200～600 m 水柱；高压泵，扬程超过 600 m 水柱。

（7）按泵轴位置分为：立式泵，泵轴垂直放置，吸入口在泵的下端，如图 3-15 所示；卧式泵，泵轴水平放置，这种泵维修管理方便，应用较为广泛。

二、离心泵的结构

离心泵的应用很广泛，现将常见的几种泵介绍如下。

1. IS 型离心泵

IS 型离心泵是一种单级单吸轴向吸入离心泵，用于输送不超过 80 ℃ 的清水或类似清水的液体。这种泵的特点是扬程高、流量小、结构简单、耐用且维修方便。

IS 型离心泵共 33 个基本型号、近 100 个规格，但零件通用化程度却高达 91%，这么多规格的泵，只配用了 4 个尺寸规格的轴和 4 个悬架部件。

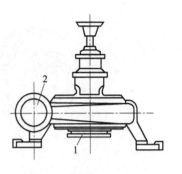
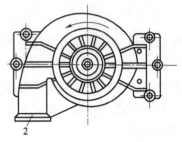

图 3-15 立式泵
1—吸入口；2—排出口

如图 3-16 所示，IS 型泵由泵壳 3、泵壳后盖 5、叶轮 4、轴 6、悬架部件 7 和托架 11 等组成，托架对悬架起着辅助支承的作用。泵壳内腔为截面逐渐扩大的蜗壳形流道，吸水室与泵壳铸为一面逐渐扩大的蜗壳形流道，吸水室与泵壳铸为一体。泵轴左端安装叶轮，右端通过联轴器与电动机相连。叶轮的前后盖板与泵壳、泵壳后盖之间采用平面式密封环 1、2 作间隙密封，将泵的吸入部分与排出部分隔开。叶轮的后盖板上开有平衡孔 a，用以平衡轴向推力。

泵轴由悬架部件内的两个滚动轴承支承。泵壳后盖的填料函中填上油浸石棉盘根 13、14 和填料环 9 进行密封，并用填料压盖 10 对石棉盘根的压紧程度进行调整。泵轴上安装的橡胶挡圈 12 起着甩掉从填料压盖内孔处流出的液滴的作用，同时防止填料压盖调整太松或石棉盘根丧失弹性及润滑作用后造成的液体直接向滚动轴承处喷射的现象。

IS 型离心泵是根据 ISO 2858 等国际标准所规定的性能和尺寸设计的。从结构上看，它的优点是在拆下联轴器的中间连接件及托架后，不动泵壳、进出管路和电动机即可拆出泵壳后盖、叶轮及悬架部件，从而维修或更换零件。

IS 型离心泵的型号意义：

如：

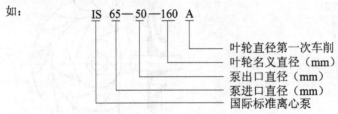

2. 单级双吸水平中开式泵

这是一种流量较大的泵，有两种类型：S 型和 Sh 型。S 型双吸离心泵是 Sh 型的更新产品，除结构有些改进外，允许吸上真空高度和效率等性能指标也有所提高。下面以 S 型泵

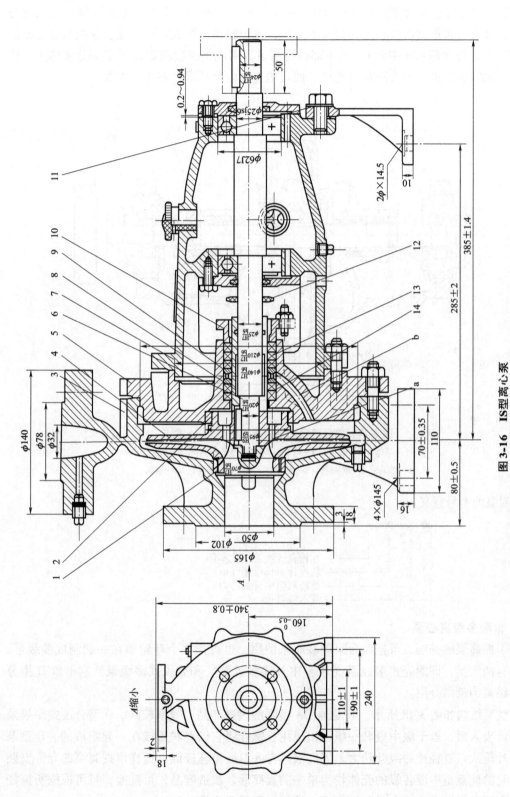

图 3-16 IS型离心泵

1、2—密封环；3—泵壳；4—叶轮；5—泵壳后盖；6—轴；7—悬架部件；8—轴套；9—填料环；10—填料压盖；11—托架；12—挡圈；13、14—油浸石棉盘根；a—叶轮后盖板上的平衡孔；b—后盖孔道

为例作简单介绍。

S型泵的结构比IS型泵复杂些,如图3-17所示。S型泵的吸入和压出短管均在泵轴心线下方,吸入口和排出口中心连线为水平方向,且与转动轴线成垂直位置。泵壳沿轴心线的水平面上下分开(即水平中开),上半部称为泵盖,用双头螺栓固定在下半部分泵体上,这样的结构无须拆卸进、出管路和电动机,便可检查泵内全部零件并进行维修。

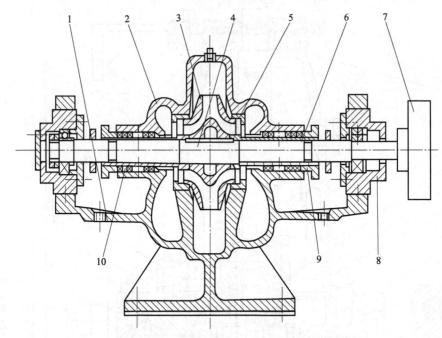

图3-17 单级双吸水平中开式离心泵(S型)
1—泵体;2—泵盖;3—叶轮;4—轴;5—密封环(S型);
6—轴套;7—联轴器;8—轴承体;9—填料压盖;10—填料

S型泵的型号意义:

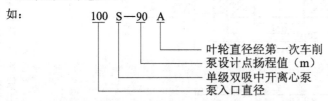

3. 单吸多级离心泵

为了提高泵的扬程,可把几台泵串联起来使用,也可把几个叶轮串在一起制成多级泵。多级泵有两大类,即蜗壳式多级泵(水平中开式多级泵)和分段式多级泵。这里以D型分段式多级泵为例做介绍。

D型泵结构如图3-18所示。它是原DA型泵的改进产品,效率较高。D型分段式多级泵是由一级吸入段、若干级中段和一级压出段用长螺栓将它们串联固接在一起组成的。D型泵的首级叶轮入口直径比后级叶轮大,因而液体在入口处流速较低,这样可提高泵的允许安装高度。它的优点是中段各级的壳体均为单一的圆筒形,制造容易,可互换,且可根据所需扬程选择不同级数。它的缺点是装拆麻烦,检修时需拆开连接管路。

第三章 泵

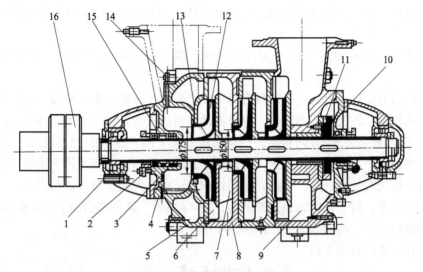

图3-18 单吸多级离心泵（D型）

1—轴承；2—填料压盖；3—盘根；4—水封管；5—吸入段；6—导叶；7—返水圈；8—中段；9—压出段；10—平衡盘；11—平衡盘衬环；12—叶轮；13—密封环；14—放气孔；15—填料环；16—联轴器

这种泵除末级（压出段）外，其余各级都没有螺旋形的压出室，而是以导叶代替，将液体导向下一级的吸入口。由于各级叶轮都同向排列，所以它的轴向力很大，一般需采取一些措施来平衡轴向力。

D型泵的型号意义：

如：

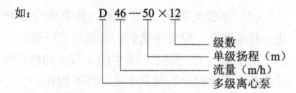

三、轴向力平衡装置

泵在工作时，作用在叶轮等转子组件上的沿泵轴方向的分力，叫作轴向力。

1. 轴向力产生的原因

第一种轴向力。单吸式离心泵在工作时叶轮由于两侧作用力不相等，产生了一个从泵腔指向吸入口的轴向推力。

在泵尚未工作时，泵内过流零部件上的液体压力都一样，不会产生轴向推力。但当泵正常工作时，如图3-19所示，吸入口处液体压力为 p_1，叶轮出口处压力为 p_2，液体除经叶轮出口排出外，尚有很少量的压力也等于 p_2 的液体流到泵壳与叶轮后盖板之间的空隙处，从图中看出叶轮两侧在密封环直径 D_w 以外的环形面积上压力分布是对称的，轴向作用力

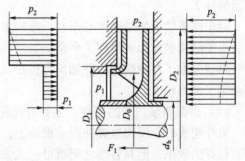

图3-19 轴向推力的产生

抵消，而在轮毂直径 d_h 与密封环直径 D_w 之间的吸入口处环形投影面积上却存在着压力差，于是便产生了轴向推力 F_1。

实际上压力的分布如图 3-19 中的虚线所示，其是按抛物线分布的，越靠近轮毂压力越小。

第二种轴向力是反冲力，它是在泵刚启动时产生的。此时从吸入管流入泵内的液体做轴向流动，进入叶轮后转变为径向流动，由于流动方向的改变，故产生了反冲力 F_2。

反冲力 F_2 与轴向力 F_1 方向相反，在泵正常工作时 F_2 与 F_1 相比数值很小，可以忽略不计。但在启动瞬间，由于泵的正常压力尚未建立，所以反冲力的作用较为明显，泵在启动时转子向后窜动就说明了这一点。为此，泵操作中应注意避免频繁对泵进行启动。

对于立式水泵，转子的重力也是轴向的，用 F_3 表示，其方向指向下方叶轮入口。

在各种轴向力中，F_1 是最主要的轴向力。

综上所述，总的轴向力为

$$F = F_1 - F_2 + F_3$$

对卧式泵，由于转子重力方向与轴垂直，所以总的轴向力为

$$F = F_1 - F_2$$

2. 轴向力平衡装置

由于存在着轴向力，泵的转动部分会发生轴向窜动，从而引起磨损、振动和发热，使泵不能正常工作，因此必须用平衡装置来部分或全部地平衡轴向力。

离心泵平衡轴向力的方法有很多，单级泵和多级泵由于轴向力相差较大，故采用的平衡装置也不同。

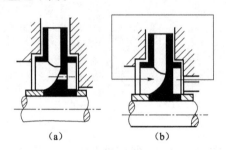

图 3-20 平衡孔和平衡管
(a) 平衡孔；(b) 平衡管

（1）单级泵轴向力的平衡。其主要有 3 种方法：开平衡孔；设置平衡管；采用双吸叶轮。

图 3-20（a）及图 3-16 中的 a 所示的是在叶轮后盖板靠近轮毂处钻的几个孔，即平衡孔。

图 3-20（b）所示的是在壳体外用一根管子将叶轮后盖板靠近轮毂处的液体引回到泵吸入口处，这根管子就是平衡管。

这两种方法的目的是使叶轮后的压力等于叶轮前的压力，从而使轴向力平衡。为防止高压液体的内泄漏，保证叶轮后的压力能降下来，在叶轮后盖板与泵壳后盖之间设置了密封环，如图 3-16 所示的件 2。

对于流量较大的单级离心泵和少数的多级泵上采用双面进水的叶轮，即双吸叶轮，其轴向力由于结构的对称而得到了平衡。

尽管采取了各种措施，但轴向力仍难以全部平衡，所以轴承仍要承受一些轴向力，有的还采用了推力轴承。

（2）多级泵轴向力的平衡。主要有叶轮对称布置和采用平衡盘、平衡鼓等方法。

将叶轮成对、反向地装在同一根轴上，各叶轮轴向力相互抵消。这种方法对轴向力的平衡有较好的效果，但其各级之间流道长且彼此重叠，使泵壳的铸造复杂，成本较高。所以只在 2~4 级离心泵上有所运用。

在分段式多级离心泵上采用平衡盘平衡轴向力的办法，这种装置的简图如图 3-21 所示。

平衡盘 1 装在末级叶轮 4 的后面，它与平衡环 2 一起形成了有着不变的径向间隙 δ_0 和可变的轴向间隙 δ_1 的平衡盘装置。

泵工作时，液体在压力 p_3 的作用下，经间隙 δ_0 进入平衡盘前压力为 p_x 的环状室，然后通过间隙 δ_1 流入平衡盘后的平衡室，并由此经回流管 3 与第一级叶轮的吸入口（即多级泵的吸入口）相通。吸入口处压力 p_1 小于平衡室的压力 p_c。

当轴向力 F 增加时，平衡盘随同叶轮一起向左窜动，间隙 δ_1 减小，液体流动的阻力增加，泄漏量减小，环状室压力 p_x 上升，而平衡室压力有所降低。因此，平衡盘两侧的压力差 $\Delta p_p = p_x - p_c$ 增加，Δp_p 乘以平衡盘的投影面积，即平衡力 F_p 也增加，由于这个自左向右的平衡力 F_p 大于自右向左的轴向力 F，故迫使泵轴向右位移，直至 $F_p = F$ 为止。反过来，若 $F > F_p$，泵轴向右窜动，δ_1 增大，则 Δp_p 减小，F_p 减小，泵轴向左位移，直至 $F_p = F$，停止在新的平衡位置上。

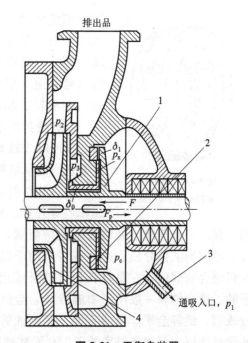

图 3-21　平衡盘装置

1—平衡盘；2—平衡环；3—回流管；4—末级叶轮

由于力 F_p 和力 F 的平衡是一种动态的平衡，所以泵轴始终是在某一平衡位置左右窜动着的。

对大容量多级泵，常用平衡鼓来平衡轴向力，而大容量的高速泵往往使用平衡盘与平衡鼓的联合装置来平衡轴向力。总之，轴向力的平衡装置是根据泵的不同工作情况确定的。

四、密封装置

泵体内液体压力较吸入口压力高，所以泵体内液体总会向吸入口泄漏，为防止这种内泄漏，采用了如图 3-16 中件 1、件 2 所示的间隙密封的密封环，这是第一种密封装置。

泵体和轴之间存在着间隙。为防止泵体内高压液体大量漏出，同时防止空气渗入泵内，在旋转的泵轴和静止的泵体之间必须装上旋转密封装置，这是第二种密封装置。

泵轴旋转密封装置的形式主要有填料密封、机械密封、浮动环密封和迷宫密封等。这里只简要地介绍轴旋转密封的前两种密封形式。

1. 填料密封装置

离心泵中应用得最广泛的是填料密封。现以图 3-16 所示的 IS 型单级单吸泵为例加以说明。填料密封是在轴套 8 和与它对应的这部分泵体之间的空间——填料函内填充填料 14（油浸石棉盘根），并用填料压盖 10 轴向压紧，使填料径向胀大，靠静止的填料和旋转的轴套外圆表面的接触来实现。填料函内充满填料，填料压盖应适当压紧，使经轴套与压盖间隙泄漏的液体呈滴状流出。如压盖压得过紧，填料与轴套表面的摩擦将迅速增加，严重时有发热、冒烟现象，造成填料、轴套的明显磨损。如压盖压得过松，则填料不能

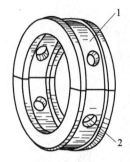

图 3-22 填料环
1—环圈空间；2—水孔

充分填满间隙，将导致泄漏增加甚至形成连续液流流出，使泵效率降低。从图 3-16 中可以看出，填料函里除填料外，还有一填料环 9（或称水封环），它由两半拼合而成，如图 3-22 所示。从后盖孔道 b 引来的高压液体，通过环上的槽和孔渗入到填料处，起液封、润滑及冷却轴套的作用。

填料密封所用的填料，又称盘根，一般经编织并压成矩形断面，使用时按轴套圆周剪成适当长度，一圈圈地放进填料函。对于非金属的软填料，也有以多圈螺旋形式放入的。

填料的材料视使用条件而不同，有软填料、半金属填料和金属填料等几种。软填料就是由非金属材料制成的填料。它是用石棉、棉纱、麻等纤维经纺线后编结而成，再浸渍润滑脂、石墨或聚四氟乙烯树脂，以适应于不同的液体介质。这种填料只用于温度不高的液体。半金属填料是由金属和非金属材料组合制成的。它是将石棉等软纤维用铜、铅、铝等金属丝加石墨、树脂编织压制成形的，这种填料一般用于中温液体。金属填料则不含非金属材料。这种填料是将巴氏合金或铜、铝等金属丝浸渍石墨、矿物油等润滑剂压制而成的，一般为螺旋形。金属填料的导热性好，可用于温度低于 150 ℃ 和圆周速度小于 30 m/min 的场合。

2. 机械密封装置

机械密封装置具有摩擦力小、寿命长、不泄漏或少泄漏等优点。原来用填料密封的离心泵根据需要改为机械密封取得良好效果的并不鲜见。这里介绍一种沈阳水泵厂生产的 EX 型机械密封装置，其结构如图 3-23 所示。

静环和动环是机械密封装置最主要的两个元件。静环 5 及静环密封圈 6 装于压盖中并与泵体固定在一起，动环 4 及其组件则随轴旋转。有的其他系列机械密封装置为使静环可靠地与压盖或泵体固定在一起，采用防转销防止静环的旋转，而为使动环组件能可靠地随轴旋转，常加上一个弹簧座，并用紧定螺钉将其固定在轴上。压盖密封圈和静环密封圈 6 都是静密封。它们使从泵体和轴间隙流出的液体无法从压盖和泵体端面泄漏。动环密封圈 3 是轴上的静密封，用以防止液体沿轴表面的泄漏。动、静环之间的密封是旋转的端面密封，这里才是机械密封的密封处，动环靠弹簧 1 和液体压力的作用压紧静环，使两环端面紧密贴合，渗入

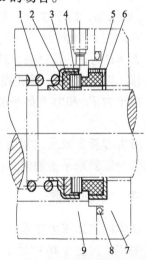

图 3-23 EX 型机械密封装置
1—弹簧；2—压板；3—动环密封圈；
4—动环；5—静环；6—静环密封圈；
7—压盖；8—压盖密封圈；9—泵体

端面间的一层液体薄膜起着平衡压力和润滑的作用。另外，为防止高温对液膜的破坏及液体中所含固体颗粒对端面密封的破坏，还可从泵体或压盖处通入冷却液或冲洗液，对机械密封装置进行冷却或冲洗。

机械密封是一种端面密封，其主要功能是将较易泄漏的轴向密封转化为较难泄漏的端面密封和静密封。

机械密封装置动、静环的材料，依被密封液体介质的不同而有不同的配对，机械密封装置的结构类型也有多种，所以应根据实际情况选用。

第六节　离心泵的运行和调节

已讨论过泵的性能曲线，但泵在工作时处于性能曲线上的哪一点，却与管路有关。例如，水泵铭牌上流量 $q=100\ \text{m}^3/\text{h}$，但当它与一小口径管道连接时，这台泵的供水量就受到小口径管的制约，达不到铭牌上的供水量。这说明，离心泵在一定的管路系统中工作时，实际的工况不仅取决于泵本身的性能曲线，还取决于整个装置的管路特性曲线。

一、管路特性曲线和泵的工作点

1. 管路特性曲线

管路中通过的流量与所需扬程之间的关系曲线，叫作管路特性曲线。

式（3-1）是图 3-2 所示的输液管路系统所需扬程的计算式，当 $p_1=p_2=p_b$（大气压力），且 $v_1\approx 0$、$v_2\approx 0$ 时，式（3-1）改写为式（3-3），即 $H=H_g+\sum h$。

而管路的总水头损失 $\sum h$ 与流速或流量的平方成正比，令

$$\sum h = Rq^2$$

则

$$H = H_g + Rq^2 \tag{3-16}$$

式中，R——管道系统的特性系数（或称阻力系数）。

从式（3-16）中看出，当流量变化时，所需的扬程也发生变化。式（3-16）就是泵输液的管路特性曲线方程，根据这个方程式所作出的是一条抛物线形状的管路特性曲线，曲线的顶点在坐标 $H=H_g$、$q=0$ 的点上。

2. 泵的工作点

运行中的泵总是与管路系统联系在一起的，为确切地了解泵的工况，通常将管道特性曲线 Ⅱ 与泵的性能曲线 Ⅰ 用同一比例绘制于一张图上，如图 3-24 所示，两条曲线的交点 A 就是泵的工作点。

工作点 A 是能量供给与需求的平衡点。过点 A 作垂直线与泵特性曲线 q-H，q-P_a，q-η，q-H_{sa} 或 q-$(\text{NPSH})_r$ 相交，所得与点 A 相对应的 H_A、q_A、P_{aA}、η_A、H_{saA} 或 $(\text{NPSH})_{rA}$ 等一组参数，就是泵运行时的工作参数或工况。当工作点对应于效率曲线的最高点时，称它为最佳工作点。

泵运行时应尽可能使工作点位于高效率区，否则不仅运行效率低，还可能引起泵的超载或发生汽蚀等事故。

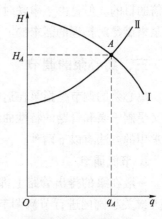

图 3-24　泵的工作点

二、离心泵的并联工作

两台泵的并联工作，就是用两台泵同时向同一排出管路输送液体的工作方式，目的是增加输出的流量。两台性能相同的泵并联工作时性能曲线的变化如图 3-25 所示。

单台泵工作时的 q-H 曲线为 Ⅰ，管道特性曲线为 Ⅱ，两曲线的交点 A 就是工作点。此时

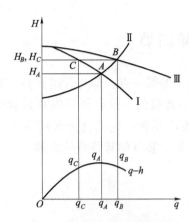

图 3-25 两台性能相同的泵并联工作时的性能曲线

流量为 q_A，扬程为 H_A，对应的效率为 η_A。

两台泵并联时，$q-H$ 曲线是在扬程不变的条件下，把流量加倍绘制而成的。图 3-25 中的曲线Ⅲ就是两泵并联的 $q-H$ 特性曲线。两泵并联时的管路，与单泵输液的管路相比，大部分输液管路是相同的，仅泵进、出口处的管路有些不同，但这些管路很短，所以可认为管道特性曲线不变。这样 $q-H$ 特性曲线Ⅲ与管道特性曲线Ⅱ的交点 B 就是两泵并联后的工作点。

两泵并联时每台泵的工作点既不是 A 点，也不是 B 点，这个工作点的扬程应与 B 点相同。所以由 B 点向左作一水平线与单泵 $q-H$ 特性曲线交于 C 点。这就是两泵并联后每台泵的工作点。

从上面的分析看出：单台泵输液时工作点为 A 点，流量为 q_A，扬程为 H_A，且效率 η_A 处于最高效率点。

两台泵并联输液时工作点为 B 点，流量为 q_B，虽然 $q_B>q_A$，但 $q_B<2q_A$，说明并联时流量并没有成倍增加。这是因为流量增大后，管道阻力也增大而造成的。B 点的扬程为 H_B，H_B 较 H_A 大，说明并联时扬程并非保持不变。

两泵并联后每台泵的工作点为 C 点，流量为 q_C，小于单泵输液时的 q_A，但 $q_C= q_B/2$。C 点每台泵的扬程为 H_C，大于单泵输液时的 H_A，且 $H_C=H_B$，而此时的效率 η_C 小于单泵输液时的效率 η_A。

除了将两台泵并联在一起的工作方式外，还有一种是将两台同型号泵串联在一起工作的方式。这种工作方式就是把前一台泵的排出口与后一台泵的吸入口相接，以达到使扬程提高一倍的目的。但是由于串联时泵受力较单独运转时大，易损坏，故很少采用。一般是选用多级泵来满足对扬程的需求的。

三、离心泵的调节

离心泵的调节是指泵在运行中的流量调节。流量的大小是由泵的工作点决定的，而工作点又受制于泵和管路的特性曲线，所以改变泵或管路任何一方的特性曲线，都可改变流量。其常用的方法有以下两种。

1. 节流调节

一般在泵的排出管路上都装有截止阀或闸阀等，靠开大或关小阀门进行节流调节。这种调节的实质是改变管路特性曲线。如图 3-26 所示，Ⅰ 是泵的 $q-H$ 特性曲线，Ⅱ、Ⅲ 分别是阀门全开和阀门关小时的管路特性曲线，A、B 两点分别是阀门全开、阀门关小时的工作点。阀门全开时流量为 q_A，扬程为 H_A；阀门关小时流量为 q_B，扬程为 H_B。从图 3-26 中可以看出，$q_A>q_B$，说明阀门开得越大，流量也越大；还可以看出，扬程除用于 H_g

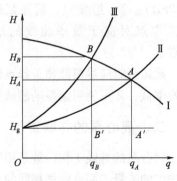

图 3-26 泵的节流调节

外，其余为管路系统的总水头损失$\sum h$。但由于$H_B>H_A$，所以B工作点时的损失BB'大于A工作点时的损失AA'，多出的部分就是关小阀门时多消耗在阀门上的能量，因而节流调节是以增加能量损失为代价来换取调小流量的，故经济性较差。但节流调节可以在生产现场及时方便、灵活地进行流量调节。

2. 变速调节

这是一种靠改变泵转速来改变泵特性曲线位置的方法，以此对流量进行调节。变速调节有无级变速和有级变速调节两种，它们都是由原动机的变速来实现的。从图3-27中可看出，管路特性曲线不变，转速为n_A时，工作点为A；转速提高到n_B时，工作点为B；转速降至n_C时，工作点为C。显然，转速高低变化，泵特性曲线位置高低也随着变化，相应的流量和扬程也发生高低变化。这种调节方法由于没有能量损失的代价，故而显得经济性较好。

除此以外，用改变离心泵叶轮外径尺寸即车削叶轮外径的方法可减小泵的流量。用封闭叶轮几个流道的方法也可减少泵的流量，这种方法如图3-28所示。完全封闭几个流道，比仅封闭进口的效率要高，不过扬程下降较多。此法比节流调节方法节能，可用于偶数个流道的小直径叶轮和直叶片叶轮上。但这两种方法都不是在泵运行时能及时进行调节的方法，并且泵的流量、扬程只能比原来减小，而无法增大。

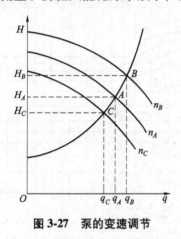

图3-27 泵的变速调节

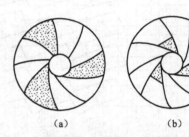

图3-28 封闭叶轮几个流道

(a) 完全封闭几个流道；(b) 封闭几个流道进口

第七节 离心泵的选用

选用泵之前，应先由专业人员根据需求和管路特性给出最大流量q_{max}和最大扬程H_{max}。另外，还要了解被输送的液体温度、密度以及工作地点的大气压力p_b数值，再把这些参数换算为标准状况下的流量和扬程。下面以离心水泵为例介绍两种选用泵的方法。

一、用"水泵性能表"来选择水泵

(1) 考虑到运行时的情况变化，计算流量q和计算扬程H应比所需的流量q_{max}和H_{max}大，一般按下式求计算流量（单位为m^3/s或m^3/h）和计算扬程（单位为m）。

$$q = (1.05 \sim 1.10) q_{max} \quad (3-17)$$

$$H = (1.10 \sim 1.15) H_{max} \tag{3-18}$$

(2) 按 q、H 计算比转数 n_s，以确定泵的类型。

(3) 在确定的泵型中查"泵性能表"选出合适的泵的型号。

泵性能表一般列出 3 组流量和扬程数值，中间一组的流量、扬程处于最高效率点，左右两旁的流量、扬程数值为高效率区靠边缘处工作点的数值。查找时计算流量 q、计算扬程 H 与某型号泵最高效率点的流量、扬程一致，那么就应选用这个型号。如不一致，则能在高效率区内工作的泵也可选用。

二、用"水泵综合性能图"来选择水泵

水泵综合性能图又称为性能范围图或系列型谱图。在综合性能图上，可看到一群四边形。

水泵综合性能图是指将一种形式的不同型号的所有规格泵的性能曲线的工作部分都以四边形的形式表示在一张图上。图 3-29 所示为 IS 型泵的综合性能图。

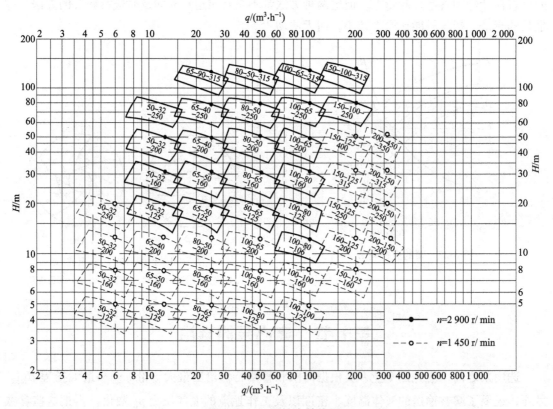

图 3-29 IS 泵综合性能图

下面用图 3-30 对四边形作一说明。图 3-30 上横坐标为流量，纵坐标为扬程。图中曲线 1-2 和过 O 点曲线表示某型号泵的叶轮未经车削时的 q-H 曲线和 q-η 曲线，曲线 3-4 表示这一型号允许车削的最小叶轮直径的泵的 q-H 曲线。在曲线 1-2、3-4 之间还可作出这一型号不同叶轮直径的泵的一族 q-H 曲线。曲线 1-3、2-4 是两条等效率曲线。叶轮直径车削和未车削的同型号所有泵的等效率点都在等效率曲线上，曲线 1-3、2-4 是在最高效率点两边

比最高效率低7%的等效率曲线。这表示在两等效率曲线之间的区域就是高效率区。

在选用泵时，根据计算流量、计算扬程的数值，在综合性能图上找出这个坐标点。这个点落在哪个四边形内，就可选用标在此四边形中的这一型号泵。坐标点落在四边形上边线的，叶轮不必车削；落在四边形内其他位置的，叶轮可进行适当车削。

离心泵的正确选用，可以防止不少故障的发生。除了根据流量、扬程的指标来选用外，还应充分考虑吸入高度，工况的变化范围，吸入、排出管径和管路的布置以及功率消耗等方面的问题。

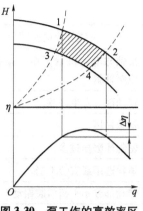

图3-30 泵工作的高效率区

第八节 离心泵的故障及排除方法

离心泵的结构并不复杂，在电动机和管道配套合适、安装正确并按规程操作和维护保养的情况下，一般不容易发生故障。但若选泵不当、机组制造质量不好、配套安装不合理、不注意维护或机件使用多年磨损老化，就可能常出故障。

表3-5列出了常见的离心泵故障原因及其排除方法。对于选型或设计不合理造成的故障，则应从根本上来解决，改型或更改设计。

表3-5 离心泵故障原因及排除方法

可能发生的原因	泵发生振动及噪声	消耗功率过大	流量扬程不够	泵不输出液体	填料函泄漏过多	泵不吸水	轴承发热/填料函发热	消除方法
泵内或吸入管内留有空气	○	○	○	○				重新灌泵或抽真空，驱除空气
吸上高度过高或阻力过大	○	○	○	○				降低安装标高，减少吸管阻力
灌注高不够或吸入压力小，接近汽化压力	○		○	○				增加灌泵高度，提高进口压力
管路或仪表漏气	○	○		○				检查并拧紧
转数过高/过低	○	○	○					检查电动机转速或电源频率
转向不对			○	○				检查并调整电动机接线，使转向符合标牌指向
装置扬程与泵的扬程不符		○	○					调整装置的阻力或装置扬程要求，重新选泵
流量过大或过小				○			○	调整流量

续表

可能发生的原因	故障现象				消除方法
泵轴与电动机轴不在一条中心线上或泵轴斜	○	○	○	○	检查校正
转动部分发生碰擦		○	○		检查校正
轴承损坏		○	○	○	更换
密封环磨损过多	○	○			更换
填料选用或安装不当		○	○	○	按规定选用及安装
转动部分不平衡引起振动			○	○	检查并消除
轴承腔内油脂过多或太脏			○	○	按规定添加或更换油脂
底阀未开或泵内管路内有杂物堵塞/淤塞	○	○	○	○	检查并清理
底座与基础的紧固螺栓松动			○		检查并拧紧

注：1. 在故障现象栏上能找到所遇到的故障。
　　2. 顺直线找到注有"○"处，"○"处左边为可能发生的原因，右边为解决办法。
　　3. 当某一故障有多种原因时，应逐项消除或根据其他现象作出判断进行消除。

安装不合理常出现在吸入管道的安装方面，现以单级双吸水平中开式泵为例作说明。图 3-31 所示为正确和错误的吸入管道安装方法。图 3-31（a）所示为吸入水管的弯头不应直接与泵吸入口相接，而应在中间加接一段长度约为 3 倍管径的直管，使水流转弯后产生的紊流

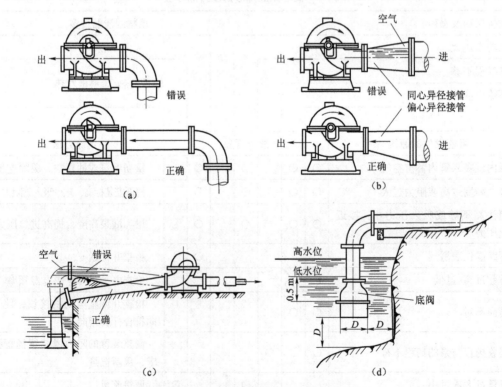

图 3-31　正确和错误的吸入管道安装方法

平顺后再进入泵内。为减小吸入管路的损失，常选用比泵口径还要大的吸入管，这样在泵的吸入口和吸入水管之间须加一段异径接管，这段管应采用偏心异径接管并按图3-31（b）所示的方位安装才能使吸水管内没有空气存留。图3-31（c）说明吸入水管的安装应向泵的方向上斜，否则空气也将积存在管中，影响泵的正常工作。吸入水管端部的底阀应浸入液池一定深度，它与池壁、池底之间也应有足够的距离，才能保证底阀及其滤网的正常工作，一般不应小于图3-31（d）所示的尺寸。

第九节　其他类型泵

一、轴流泵

轴流泵是叶片泵的一种，它的叶轮进水和出水都是沿着轴向流动的，所以称为轴流泵。它是靠像电风扇那样的螺旋形叶片的旋转对液体产生轴向推压作用来进行工作的。轴流泵的特点是流量大、扬程低、效率高，泵体外形尺寸小，结构简单，占地少，且无须灌泵。

1. 轴流泵的工作原理

如图3-32所示，一般轴流泵为立式安装，当浸没在水中的叶轮旋转时，由于叶片与泵轴轴线成一定的螺旋角，推动它上面的水边旋转边向上抬升，叶片下部因水的抬升而形成局部真空，池中的水在大气压力的作用下从进口的喇叭管被吸入泵中。这样，叶轮不断旋转，轴流泵就不断地吸入和排出液体。

2. 轴流泵种类和结构

轴流泵根据泵轴安装位置分为立式、斜式和卧式3种，它们之间仅外形有些不同，内部结构基本相同，我国生产较多的是立式轴流泵。

如图3-32所示的立式轴流泵主要由泵体、叶轮、导叶装置和进、出口管等组成。

叶轮一般由3~6片断面为机翼型并带有扭曲的叶片和轮毂组成。叶片与泵轴轴线的螺旋角可以是固定的，也可以做成半调节式或全调节式的。半调节式泵在改变螺旋角时需停机把叶片松开用手工调整角度，全调节式泵是在不停机的情况下通过一套专门的机械或随动机构来改变叶片的角度的，大型轴流泵的叶片多为全调节式。轮毂用来安装叶片和叶片调节机构，有圆柱形、圆锥形和球形3种，球形轮毂使叶片在任意角度下与轮毂只有一较小的固定间隙，与圆柱形、圆锥形的轮毂相比可以减少间隙泄漏的损失。

叶轮有-4°、-2°、0°、2°、4°五个安装角度位置。当工况变化时改变叶轮角度，可使泵的性能曲

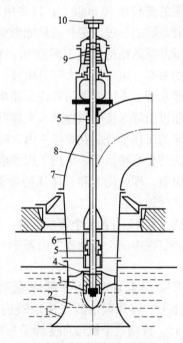

图3-32　立式轴流泵结构简图
1—喇叭管；2—进口导叶；3—叶轮；4—轮毂；
5—橡胶轴承；6—出口导叶；7—出水弯管；
8—轴；9—推力轴承；10—联轴器

线发生变化,以保持高效率的运行。

轴流泵中一般都装有 6~12 片出口导叶,导叶的作用:一是把从叶轮流出的带有旋转运动的水流转变为轴向运动的水流,避免液体由于旋转而造成的冲击和旋涡损失;二是在导叶体的圆锥形壳体中,使液体降速增压。有的轴流泵在进口处设置进口导叶,其目的也是减少损失。

在出口导叶的中心处即导叶毂内,装有橡胶轴承,橡胶轴承用来对泵轴径向定位,并承受一定的径向力。这是一种以水润滑和冷却的滑动轴承,它是经过硫化处理的硬橡胶浇注在铸铁套筒内而成型的,如图 3-33 所示。套筒的内圆表面车有上下两段方向相反的螺纹,使橡胶轴承能牢固地附在套筒内壁而不会随轴做转动。在泵轴穿过出水弯管处也装有一个橡胶轴承,泵启动前必须从注水管向这个轴承注水润滑,泵启动后由于有了泵内输送的水润滑冷却而应停止注水。

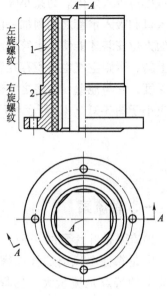

图 3-33 橡胶轴承
1—轴承外壳;2—橡胶衬套

二、深井泵

井泵用于抽吸井内的水,井泵的叶轮都置于水位以下,而动力机都放置在井口上,井泵分为浅井泵和深井泵,浅井泵扬程一般小于 50 m,常为单级离心泵,并用于大口井和土井。深井泵的扬程在 50 m 以上,且多用于机井。机井的口径较小,使泵叶轮直径受到限制,为使泵有足够的扬程,深井泵只能做成单吸分段式多级泵。

深井泵的结构如图 3-34 所示,它由井下的泵工作部分,传动轴、扬水管部分,以及地面上的泵座、电动机 3 大部分组成。

吸水管 1 下部周围钻有许多滤水圆孔,用以防止水中杂物进入叶轮或阻塞水泵;吸水管上部用以引导水流平顺地进入泵体叶轮,其长度为直径的 4~10 倍。

泵的工作部分装在壳体 4 内,叶轮 5 用便于调整它在轴上位置的锥套 16 固定在叶轮轴 3 上,为防止泵轴摆动,采用了以水润滑的橡胶轴承 6。深井泵扬程的高低,取决于泵工作部分的级数,即叶轮 5 和壳体 4 的数量,一般泵取 2~24 级。叶轮通常采用 n_s 在 200~375 的半开式叶轮。

扬水管 11 由若干个管段组成,各管的连接处装有橡胶轴承的轴承支架 8,并用联管器 9 把它固定在中间。传动轴 7 由若干个轴段组成,它们之间用有内螺纹的短套管形联轴器 10 连接。

泵座 13 起着支承井下部件质量的作用,泵座下面与进水法兰 12 相接。电动机 14 固定在泵座上,并用联轴器与传动轴连接。在转轴的顶部,一般都有能将泵转子挂住的调整螺母 15,拧动这个螺母可使转子升高或下降,以调整泵的流量或排除杂物。

三、潜水电泵

潜水电泵和深井泵都用于把深井中的水抽吸到地面上来,但潜水电泵的电动机和泵的工作部分直接连接形成一体,并潜入水下工作,它没有深井泵那样的长传动轴,所以体积小、质量小，便于移动和安装，不需要机房和基础。

潜水电泵由水泵、电动机和扬水管等组成。

由于电动机在水中工作，所以要采取特殊的措施对电动机绕组进行绝缘。潜水电泵按电动机防水结构特点可分为干式、充油式和湿式 3 种，湿式电动机用得较多。

图 3-35 所示为 QJ 型潜水电泵。它的水泵为单吸、多级、导流壳式离心泵，泵的上部出口处设置有逆止阀，水倒流时阀盖下落，关闭出口。电动机为湿式充水型立式笼型三相异

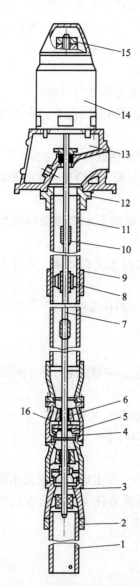

图 3-34 深井泵（JC 型）

1—吸水管；2—防松圈；3—叶轮轴；4—壳体；
5—叶轮；6—橡胶轴承；7—传动轴；8—轴承支架；
9—联管器；10—联轴器；11—扬水管；12—进水法兰；
13—泵座；14—电动机；15—调整螺母；16—锥套

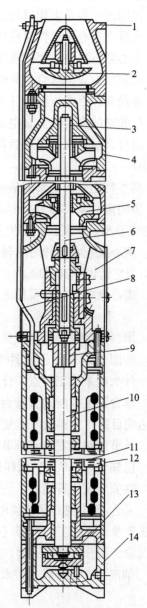

图 3-35 潜水电泵（QJ 型）

1—阀体；2—阀盖；3—轴套；4—上壳；5—叶轮；
6—泵轴；7—进水壳；8—电缆；9—联轴器；
10—电动机轴；11—转子；12—定子；
13—止推盘；14—底座

步电动机，电动机内部预先充满水，转子在清水中运转，散热性好，这种泵的密封装置主要用于防砂，不像干式或充油式对密封装置要求得那样高，因而结构大为简化。但这种泵对电动机定子所用绝缘导线、水润滑轴承所用材料及部件的防锈蚀均有较高的要求。

思 考 题

3-1 说明离心泵是怎样进行工作的。

3-2 为什么离心泵工作时往往要先"灌泵"？为什么有的又不要"灌泵"就能抽水？

3-3 离心泵有哪些主要的性能参数？什么是扬程？什么是几何扬程？两者相等吗？

3-4 已知压力表与真空表的读数 p_y 和 p_z，请粗略估算泵的扬程为多少？

3-5 请说明什么是汽蚀，并简述汽蚀现象产生的原因。

3-6 已知泵的允许吸上真空高度为 H_{as}，问泵的允许安装高度为多少？

3-7 为什么离心泵都采用后弯式叶片？在不变动泵及管路的情况下，有无简易的提高扬程的方法？

3-8 哪些特性曲线是泵的基本特性曲线？改变泵的特性曲线有几种方法？

3-9 说明离心泵 IS80-65-160A 的型号含义。从结构上看，S 型泵、D 型泵是什么型式的泵？IS 型、S 型、D 型泵在结构上有什么主要优点？

3-10 离心泵正常运转时的轴向推力是怎么产生的？单级泵和多级泵中常用什么方法来平衡轴向力？请说明其原理。

3-11 离心泵中叶轮和泵体之间采用密封环密封，它们之间有间隙，为什么还能起密封作用？

3-12 填料密封时，填料压盖应压紧到什么程度为好？为什么？

3-13 按图 3-23 所示，说明机械密封装置的工作原理。

3-14 什么是泵的工作点？什么是泵的最佳工作点？

3-15 单台泵工作时的流量为 q_A，为使流量增加到 $2q_A$，并联安装了一台同型号泵，这样做能否达到目的？怎样做才能使流量加倍？

3-16 从节能角度看节流调节和变速调节哪种调节方法好？为什么？

3-17 已知 q_{max}、H_{max}，怎样用泵综合性能图来选择离心泵？

3-18 在安装吸入管道时，应注意哪些方面的问题？

3-19 一台 IS 型离心泵在供电正常的情况下突然停转，并出现电流表指示骤增、电动机冒烟烧焦现象，操作工、机修（安装）工、电工互相推诿责任，拆泵检查发现叶轮在轴向有松脱现象，请分析故障原因，并指出 3 人各应承担的责任。

3-20 轴流泵、深井泵和潜水电泵是怎样进行工作的？

第四章 风 机

第一节 概 述

风机是各类企业普遍使用的机械设备，它是将原动机的机械能转变为气体的压力能和动能的一种机械。本章主要介绍离心通风机，它的应用很广泛，如通风冷却、消烟除尘、锅炉鼓风引风和气流输送等。

1. 按风机工作原理分类

按工作原理，可分为叶片式和容积式两大类。

（1）叶片式。它是利用叶轮的旋转将机械能转变为气体的能量。这种风机，气流是沿着轴向进入叶轮的，而气流的流出方向则有不同。其可分为以下3种：

① 离心式。

② 轴流式。

③ 混流式。

（2）容积式。它是通过机械的往复运动或旋转运动使"密封容积"增大或减小，以完成吸气和压缩气体的任务的。容积式风机可分为以下两种：

① 往复式。

② 回转式，如罗茨式、叶式等。

2. 按风机出口压力的大小分类

按出口压力可分为4类

（1）通风机。排气压力小于或等于15 kPa，通风机一般为离心式。

（2）鼓风机。排气压力为15 kPa至290~340kPa。

（3）压气机。排气压力在290~340kPa以上。

（4）真空泵。进气压力低于大气压力，排气压力一般为大气压力。真空泵都采用容积式。

第二节 离心通风机的工作原理和主要性能参数

一、离心通风机工作原理

离心通风机（图4-1）工作时，电动机带动叶轮旋转，使叶轮叶片间的气体在离心力的作用下由叶轮中心向四周运动，气体获得一定的压力能和动能。当气体流经蜗壳时，由于截面逐渐增大，故流速减慢，部分动能转化为压力能，气体从出风口进入管道。在叶轮中心处，由于气体被甩出，形成一定的真空度（呈现负压），吸入口空气被吸入风机（实质是被大气压力压入风机）。这样，随着电动机的旋转，空气源源不断地被吸入风机，然后从排出口排出，完成送风的任务。

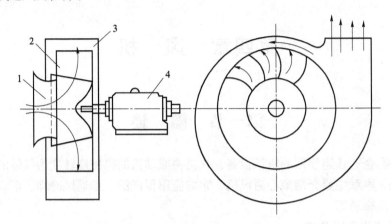

图 4-1　离心通风机工作原理
1—集流器；2—叶轮；3—机壳；4—电动机

二、通风机的主要性能参数

风机性能是指风机在标准进气状态下的性能。标准进气状态即风机进口处空气压力为一个标准大气压 101 325 Pa，温度为 20 ℃，相对湿度为 50% 的气体状态。

1. 流量（或称风量）q

单位时间内从进口处吸入气体的容积，称为容积流量，单位为 m^3/h 或 m^3/min，计算时采用 m^3/s。

2. 通风机的全压（或称全风压、风全压）p

气体在某一点或某一截面上的总压等于该点或该截面上的静压与动压之和。而通风机的全压则定义为单位体积气体流过风机叶轮所获得的能量，即通风机出口截面上的总压与进口截面上的总压之差，即

$$p = p_2 - p_1 = (p_{j_2} + p_{d_2}) - (p_{j_1} + p_{d_1}) \tag{4-1}$$

式中，p——通风机的全压；

　　p_2，p_{j_2}，p_{d_2}——通风机出口截面上的总压、静压和动压；

　　p_1，p_{j_1}，p_{d_1}——通风机进口截面上的总压、静压和动压。

以上各量的单位均为 Pa。

3. 通风机的动压 p_d

通风机出口截面上气体动能所表征的压力，称为通风机的动压。

$$p_d = p_{d_2} = \rho_2 \frac{c_2^2}{2} \tag{4-2}$$

式中，p_d——通风机动压（Pa）；

　　p_{d_2}——通风机出口截面上的动压（Pa）；

　　ρ_2，c_2——通风机出口截面上的气体密度（kg/m^3）、气流速度（m/s）。

4. 通风机的静压 p_j

通风机的全压减去通风机的动压称为通风机的静压。

$$\begin{aligned} p_j &= p - p_d \\ &= [(p_{j_2}+p_{d_2})-(p_{j_3}+p_{d_1})] - p_{d_2} \\ &= (p_{j_2}-p_{j_1}) - \rho_1 \frac{c_1^2}{2} \end{aligned} \quad (4\text{-}3)$$

式中，ρ_1——通风机进口截面上的气体密度（kg/m³）；

c_1——气体速度（m/s）。

从式（4-3）看出，通风机的静压既不是通风机出口的静压，也不等于通风机出口截面与进口截面上的静压差。

5. 通风机的转速 n

通风机转速指每分钟叶轮的旋转圈数，单位为 r/min。

6. 通风机的功率

（1）通风机的有效功率。通风机在输送气体时，单位时间从风机所获得的有效能量，称为通风机的有效功率。

当通风机的压力用全压表示时，通风机的全压有效功率 P_e（kW）为

$$P_e = \frac{p q_v}{1\,000} \quad (4\text{-}4)$$

式中，p——全压（Pa）；

q_v——流量（m³/s）。

当通风机的压力用静压表示时，通风机的静压有效功率 P_{ej}（kW）为

$$P_{ej} = \frac{p_j q_v}{1\,000} \quad (4\text{-}5)$$

式中，p_j——通风机静压（Pa）。

在一般风机中，静压占全压的 80%~90%。在高压风机中，静压在全压中所占比例更大，所以使用风机时，主要是利用它产生的静压 p_j，因而静压有效功率也能说明通风机的性能。

（2）通风机的内功率 P_{in}。它等于全压有效功率 P_e 加上通风机的内部流动损失功率 ΔP_{in}（kW）。

$$P_{in} = P_e + \Delta P_{in} \quad (4\text{-}6)$$

（3）通风机的轴功率 P_{zh}。它等于通风机的内功率 P_{in} 加上轴承和传动装置的机械损失功率 ΔP_m（kW）

$$\begin{aligned} P_{zh} &= P_{in} + \Delta P_m \\ &= P_e + \Delta P_{in} + \Delta P_m \end{aligned} \quad (4\text{-}7)$$

通风机的轴功率又称通风机的输入功率或所需功率。当通风机为直联传动（不通过传动带或联轴器传动）时，它就是原动机的输出功率。

7. 通风机的效率

（1）通风机的全压内效率 η_{in}、静压内效率 η_{jin}。它们分别指全压有效功率、静压有效

功率与内部功率的比值，它们都表征通风机内部流动过程的好坏。

$$\eta_{in} = \frac{P_e}{P_{in}} = \frac{P_e}{P_e + \Delta P_{in}}$$

$$\eta_{jin} = \frac{P_e}{P_{in}} \tag{4-8}$$

(2) 通风机的全压效率。指全压有效功率与轴功率的比值。

$$\eta = \frac{P_e}{P_{zh}} = \frac{P_e}{P_e + \Delta P_{in} + \Delta P_m} \tag{4-9}$$

因通风机的机械效率为内功率与轴功率之比，即

$$\eta_m = \frac{P_{in}}{P_{zh}} \tag{4-10}$$

而全压效率又可写为

$$\eta = \frac{P_e}{P_{zh}} = \frac{P_e}{P_{in}} \cdot \frac{P_{in}}{P_{zh}} = \eta_{in} \eta_m \tag{4-11}$$

即全压效率等于内部效率与机械效率的乘积。

8. 通风机配用电动机功率 P 的确定

$$P \geqslant k P_{zh}$$

为安全起见，通风机配用电动机都应有容量储备，在计算式中用一个大于1的系数 k 表示，k 称为电动机容量储备系数（功率储备系数）。

第三节　离心通风机的结构和分类

一、离心通风机的结构组成

如图4-2所示，离心通风机由下列零部件组成。

1. 过流部件

过流部件指主气流流过的部件，包括集流器（进风口）、叶轮、蜗壳和出风口等。其中叶轮部件由轴盘5、后盘6、前盘9和叶片8组成，而集流器10、蜗壳7和出风口11则组成机壳部件。

2. 传动部件

传动部件由主轴4、轴承及带轮1等组成。

3. 支承部件

支承部件由轴承座2、3及底座12等组成。

除此之外，在大型离心通风机的进口集流器前，一般还装有进气箱或进口导流器。

二、过流部件的结构

1. 叶轮

叶轮是把机械能转换为流体能量（静压能和动能）的部件，其流体流道的形状和尺寸

第四章 风机

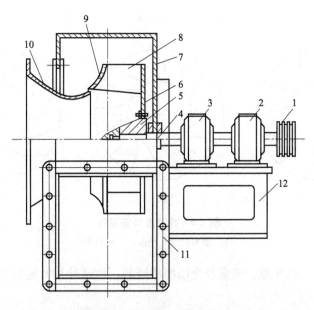

图 4-2 离心通风机结构示意图
1—带轮；2，3—轴承座；4—主轴；5—轴盘；6—后盘；7—蜗壳；
8—叶片；9—前盘；10—集流器；11—出风口；12—底座

大小，直接影响到风机的性能和效率，是风机上最主要的部件。

（1）叶轮的结构形式。由于叶轮的后盘为平板并与轴盘用铆钉固接，所以叶轮的结构形式主要是指前盘形式的变化，如图 4-3 所示。叶轮的几种形式中，从气流流动情况看，弧形前盘为最好，锥形前盘次之，平前盘最差。但从制造角度看，平前盘最简单，弧形前盘最复杂，锥形前盘居中。

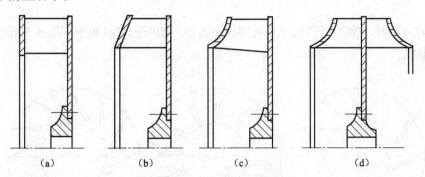

图 4-3 叶轮结构形式示意图
(a) 平前盘叶轮；(b) 锥形前盘叶轮；(c) 弧形前盘叶轮；(d) 双吸弧形前盘叶轮

（2）叶片出口安装角。叶片是叶轮中的主要零件，与离心泵一样，叶片出口安装角 β_{2a} 对风机性能的影响极大。当出口安装角 $\beta_{2a}>90°$ 时，称前弯（前向）叶片；当 $\beta_{2a}=90°$ 时，称径向叶片；当 $\beta_{2a}<90°$ 时，称后弯（向后）叶片，如图 4-4 所示。

3 种不同出口安装角的叶片形式对风机全压 p、叶轮外径 D_2 和效率 η 的影响：

① 全压。当转速、叶轮外径和流量相同时，3 种形式的叶片中，前弯叶片的全压最大，后弯叶片的全压最小。

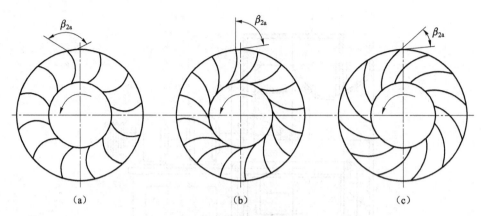

图 4-4 叶片出口安装角
(a) 前弯；(b) 径向；(c) 后弯

② 叶轮外径 D_2。当转速、流量及全压都相同时，前弯叶片叶轮的外径尺寸为最小，后弯的为最大。

③ 效率。前弯叶片叶轮的风机效率较低，后弯叶片叶轮的效率较高，径向叶片叶轮的效率居中。

3 种叶片形式的叶轮，现在都有应用，但老式产品中，前弯叶片用得较多，如 8-18、9-27、9-35、9-57 型风机，其特点是尺寸小、价格便宜。但近年对通风机的效率、节能要求提高，故后弯叶片用得较多，如 4-72、4-73、5-47、5-48 型通风机，特别是在大功率的通风机上，几乎都采用后弯叶片叶轮。

现代前弯叶片叶轮的风机，比老式产品的效率已有显著提高，所以应用仍很广泛，如用于高压小流量场合的 9-19、9-26 型风机和用于低压大流量场合的前弯多翼叶风机等。

(3) 叶片形状。离心通风机叶片可制成平板形、圆弧形和机翼形。图 4-5 所示为常见的几种叶片形状。

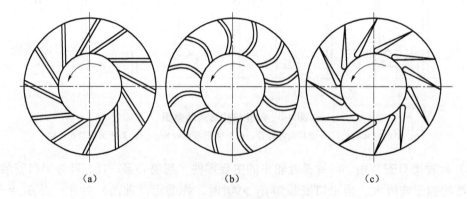

图 4-5 叶片形状
(a) 平板形叶片；(b) 圆弧形叶片；(c) 机翼形叶片

平板形叶片制造容易。现代风机中圆弧形叶片的应用较多，前弯叶轮都采用圆弧形叶片。中空机翼形叶片制造工艺复杂，并且在输送含尘浓度大的气流时容易磨损。当叶片磨穿后，杂质进入中空叶片内部，使叶轮失去平衡而产生振动。但其空气动力性好、强度高、刚度大、通风机效率高。后弯叶轮的大型通风机都采用机翼形叶片，如4-72、4-73型离心通风机。

2. 蜗壳和出风口

蜗壳的作用是收集从叶轮中流出的气体并引导气体的排出，同时使高速气流速度降低，将气体的部分动能转变为静压。蜗壳与叶轮匹配的好坏对离心通风机的性能有很大的影响。

蜗壳的内壁蜗形线应按对数螺旋线来制作，但实际生产中都是用4段圆弧构成的近似曲线来代替，图4-6（a）和图4-6（b）所示分别为用1个正方形和4个正方形为基方绘制的蜗形线，这种方法又称以1个基方尺寸和以4个小基方尺寸绘制蜗形线的方法。

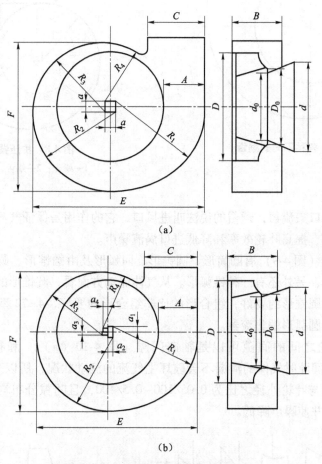

图4-6 离心通风机蜗壳形线的绘制
（a）按1个基方绘制的离心通风机蜗壳；（b）按4个小基方绘制的离心通风机蜗壳

为防止气体在蜗壳内的循环流动，离心通风机蜗壳出口附近设有蜗舌。蜗舌有深舌、短舌和平舌3种，如图4-7所示。深舌多用于低比转数通风机，效率高，效率曲线陡，但噪声大；短舌多用于大比转数通风机，效率曲线较平坦，噪声较低；平舌多用于低压、低噪声通风机，但效率有所降低。

蜗壳断面沿叶轮转动方向逐渐扩大，在出风口处断面为最大。但有的风机在出风口处速度仍很大，为进一步降低风速、提高静压，可以在蜗壳出风口后增加扩压器，如图 4-8 所示。扩压器应沿着蜗舌的一边扩展效果较好，其扩张角取 6°~8°为宜。有时为缩短扩压器长度，取扩张角为 10°~12°。中、小型风机蜗壳都制成不能拆开的整体式，叶轮从蜗壳侧面进行装拆。大型风机的蜗壳通常做成二开式或三开式。二开式是沿中分水平面将蜗壳分为上、下两部分，三开式是将二开式的上半部再沿中心线垂直分成两部分。

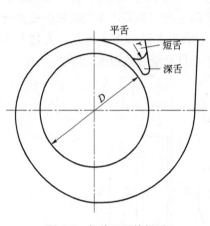

图 4-7 各种不同的蜗舌

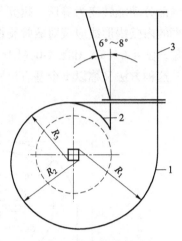

图 4-8 扩压器的位置

1—蜗壳；2—蜗舌；3—扩压器

3. 集流器

集流器又称进口集流器，通俗的说法叫进风口，它的作用是保证气流均匀地充满叶轮进口、减小流动损失、提高叶轮效率和降低进口涡流噪声。

集流器的形式（图 4-9）有圆筒形、圆锥形、回弧形及由圆锥形、圆弧形和圆筒形组合的锥筒形、弧筒形，另外还有一种锥弧形。从气体流动方面看，圆锥形的集流器比圆筒形的要好，圆弧形的比圆锥形的要好，组合形的比非组合形的要好，4-72 型高效离心通风机采用的是先圆锥形后圆弧形的集流器。

集流器与叶轮之间的间隙可以是轴向间隙 [图 4-10（a）] 和径向间隙 [图 4-10（b）]。采用径向间隙时气体的泄漏不会破坏主气流的流动状况，所以采用径向间隙较好。试验表明，当间隙与叶轮外径之比为 0.05/100~0.5/100，且间隙分布均匀时，可使风机效率提高 3%~4%，并使噪声降低。

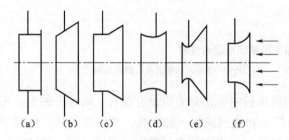

图 4-9 集流器的形式

(a) 圆筒形；(b) 圆锥形；(c) 锥筒形；
(d) 弧形；(e) 锥弧形；(f) 弧筒形

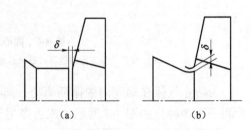

图 4-10 集流器与叶轮之间的间隙形式

4. 进气箱

生产上常会遇到这样的情形，由于工艺或设备及管网布置上的原因，在通风机进口之前需接一弯管，这时因气流转弯，致使叶轮进口截面上的气流分布很不均匀，为改善这种状况，在大型离心通风机的进口集流器之前一般都装有进气箱。

图 4-11（a）所示为普通的进气箱结构，图 4-11（b）所示为较好的进气箱结构，如图 4-11（a）所示的进气箱会在底端造成涡流区，一般应按图 4-11（b）把进气箱的截面制成收敛形，且进气箱底部与集流器口对齐。

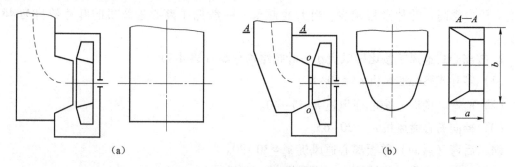

图 4-11　进气箱形状

从效率观点看，最好不用进气箱。试验结果说明，在有效工作范围内，通风机有进气箱时效率下降 4%～8%，若进气箱设计不当，则效率将下降更多。然而在双支承的大型风机中，特别是双进气的离心通风机中，仍不得不采用进气箱。

5. 进口导流器

为了扩大大型离心通风机的使用范围和提高调节性能，在集流器前或进气箱内还装有进口导流器，如图 4-12 所示。导流器叶片数一般为 8～12 片。使用时，改变导流器叶片的开启角度，可调节进气大小及进口处气流的方向。导流器叶片可做成平板形、弧形或机翼形，平板形的导流器叶片因使用效果良好，故采用较多。

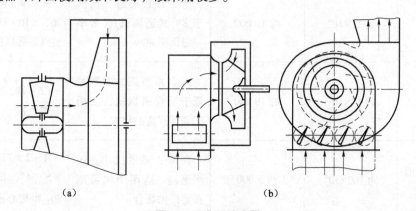

图 4-12　进口导流器
（a）轴向导流器；（b）径向导流器

三、离心通风机的分类

离心通风机是离心式风机中的一种，其全压小于或等于 15 kPa，另外两种离心式风机是离心式鼓风机和离心式压缩机，它们的全压比离心通风机要大得多。

1. 按离心通风机的风压大小分类

（1）低压离心通风机在标准状态下，全压小于或等于 1 kPa。

（2）中压离心通风机在标准状态下，全压为 1~3 kPa。

（3）高压离心通风机在标准状态下，全压等于 3~15 kPa。

这 3 种离心通风机从结构上看有很多不同之处：以叶轮进口处直径来做比较，低压的最大，中压的居中，高压的最小。叶轮上的叶片数目一般随压力的大小和叶轮的形状而改变。压力越高，叶片数目越少，叶片也越长。一般低压离心通风机的叶片数目为 48~64 片。

2. 按离心式通风机按比转数大小、叶轮结构分类（表 4-1）

（1）多叶式离心通风机 $n_s = 50~80$。

（2）前弯（前向）离心通风机 $n_s = 7~40$。

（3）径向离心通风机 $n_s = 20~65$。

（4）后弯（后向）单板离心通风机 $n_s = 30~90$。

（5）后弯（后向）机翼形离心通风机 $n_s = 30~90$。

表 4-1　不同风机的特征及典型结构风机型号

型　式	流量/(m³·h⁻¹)	压力/Pa	特征	典型结构
多叶式离心通风机	约 100×10⁴	空调用：约 600；工业用：约 7 500	在离心通风机中，这种风机小型，廉价，压力系数最高，效率低（约 70%），装置噪声较小	11-62 型离心通风机
前弯离心通风机	约 12×10⁴	约 16 000	压力系数很高（仅次于多叶式通风机），效率一般低于 80%	9-19、9-26、M9-26、M10-13、MF9-11 型离心通风机
径向离心通风机	约 15×10⁴	约 10 000	压力系数高，效率略低于后弯通风机，适用于磨损严重的地方	C6-48、10-31 型离心通风机
后弯单板离心通风机	约 100×10⁴	约 7 000	在离心通风机中，效率最高，适用于风量范围宽广的场合	4-2×721、F4-62、W5-47、BB24、W4-80$\frac{11}{12}$型离心通风机
后弯机翼形离心通风机	约 200×10⁴	约 7 000	与后弯单板离心通风机比效率更高	4-72、B4-72、C4-73、Y4-73、Y4-2×73、K4-73-02、FW4-68、BK4-72 型离心通风机

离心通风机还可按用途分类，除一般的通用通风机外，还有防腐通风机、防爆通风机、矿井通风机、锅炉通风机、锅炉引风机、高温通风机、排尘通风机和空调通风机等。

第四节 离心通风机的运行与调节

一、管路特性曲线和风机的工作点

和离心泵一样，离心通风机实际的工况不仅与本身的特性曲线有关，还受到管路特性的制约。

管路系统的压力损失与气流速度的平方成正比。对于一定的管路系统，流速是由流经管路系统的流量来决定的。因此，流体力学给出了管路系统压力损失与流量之间的关系方程式：

$$p = Rq_v^2 \tag{4-12}$$

式中，p——管路系统所需全压（Pa）；

R——管路系统的阻力系数；

q_v——管路中的流量（m³/s）。

按式（4-12）所作的是一条抛物线形状的管路特性曲线，如图 4-13 所示。

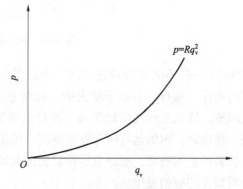

图 4-13 管路特性曲线

和离心泵一样，管路特性曲线与通风机性能曲线的交点，就是通风机的工作点，这一点是风机和管道的供与需的平衡点。

二、通风机的稳定和非稳定工作区

通风机并不是在风机特性曲线的任何一点上都能稳定地工作的。

如图 4-14 所示，通风机的 q_v-p 特性曲线为一驼峰曲线，管路特性曲线与它的交点 B 即工作点在驼峰的右侧。若管路因某种原因受到干扰阻力突然增大，管路特性曲线从 OR_1 变为 OR_1'，管路中通过的流量减少，而所需的全压则应增加，管路中突然变化的情况，使工作点移到了 B' 点，此时风机立即进入 B' 点运行，输出流量减少 Δq_v。从风机特性曲线看，当流量减少 Δq_v 时风压随着升高 Δp，这与管路特性曲线的变化是一致的。当干扰消失后，管路特性恢复原状，风机又立即恢复到 B 点工作。在驼峰右侧的这一区间工作时，通风机的工作状态能自动地与管路的工作状态保持平衡，稳定地工作，所以称这一区间为通风机稳定工作区。

如果通风机原来的工作点在 q_v-p 曲线驼峰左侧的 C 点，若管路受到的干扰阻力增大、流量减少，此时的管路特性曲线由原来的 OR_2 移到 OR_2'，风机特性曲线的交点也从 C 点移到 C' 点。从图 4-14 中看出流量相应地减小了 $\Delta q_v'$，同时全压也减小了 $\Delta p'$。而全压的减小，与管路受到干扰阻力增大、全压必须加大的需求相矛盾。若工作点位于 C''，则全压加大的要求能够满足，可是从图中看出在这一点流量不仅没有减小，反而加大了 $\Delta q_v''$。显然 C' 点和 C'' 点都不是风机特性曲线和管路特性曲线的交点，风机不可能在这两点上工作。当工作点在左侧远离峰值点 D，且风机特性曲线上升段斜率较大时，风机的工作是沿着图中曲线

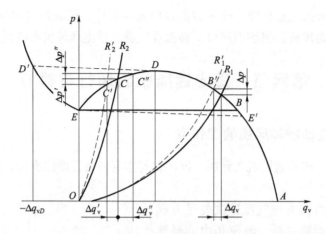

图 4-14 通风机的稳定和非稳定工作

$E'DD'E$—$E'DD'E$ 循环进行的。出现周而复始的一会儿风机输出风量,一会儿又向内部倒流的叫作"喘振"的极不稳定的工作状态。但并非在风机特性曲线驼峰左侧的工作点都必然喘振,风机工作在靠近驼峰、特性曲线又较平坦的工作点时,虽不稳定,但不会发生喘振。喘振时,风机运行声音发生突变,风压、风量急剧波动,机器与管道强烈地振动甚至造成机器严重的破坏,所以应尽量避免在通风机 q_v-p 特性曲线驼峰左侧的非稳定区工作,并绝对禁止喘振的发生。

三、通风机的并联、串联工作

在确定通风机和管路系统时,应尽量避免采用通风机并联或串联工作。当不可避免时,应选择同型号、同性能的通风机参加联合工作。当采用串联时,第一级通风机到第二级通风机间应有一定的管长。

四、离心通风机的调节

通风机及与它相连的进、出口管路和工作装置构成一个管网系统。为将气体输送到工作装置中,通风机应有足够的、克服管道阻力所需的静压。而为使工作装置达到要求的压力、流量,一般都要对通风机进行调节。调节的方法有多种,但都是以改变工作点为出发点的。

1. 出口节流调节

图 4-15 所示为通风机出口节流调节系统示意图。图 4-16 所示为出口节流调节的特性曲线,图中曲线 1 为离心通风机的 q_v-p 特性曲线,曲线 2 为管路特性曲线,正常运行时的工作点为 S_0,此时的工况参数为 q_{v_0}、p_0。若由于工艺上的原因,工作装置阻力减小,使管路

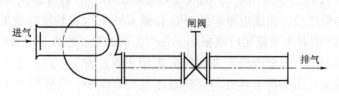

图 4-15 通风机出口节流调节系统示意图

特性曲线变到曲线 3 的位置，工作点为 S_1，工况参数为 q_{v_1}、p_1。然而工艺又要求压力减少时流量保持不变，为此可关小出口管道中的闸阀，使管路特性曲线恢复到原来曲线 2 的位置，工作点保持在 S_0 点上。这种调节方法的实质是改变管路的特性曲线，以关小闸阀、增大管路的损失来抵消工作装置阻力的减小而使工作点稳定在 S_0 点上的。它是一种经济性最差的调节方法，但由于调节方法简单，故可用于小型通风机的调节。

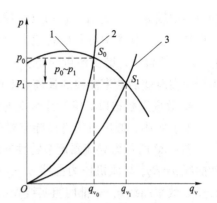

图 4-16 通风机出口节流调节特性曲线

1—通风机特性曲线；2，3—管路特性曲线

2. 进口节流调节

进口节流调节是通过调节风机进口节流门（或蝶阀）的开度（图 4-17），改变通风机的进口压力，使通风机特性曲线发生变化，以适应工作装置对流量或压力的特定要求。这种调节方法，和出口节流调节人为地增加管路阻力，消耗掉一部分能量的方法相比，经济性要好。

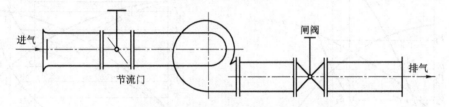

图 4-17 通风机进口节流调节系统示意图

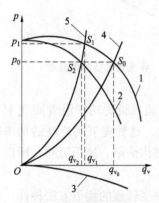

图 4-18 通风机进口节流调节特性曲线

1，2—通风机特性曲线；
3—通风机进口特性曲线；
4，5—管路特性曲线

图 4-18 所示为通风机进口节流调节的特性曲线，正常运行时工作在 S_0 点上，工况参数为 q_{v_0}、p_0。当管路或装置阻力增加时，管路特性曲线 4 移到曲线 5 的位置，工况点为 S_1，工况参数为 q_{v_1}、p_1。当工艺要求流量改变时压力必须稳定不变，在这种情况下对通风机进行进口节流调节，关小通风机进口节流门的开度，改变通风机进口状态参数（即进口压力）。这时通风机的特性曲线从曲线 1 变到曲线 2 的位置，工作点为 S_2，工况参数为 q_{v_2}、p_0。虽然流量从 q_{v_0} 减少到 q_{v_2}，但压力 p_0 保持不变，满足了工艺要求，实现了等压力的调节。

3. 改变通风机转速的调节

因为通风机改变转速后，流量、压力和功率按相似定律给出的公式变化，而通风机的最高效率不变，并且不产生其他调节方法所带来的附加损失，所以改变转速的调节方法是最合理的。

如图 4-19 所示，通风机原以转速 n_1 工作时，其工作点为 S_1，工况参数为流量 q_{v_1}、压力 p_1、效率 η_1。若工艺要求减少流量，则可将通风机的转速由 n_1 减小到 n_2，这时转速为 n_1

的特性曲线 $q_v\text{-}p$、$q_v\text{-}P$、$q_v\text{-}\eta$（实线）变为 n_2 的特性曲线（虚线），管路特性曲线 $p=Rq_v^2$ 仍保持不变。从图中可看出转速 n_2 时的工作点为 S_2，工况参数分别为 q_{v_2}、p_2、P_2 和 η_2。$q_{v_2}<q_{v_1}$，符合工艺减少流量的要求，与此同时，全压下降到 p_2，功率下降到 P_2，而效率 η_2 由于不在改变后效率曲线的最高点上而略有降低。

4. 改变风机进口导流叶片角度的调节

如前所述，通风机的进口导流器有径向和轴向两种，如图 4-12 所示。

图 4-20 所示为导流器调节特性曲线。导流器叶片角度为 0°时，叶片全部开启，管路特性曲线 $p=Rq_v^2$ 与风机压力曲线 $q_v\text{-}p$ 的交点即工作点 1，这时的压力曲线 $q_v\text{-}p$、功率曲线 $q_v\text{-}P$、效率曲线 $q_v\text{-}\eta$ 都用粗实线表示。当导流器叶片角度由 0°到 30°、60°时，各特性曲线均下降，它们分别用虚线和点画线表示，工作点分别为 2 点和 3 点，流量则由 q_{v_1} 减少至 q_{v_2}、q_{v_3}。

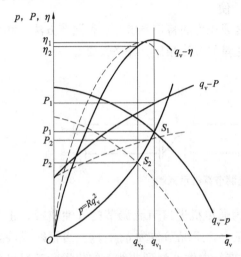

图 4-19 改变通风机转速的特性曲线

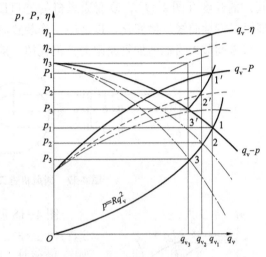

图 4-20 导流器调节特性曲线

从图 4-20 中可以看出，进口导流器叶片角度这种变化，使通风机的功率沿着曲线 1'—2'—3'下降。和调节进口节流门增大阻力、减少流量的方法相比，这种调节所消耗的功率明显要少，因此它是一种比较经济的调节法。此外，由于导流器结构简单、使用可靠，所以在通风机调节中得到了比较广泛的应用。

从效率的角度看，导流器调节会使通风机的效率降低，与改变转速的调节方法相比，经济性要差一些。

第五节 离心通风机的型号和选型

一、离心通风机的型号和全称

1. 离心通风机的型号

离心通风机系列产品的型号用型式表示，单台产品型号用型式和品种表示。离心通风机型号组成的顺序见表 4-2。

表 4-2 离心通风机型号组成的顺序

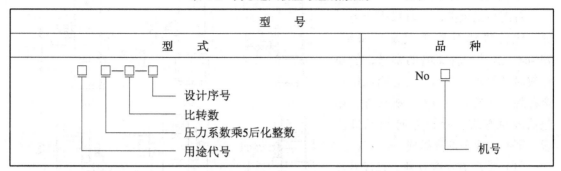

(1) 用途代号见表 4-3。
(2) 用途代号后的数字是通风机压力系数乘 5 后取整数得来的。
(3) 比转数采用两位整数,若采用单叶轮双吸入结构或二叶轮并联结构,则用 2 乘比转数表示。
(4) 若通风机型式中有派生型,则在比转数后加注罗马数字 Ⅰ、Ⅱ 等表示。
(5) 设计序号用数字 1、2 等表示,供对该型产品有重大修改时用。
(6) 机号用叶轮直径的分米(dm①)数表示。

表 4-3 通风机用途汉语拼音代号

用途类别	代号		用途类别	代号	
	汉字	拼音简写		汉字	拼音简写
1. 一般通用通风换气	通风	T(省略)	18. 谷物粉末输送	粉末	FM
2. 防爆气体通风换气	防爆	B	19. 热风吹吸	热风	R
3. 防腐气体通风换气	防腐	F	20. 隧道通风换气	隧道	SD
4. 排尘通风	排尘	C	21. 烧结炉通风	烧结	SJ
5. 高温气体输送	高温	W	22. 高炉鼓风	高炉	GL
6. 煤粉吹风	煤粉	M	23. 转炉鼓风	转炉	ZL
7. 锅炉通风	锅通	G	24. 空气动力用	动力	DL
8. 锅炉引风	锅引	Y	25. 柴油机增压用	增压	ZY
9. 矿井主体通风	矿井	K	26. 煤气输送	煤气	MQ
10. 矿井局部通风	矿局	KJ	27. 化工气体输送	化气	HQ
11. 纺织工业通风换气	纺织	FZ	28. 石油炼厂气体输送	油气	YQ
12. 船舶用通风换气	船通	CT	29. 天然气输送	天气	TQ
13. 船舶锅炉通风	船锅	CG	30. 降温凉风用	凉风	LF
14. 船舶锅炉引风	船引	CY	31. 冷冻用	冷冻	LD
15. 工业用炉通风	工业	CY	32. 空气调节用	空调	KT
16. 工业冷却水通风	冷却	L	33. 电影机械冷却烘干	影机	YJ
17. 微型电动吹风	电动	DD	34. 特殊场所通风换气	特殊	TE

① 1 dm = 0.1 m。

2. 离心通风机的全称

对离心通风机，平时只用压力系数、比转数和机号来表示，如 4-73No8，这是一种简略的型号，但在订货时必须写出全称。离心通风机的全称除包括名称、型号、机号外，还包括传动方式、旋转方向和风口位置，即共由 6 个部分组成。

（1）传动方式有 6 种，其代号及简图如图 4-21 所示。

（2）旋转方向的规定为从电动机的位置看通风机叶轮的旋转方向，顺时针旋转的称为右旋，用"右"表示；逆时针旋转的称为左旋，用"左"表示。

（3）风口位置是指出风口的位置，结合旋转方向用"右"或"左"加上若干角度表示，如图 4-22 所示。

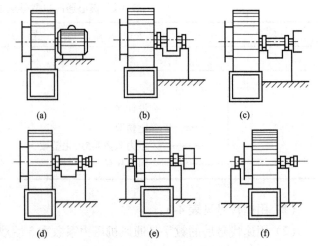

图 4-21　离心通风机的传动方式简图
（a）直联传动；（b），（c）悬臂支承带传动；
（d）悬臂支承联轴器传动；（e）双支承带传动；
（f）双支承联轴器传动

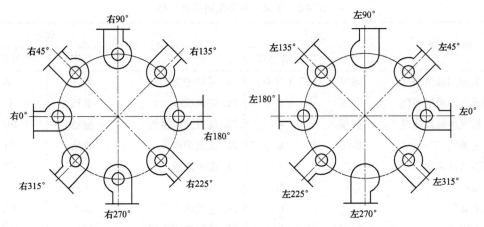

图 4-22　通风机机壳出风口位置表示法

例如有一通风机，其全称为 4-72No10C 右 90°，它表示的内容是：该风机是一般通风的离心通风机；压力系数为 0.8；比转数为 72；机号为 10 号，指风机叶轮直径为 1m（10 dm）；传动方式为 C 型，说明风机为悬臂支承，带轮在轴承外侧；叶轮旋转方向，从电动机一端看去为顺时针方向，即右旋；出风口位置在 90°处。

二、离心通风机的选型

通风机的正确选择及合理利用，对工作装置的正常运行和提高其经济效益都是十分重要的。

通风机的流量和全压通常是由专业人员进行实测或理论计算求得的，但要考虑到测试和计算的误差及运行时工况的变化等。所以选型的计算流量、计算全压比最大所需流量和最大所需全压还应大些，以留有一定的储备。一般取

$$q_v = (1.05 \sim 1.10) q_{max}$$
$$p = (1.10 \sim 1.1515) p_{max} \quad (4\text{-}13)$$

式中，q_v，p——计算流量、计算全压；

q_{max}，p_{max}——最大所需流量和最大所需全压。

其流量的单位为 m^3/s，全压的单位为 Pa。

通风机产品样本上的参数是指标准状态即干净空气在 $T=293$ K（20℃），大气压 $p_a=101\,325$ N/m²，相对湿度为 50%，空气密度 $\rho=1.2$ kg/m³ 时的值；引风机（工业锅炉抽引烟气用）的参数指的是烟气在 $T=473$ K（200℃），大气压力 $p_a=101\,325$ N/m²，相对湿度为 50% 和烟气密度 $\rho=0.745$ kg/m³ 时的值。若输送的气体温度、密度及使用地点的大气压与标准状态不同，则必须把实际的流量、压力和功率等参数，都换算成标准状态时的值，才能进行选型。

换算公式如下：

对于通风机

$$\left. \begin{array}{l} q_1 = q_2 \\ p_1 = p_2 \dfrac{101\,325}{p_b} \cdot \dfrac{t+273}{293} \\ P_1 = P_2 \dfrac{101\,325}{p_b} \cdot \dfrac{t+273}{293} \end{array} \right\} \quad (4\text{-}14)$$

对于引风机

$$\left. \begin{array}{l} q_1 = q_2 \\ p_1 = p_2 \dfrac{101\,325}{p_b} \cdot \dfrac{t+273}{473} \\ P_1 = P_2 \dfrac{101\,325}{p_b} \cdot \dfrac{t+273}{473} \end{array} \right\} \quad (4\text{-}15)$$

在式（4-15）和式（4-16）中：

q_1，p_1，P_1——样本中标准状态下的流量（m^3/s）、风压（Pa）和功率（kW）；

q_2，p_2，P_2——风机在使用条件下（通风、引风）的风量（m^3/s）、风压（Pa）和功率（kW）；

p_b——当地大气压（Pa）；

t——使用条件下风机进口处气温（℃）。

在引风机选型时，烟气密度的计算可采用下式：

$$\rho = 1.339 \left(\frac{273}{T} \right) \quad (4\text{-}16)$$

式中，1.339——温度在 273 K（℃）时烟气的平均密度（kg/m³）；

T——烟气温度（K）。

离心通风机的选型方法如下。

1. 用风机性能表选择风机

（1）按式（4-14）或式（4-15）和式（4-13）确定计算流量和计算全压。

（2）根据用途，查风机性能表选出合适型号的风机及其参数（包括叶轮直径、转速、功率等）。

2. 用风机选择曲线选择风机

图 4-23 所示为锅炉离心通风机（G4-73 系列）性能选择曲线。它把相似且有着不同叶

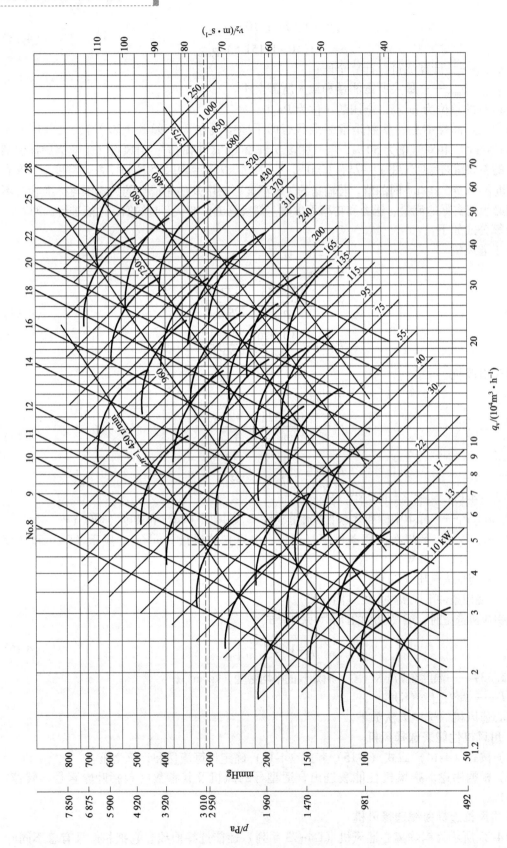

图 4-23 锅炉离心通风机（G4-73系列）性能选择曲线

轮直径 D_2 的风机的流量、全压、转速和功率都绘于一张图纸上，图中的曲线为风机特性曲线的工作范围，一般规定为最高效率的 90% 的一段。图中还有 3 组等值线，即等 D_2（外径）线、等 n（转速）线和等 P（功率）线。由于采用对数坐标，所以 3 组等值线均为直线。等 D_2 线和等 n 线通过每条性能曲线的效率最高点。等 D_2 线所通过的几条性能曲线表示同一机号但不同转速时的性能曲线。图中任意一条性能曲线上的各点，其转速和叶轮外径都相等，可以通过效率最高点的等 D_2 线与等 n 线查出它的叶轮直径和转速。等 P 线上的各点功率都相等，但它不一定都刚好通过性能曲线的效率最高点。性能曲线上每一点的功率都不相等，可在两条等 P 线之间近似地估算出该点位置的功率，并经过密度换算，得出工作状况下的功率。

用选择曲线选择风机的步骤：

（1）确定计算流量和计算全压。

（2）根据已定的流量和压力参数的坐标点，即可选择风机的机号、转速和功率。但往往坐标点并不是刚好落在性能曲线上，如图 4-24 中的 1 点。此时可采取保持流量不变的作法，通过点 1，在对数坐标图上垂直向上找到最接近的性能曲线上的点 2 或 3，选得两台通风机，校核风机的工作点是否处于高效率工作区。一般应选取转速较高、叶轮直径小、运行经济性好的点 3 所在特性曲线决定的风机。这是因为风机的流量向小的方向调节时（由于计算流量已超过所需最大流量，风机的流量不可能再向大的方向调节，只可能向小的方向调节），其工作点将由 3 点沿特性曲线向左移动，仍能落在特性曲线 3 的高效率工作区的线段范围内。而工作在曲线 2，当流量稍有减小时，工作点便落到特性曲线线段之外，说明效率低，不在高效率工作区范围内。

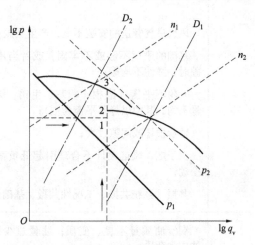

图 4-24 风机选择曲线的使用方法

第六节 离心通风机的故障及排除方法

中小型离心通风机结构较简单，只要加强管理，执行操作规程，一般不易出现故障。而对于有油泵润滑和采用冷却水系统冷却轴承的大型通风机，则应重视日常的检查和维护工作。

润滑油的温度和压力、轴承的径向振幅、通风机工作介质的温度和压力、电动机的电流、电压及通风机前的除尘设备和运行情况等都是应特别给予关注的。

离心通风机的常见故障可分为机械故障和性能故障两类。表 4-4 和表 4-5 分别列出了这两类故障及其产生原因和排除故障的方法。

表 4-4 离心通风机机械故障排除方法（一）

故障	原因分析	排除方法
振动	风机轴与电动机轴不同心，造成联轴器歪斜；	将风机轴与电动机轴进行调整、重新找正；
	电动机与风机通过联轴器相互传递振动，尤以刚性联轴器最为严重；	使联轴器同心；
	轮盘与叶轮松动，联轴器螺栓松动；	拧紧或更换固定螺栓；
	机壳与支架、轴承箱与轴承座等连接螺栓松动；	拧紧或更换固定螺栓；
	叶轮铆钉松或叶轮变形；	冲紧铆钉或更换铆钉，或用铁锤矫正叶轮或更换叶轮；
	主轴弯曲；	校正主轴或修磨主轴；
	机壳或进风口与叶轮摩擦；	调整装配间隙，达到装配要求，或改进安装；
	风机进气管道的安装不良，产生共振；	改进安装；
	基础的刚度不够或不牢固，或者当用弹性基础时，弹性不均等；	加强或更换基础；
	叶轮不平衡（磨损、积灰、生锈、结垢、质量不均，其中以静不平衡为主）；	清扫、修理叶轮，重新做静或动平衡；
	轴承损坏或间隙过大；	更换轴承；
	由于烟、风道设计不合理引起低负荷时发生振动；	增加管网阻力或重新设计计算，或更换新风机；
	共振（系统共振、工况性共振、基础性共振）	对系统进行运行工况调节
轴承温升过高	润滑油质量不良、变质；油量过少或过多；油内含杂质；	更换润滑油，调整和修理管路故障；
	冷却水过少或中断；	使冷却水供应正常；
	轴承箱盖、座连接螺栓拧紧力过大或过小；	修理或调整；
	轴与滚动轴承安装歪斜，前、后两轴承不同心；	修理或调整；
	轴承损坏；	更换轴承；
	轴颈配合过紧	修磨轴颈、符合配合要求
电动机温升过高	启动负荷过大；	启动时关闭启动阀门，或更换风机；
	风机流量超过规定值或风道漏气；	修理管道；
	风机所输送气体的密度过大，导致压力过高；	检查输送气体密度与设计参数是否符合；
	电动机输入电压过低或电路单相断电；	检查电源故障并进行修理；
	联轴器连接不正，皮圈过紧或间隙不对；	重新调整；
	因轴承磨损致使轴承箱剧烈振动；	修理轴承箱；
	并联工作的风机工作情况恶化或发生故障；	检修并联工作系统；
	传动带过紧	调整

表 4-5 离心通风机性能故障排除方法（二）

故障	原 因 分 析	排 除 方 法
出口压力过高，流量减少	气体成分改变：气体温度过低或气体所含固体杂质增加，使气体的密度增大； 出气管道或风门被尘土、烟尘和杂物堵塞； 进气管道、风门或网罩被尘土、烟尘和杂物堵塞； 进气管道破裂或管道法兰不严密； 叶轮入口间隙过大或叶轮严重磨损； 简易导向器装反	测定气体密度，消除密度增大的原因； 进行清扫； 进行清扫； 修理管道； 调整间隙；修理或更换叶片或叶轮； 重新装配
压力过低，排出流量增大	气体密度减小，气体温度过高； 进气管破裂或法兰不密封	测定气体密度，消除气体密度减小原因； 更换法兰衬垫，修复管道
风机系统调节失误	阀门失灵或卡住，以致不能根据需要对流量和压力进行调节； 风机磨损严重或制造工艺不良； 转速降低； 当需要流量减少时，由于管道堵塞，流量急剧减少或停止，使风机在不稳定区工作，产生逆流反击风机转子的现象	修复阀门或更换新的阀门； 更换风机； 检查并消除转速降低原因； 如需流量减少时，应开启旁通阀门或降低转速

第七节 其他风机

风机的种类很多，本节只介绍轴流通风机和罗茨鼓风机。

一、轴流通风机

一般的轴流通风机如图 4-25 所示。在圆筒形的机壳中安装着电动机的叶轮，当叶轮旋转时，空气由集流器进入，通过叶轮叶片的作用使空气压力增加，并做接近于沿轴向的流动，然后由排出口排出。轴流通风机在通风系统中往往成为通风管道的一部分。有的系列风机还可反转返风，返风量达 60% 以上，可做抽出式也可做压出式通风机使用。

轴流通风机的叶片通常采用飞机机翼形，有的为机翼形扭曲面叶片，叶片的安装角度做成固定的或可调的。

图 4-26 所示为装有优良集流器和流线罩的轴流通风机。集流器对轴流通风机有着重要的影响，有优良集流器的通风机比无集流器的通风机全压和效率高出 10% 以上。集流器的型线多为圆弧线或双曲线。有的为方便制造，采用了由两个或多个截圆锥所组成的简化集流器。流线罩的使用可使轴流通风机的流量增加 10%，流线罩通常为半球形或流线形。流线

罩与集流器一起，组成了光滑的渐缩形流道，其作用是减小对气流的阻力，使气体在其中得到加速并以均匀的速度进入风机。

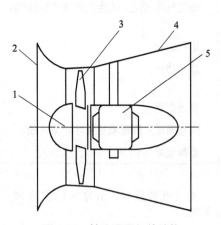 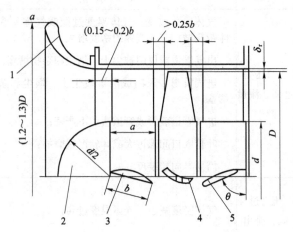

图 4-25　轴流通风机的结构　　　　　图 4-26　集流器与流线罩在轴流通风机中的配置
1—流线罩；2—集流器；3—叶片；　　　　1—集流器；2—流线罩；3—前导流器；
4—扩散器；5—电动机　　　　　　　　　4—叶轮；5—后导流器

一般轴流通风机的动压在全压中所占比例为 30%～50%，而离心通风机只占 5%～10%。为提高轴流通风机的静压，可在叶轮出口处设置扩散器，如图 4-27 所示。对于抽出式通风机来说，它还有明显的降低排气噪声的作用。图 4-27（a）和图 4-27（b）所示的扩散器芯筒是减缩的，外壳分别为回筒形及锥形；图 4-27（c）所示的扩散器的芯筒是渐扩的，外壳是锥形的；图 4-27（d）所示的扩散器是在图 4-27（c）所示型号的基础上又增加了一段圆柱形芯筒和方形的外壳。

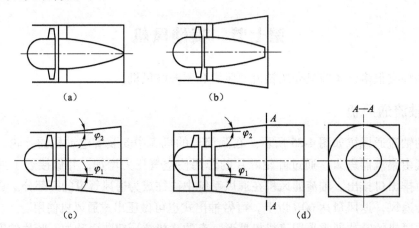

图 4-27　常用的扩散器形式

轴流通风机通常是单级的或二级的，多级的很少。级的形式常见的有叶轮级（R 级）、叶轮加后导流器级（R+S 级）、前导流器加叶轮加后导流器级（P+R+S 级），如图 4-26 所示。多级轴流通风机实质上是不同型式单级轴流通风机的组合。二级轴流通风机的组合有 R+S+R+S 级、P+R+S+R+S 级和 R+R 级等型式。导流器的导叶与外壳固定在一起，但有的为了对风机进行调节,改变风机的特性曲线和工作点,把前导流器的导叶做成角度可调式。

轴流通风机是一种流量大、风压低的风机,并且从性能曲线图上看,它还有一个不小的不稳定工况区。因此,在考虑运行中的调节方法时应特别注意力求避开这个区域。

轴流通风机主要用于工厂、仓库、办公室、大型建筑物、矿井的通风换气,高温作业场所的吹风降温或电站、制氧站及各种冷却塔的抽风。

轴流通风机的类型很多,近年来,一种结构简单、检修方便的兼有轴流通风机和离心通风机优点的子午加速轴流通风机在我国很多工业部门得到了应用。

二、罗茨鼓风机

图 4-28 所示为罗茨鼓风机的简图。这种鼓风机是依靠密封的工作室容积的变化来输送气体的,工作室由两个外形为渐开线的腰形叶轮、机壳和两块墙板所组成,电动机使主动轴和主动叶轮旋转,并通过主动轴上的齿轮带动从动轴齿轮和从动叶轮做等速反向旋转。它的工作原理与齿轮泵相同,每个叶轮相当于只有两个齿的齿轮。气体从进气口吸入,由出气口排出。随着叶轮的旋转,进气口一侧的工作室容积在由小变大时,产生负压而吸气;出气口一侧的工作室容积在由大变小时,气体受压缩而压力上升被排出。为避免相互之间的摩擦,两叶轮之间以及叶轮与机壳、墙板之间都留有一定的间隙。但为了减小泄漏,这个间隙又应尽可能小,一般为 0.3~0.5 mm。此外,传动轴从墙板穿过,两者之间也有一定间隙,为防止气体从此缝隙吸入或漏出,在罗茨鼓风机上安装了不同类型的轴密封装置,如迷宫式和填料式轴密封装置。

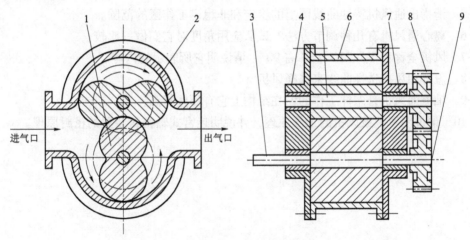

图 4-28 罗茨鼓风机
1—主动叶轮;2—从动叶轮;3—主动轴;4,7—墙板;5—从动轴;
6—机壳;8—从动轴齿轮;9—主动轴齿轮

迷宫式轴密封装置如图 4-29 所示,流体流经该装置的曲折通道,犹如进入"迷宫"一样,经多次节流产生很大阻力,压力损失较大,由于"迷宫"末端与外界的压差很小,流体泄漏少,故达到了密封的目的。迷宫密封的密封座安装在墙板上,密封座齿数越多,密封效果越好。各个齿的密封处应保持锐边,不应倒圆,目的是增大流体流动时的压力损失,以保持较好的密封效果。迷宫密封的结构多种多样,但原理都是相同的。它是一种密封件与旋

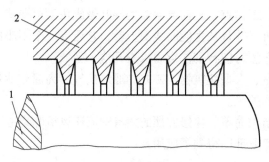

图 4-29　迷宫式轴密封装置
1—轴；2—密封座

转轴互不接触的非接触式密封，不受转速和温度的限制。

罗茨鼓风机的结构简单，运行稳定，效率高，整机振动小，压力的选择范围很宽，而流量变化甚微，具有强制输气的特征，适用于要求流量稳定的场合。它不仅用于鼓风输气，也可作抽气机械使用。但这种风机的叶轮和机壳的内壁加工精度高，各部分间隙调整困难，检修工艺比较复杂，且运行中噪声大。

思 考 题

4-1　离心通风机是怎样工作的？

4-2　通风机的主要性能参数有哪些？通风机的全压、静压、动压指的是什么？全压效率和全压内效率有什么不同？

4-3　离心通风机叶片出口安装角对风机全压、叶轮外径和效率的影响如何？机翼形叶片在应用上有什么优缺点？

4-4　离心通风机的集流器、进气箱、进口导流器有何作用？

4-5　请指出通风机特性曲线图上的稳定和非稳定工作区的范围。

4-6　离心通风机有几种调节方法？试从应用角度对它们做一比较。

4-7　风机全称为 Y4-73No12D 右 90°，请说明它所表示的内容。

4-8　怎样用风机选择曲线来选择风机？

4-9　轴流通风机是怎样工作的？在结构上它有哪些特点？

4-10　请说明罗茨鼓风机的工作原理，并说明迷宫式轴密封装置的密封原理。

第五章 空气压缩机

第一节 概 述

空气压缩机是一种用来压缩空气、提高气体压力或输送气体的机械,是将原动机的机械能转化为气体压力能的工作机,简称空压机。空压机提供的能源有以下特点。

(1) 气源便于集中生产和远距离输送。
(2) 执行机构动作速度快,容易控制。
(3) 无污染,安全性好。

空压机的种类很多,结构及工作特点各有不同,用途极广。在生产和生活中,许多机器和设施都是利用压缩空气为动力的。

空压机按工作原理可以分为容积式和动力式两类。

空压机根据冷却方式分为风冷式、水冷式以及内冷却、外冷却等多种,其中以水冷式和风冷式应用最广。

空压机根据固定方式可以分为固定式和移动式。

第二节 活塞式空压机的特点、类型和主要参数

一、活塞式空压机的特点

活塞式空压机较其他类型空压机而言,具有以下特点。

(1) 适应性强,应用压力范围广。目前在工业上使用的最高工作压力已达到 350 MPa,实验室可达 1 000 MPa。
(2) 气流黏度低,损失小,效率高。
(3) 适应性强,即排气量范围较广,且不受压力高低的影响。例如,单机的排气量最大可达 500 m³/min,排气量小的可很小,且在气量调节时,排气压力几乎不变。
(4) 转速不高,机器体积大而重。
(5) 结构复杂,易损件多,维修量大(但相对维修工技术要求较低)。
(6) 排气不连续,气流脉动,且气体中常混有润滑油。

二、活塞式空压机的类型

(1) 按气缸排列方式分,有立式、卧式、角度式。卧式又分为一般卧式、对称平衡型和对置型,分类详见表 5-1。

① 立式空压机。其气缸轴线与地面垂直,特点是:气缸表面不承受活塞质量,活塞与

气缸的摩擦和润滑均匀,活塞环的工作条件较好,磨损小且均匀;活塞的质量及往复运动时的惯性垂直作用到基础,振动小,基础面积较小,结构简单;机身形状简单,结构紧凑,质量轻,活塞拆装和调整方便。

② 卧式空压机。其气缸轴线与地面平行,按气缸与曲轴相对位置的不同,又分为两种:一般卧式,气缸位于曲轴一侧,运转时惯性力不易平衡,转速低,效率较低,适用于小型空压机;对称平衡型,如表5-1中的M型和H型,气缸水平布置并分布在曲轴两侧,惯性力小,受力平衡,转速高,多用于中大型空压机。

表5-1 活塞式空压机的基本类型

分类方法	基本型式	简图	说明	分类方法	基本型式	简图	说明
按气缸的排列方式	立式		气缸均为竖立布置的	按气缸的排列方式	对称平衡式 M型		电动机置于机身一侧
	卧式		气缸均为横卧布置的		H型		气缸水平布置并分布在曲轴两侧,相邻两列的曲拐轴线夹角为180°,电动机在机身中间
	角度式 L型		相邻两气缸中心线夹角为90°,而且分别为垂直与水平布置	按活塞动作	单作用(单动)		气体在活塞的一侧进行压缩(多为移动式空气压缩机)
					双作用(复动)		气体在活塞的两侧均能进行压缩
	V型		同一曲拐上两列的气缸中心线夹角可为90°、75°、60°等	按排气量	微型		排气量小于1 m³/min
					小型		排气量在1~10 m³/min
					中型		排气量在10~100 m³/min
					大型		排气量在100 m³/min以上
	W型		同一曲拐上相邻的气缸中心线夹角为60°	按工作压力	低压		工作压力为0.2~1 MPa
					中压		工作压力为1~10 MPa
					高压		工作压力为10~100 MPa
					超高压		工作压力在100 MPa以上

③ 角度式空压机。其相邻两气缸的轴线保持一定角度,根据夹角的不同,可分为L型、V型和W型。其特点是机身受力均匀,运转平稳,转速较高,结构紧凑,制造容易,维修方便,效率较高。

(2) 按气缸容积的利用方式分,有单作用式、双作用式和级差式压缩机。

单作用式空压机活塞往复运动时,吸、排气只在活塞一侧进行,在一个工作循环中完成吸、排气,如图5-1 (a) 所示。

双作用式空压机活塞往复运动时,其两侧均能吸、排气,在一个工作循环中完成两次吸、排气,如图5-1 (b) 所示。

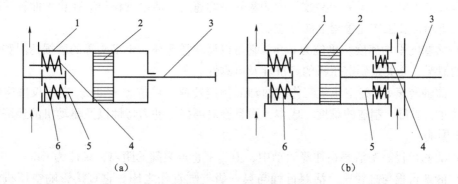

图 5-1 活塞式空压机
(a) 单作用式;(b) 双作用式
1—气缸;2—活塞;3—活塞杆;4—排气阀;5—进气阀;6—弹簧

差级式压缩机是大小活塞组合在一起,构成不同级次的气缸容积。
(3) 按排气量分,有微型、小型、中型、大型空压机。
(4) 按工作压力分,有低压、中压、高压和超高压空压机。

三、活塞式空压机的主要参数

1. 热力性能参数

活塞式空压机的热力性能参数主要是指排气量、排气压力、排气温度、功率、效率和容积比能。

(1) 排气量。指由单位时间内,空压机最后一级排出的气体容积换算成空压机在吸气条件下的气体容积,单位为 m^3/min。

(2) 排气压力。指最终排出空压机的气体压力,单位为 Pa 或 MPa。排气压力一般在空压机气体最终排出处即储气筒处测量。多级空压机末级以前各级的排气压力,称为级间压力,或称该级的排气压力。前一级的排气压力就是下一级的进气压力。

(3) 排气温度。指每一级排出气体的温度,通常在各级排气管或阀室内测量。排气温度不同于气缸中压缩终了温度,因为在排气过程中有节流和热传导,故排气温度要比压缩终了温度低。

(4) 功率。空压机在单位时间内所消耗的功,单位为 W 或 kW,有理论功率和实际功率之分。理论功率为空压机理想工作循环周期所消耗的功率,实际功率是理论功率与各种阻力损失功率之和。轴功率指空压机驱动轴所消耗的实际功率,驱动功率指原动机输出的功率,考虑空压机实际工作中由其他原因引起的负荷增加,驱动功率应留有 10%~20% 的储存量,称为储备功率。

(5)效率。空压机的效率是空压机理想功率和实际功率之比,是衡量空压机经济性的指标之一。

(6)容积比能。容积比能是指排气压力一定时,单位排气量所消耗的功率,其值等于空压机的轴功率与排气量之比。

2. 结构参数

活塞式空压机的主要结构参数是指活塞的平均速度、活塞行程与缸径比、曲轴转速,三者是空压机结构及工作完善程度的标志。

(1)活塞的平均速度,单位为 m/s。它可以反映活塞环、十字头等的磨损情况和气流流动损失的情况,其关系到空压机的经济性及可靠性。

(2)曲轴转速 n。指空压机工作时曲轴的额定转速,单位为 r/min。它不仅决定空压机的几何尺寸、质量、制造的难度、成本,而且会对磨损、动力特性以及驱动机的经济性及成本等产生影响。

(3)活塞行程。指活塞在往复运动中,上、下止点之间的距离,单位为 mm。

(4)活塞行程与缸径比。活塞行程与第一级气缸直径之比。它直接影响空压机的外形尺寸、质量,机件的应力和变形,以及气阀在气缸的安装位置。

(5)气缸缸数 N。指同一级压缩缸的个数。空压机的排气量与同级压缩缸数成正比。

(6)级数。指空气在排出空压机之前受到压缩的次数,级数会影响排气压力和空压机效率。只受一次压缩的称为单级压缩,受到两次压缩的称为两级压缩,受到两次以上压缩的称为多级压缩。

四、活塞式空压机的型号

活塞式空压机的型号反映了它的主要结构特点及性能参数,由大写汉语拼音字母和阿拉伯数字组成,其表述如下:

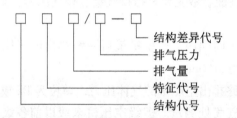

(1)结构代号。表示气缸的排列方式。V 表示 V 型;W 表示 W 型;L 表示 L 型;X 表示星型;Z 表示立式;P 表示卧式;M 表示 M 型;H 表示 H 型;D 表示两列对称平衡型。

(2)特征代号。表示具有附加特点。F 表示风冷固定式;Y 表示移动式;W 表示无润滑;WJ 表示无基础;D 表示低噪声罩式。

(3)排气量,单位为 m^3/min。

(4)排气压力,单位为 Pa。

(5)结构差异代号。区别改型,必要时才标注,用阿拉伯数字、小写拼音字母表示,或二者并用。

型号举例：

① L_2—10/8。表示气缸排列成 L 型立卧结合的结构，活塞力为 19.6 kN，排气量为 10 m^3/min，排气压力为 0.8 MPa，往复活塞式压缩机。

② H_{22}—165/320。表示气缸排列为 H 型对称平衡式结构，活塞力为 215.75 kN，排气量为 165 m^3/min，排气压力为 32 MPa，往复活塞式压缩机。

第三节　活塞式空压机原理

一、活塞式空压机的工作过程

活塞式空压机压缩空气的过程，是通过活塞在气缸内不断往复运动，使气缸工作容积产生变化而实现的。活塞在气缸内每往复移动一次，依次完成吸气、压缩、排气 3 个过程，即完成一次工作循环，如图 5-2 所示。

（1）吸气过程。当活塞向右边移动时气缸左边的容积增大，压力下降；当压力降到稍低于进气管中空气压力（即大气压力）时，管内空气顶开进气阀 3 进入气缸，并随着活塞的向右移动继续进入气缸，直到活塞移至右端为止。该端点称为内止点，根据气缸排列形式的不同，又可称为后止点或下止点。

（2）压缩过程。当活塞向左边移动时，气缸左边容积开始缩小，空气被压缩，压力随之上升。由于进气阀的止逆作用，使缸内空气不能倒流回进气管中。同时，因排气管内空气压力高于缸内空气压力，空气无法从排气阀口排出缸外，排气管中空气也因排气阀的止逆作用而不能流回缸内，所以气缸内形成一个封闭容积。当活塞继续向左移动时，缸内容积缩小，空气体积也随之缩小，压力不断提高。

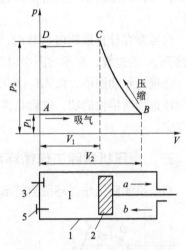

图 5-2　单作用空压机工作过程
1—气缸；2—活塞；3—进气阀；4—排气阀

（3）排气过程。随着活塞的不断左移并压缩缸内空气，当压力稍高于排气管中空气压力时，缸内空气顶开排气阀而排入排气管中，这个过程直到活塞移至左端为止。该端点称为外止点，又可称为前止点或上止点。此后，活塞又向右移动，重复上述的吸气、压缩、排气这 3 个连续的工作过程。

二、空压机理论工作循环

1. 理论工作循环

空压机的理论工作循环是指在理想条件下进行的循环：气缸中没有余隙容积，被压缩气体能全部排出气缸；进、排气管中气体状态相同（即无阻力、脉动和热交换）；气阀启闭及时，气体无阻力损失；压缩容积绝对密封、无泄漏。

2. 理论工作循环示功图

在上述假设前提下空压机的工作循环，称为理论工作循环，下面用理论工作循环示功图加以说明。

如图 5-2 所示，当活塞 2 按 a 方向向右移动，气缸 I 内的容积增大，压力稍低于进气管中空气压力时，进气阀 3 打开，吸气过程开始。设进入气缸的空气压力为 p_1，则活塞由外止点移至内止点时所进行的吸气过程，在示功图中用线段 AB 表示。线段 AB 称为吸气线，它说明：在整个吸气过程中，缸内空气的压力 p_1 保持不变、体积 V_1 不断增加；V_2 为吸气终了时的体积。

当活塞按 b 方向向左移动时，缸内 I 的容积缩小，同时进气阀关闭，空气开始被压缩，随着活塞的左移，压力逐渐升高。此过程为压缩过程，在示功图中用曲线 BC 表示，称为压缩曲线。在压缩过程中，随着空气压力的升高，其体积逐渐缩小。

当缸内空气的压力升高到稍大于排气管中空气的压力 p_2 时，排气阀 4 被顶开，排气过程开始，在示功图中用直线段 CD（称为排气线）表示。在排气过程中，缸内压力一直保持不变，容积逐渐缩小。当活塞移到气缸外止点时，排气过程结束，此时空压机完成一个工作循环。

当活塞在外止点改向右移时，缸内压力下降，吸气过程又重新开始；缸内空气压力从 p_2 降到 p_1 的过程，在示功图中以垂直于 V 轴的直线段 DA 来表示。

在理论示功图中，以 AB、BC、CD、DA 线为界的 $ABCD$ 图形的面积，表示完成一个工作循环过程所消耗的功，也就是推动活塞所必需的理论压缩功，其面积越小，所消耗的理论功越少。

三、空压机实际工作循环示功图

空压机实际工作循环所测得示功图（图 5-3）与理论示功图有很大的差异，其特征主要表现为以下几点。

（1）一次工作循环中除吸气、压缩和排气过程外，还有膨胀过程（剩余气体的膨胀降压），用气体膨胀线 DA 表示。

（2）吸气过程线 AB 值低于名义吸气压力线 p_1，排气过程线 CD 值高于名义排气压力线 p_2，且吸、排气过程线成波浪形。

（3）压缩、膨胀过程曲线的指数值是变化的。

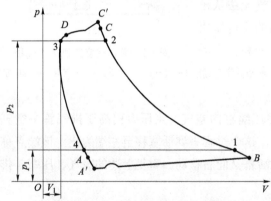

图 5-3 单作用空压机实际示功图

理论与实际示功图差别较大，是因为空压机在实际工作过程中会受到余隙容积、压力损失、气流脉动、空气泄漏及热交换等多种因素的影响。

第四节 活塞式空压机的结构

一、基本结构

空压机由主机和附属装置组成,其主机一般包括以下几大部分。

(1) 机体。它是空压机的定位基础构件,由机身和曲轴箱等部分构成。

(2) 传动机构。由离合器、带轮或联轴器等传动装置以及曲轴、连杆、十字头等运动部件组成。其作用是将原动机的旋转运动转变为活塞的往复直线运动。

(3) 压缩机构。由气缸、活塞组件,进、排气阀等组成。活塞往复运动完成工作过程。

(4) 润滑机构。由泵、注油器、油过滤器和冷却器等组成。泵由曲轴驱动,向运动部件提供低压润滑油。注油器由曲轴或单独的小电动机驱动,通过柱塞或滑阀的压油作用,为各级气缸及填料箱提供所需的高压气缸油,其供油量和压力均可调节。

(5) 冷却系统。风冷式的主要由散热风扇(用曲轴经带轮驱动)和中间冷却器等组成。水冷式的由各级气缸水套、中间冷却器、阀门等组成。系统中通以压力冷却水,通过水流带走压缩空气和运动部件所产生的热量。

(6) 操纵控制系统。它包括减荷阀、卸荷阀、负荷(压力)调节器等调节装置;安全阀、仪表;润滑油、冷却水及排气的压力和温度等声光报警与自动停机的保护装置;自动排油、水装置等。

附属装置主要包括:空气过滤器、盘车装置、冷却器、缓冲器、油水分离器、储气罐、冷却水泵、冷却塔、各种管路、阀门、电气设备及保护装置等,有的还设有压缩机轻载启动和控制冷却水通断的电磁阀,以及压缩空气的净化装置和干燥装置等。

二、L型空压机

L型空压机是最常用的空压机之一,按排气量和排气压力,大多数属于中型压缩机。其动力平衡性能好,运行可靠,产品标准化、系列化,安装、使用与维修较简单和方便。常见的L型空压机有 L_2—10/8、$L_{3.5}$—20/8、$L_{5.5}$—40/8、L_8—60/8 和 L_{12}—100/8 型等定型系列。通常为二级双缸、双作用水冷固定式,有十字头结构,一般都设有润滑油冷却器。排气量在 20 m^3/min 以下的通常为带传动,40 m^3/min 以上的采用直接传动,即电动机转子直接装在曲轴端部或与联轴器连接。

图 5-4 所示为 $L_{3.5}$—20/8 型空压机的剖面图。从图中可以看出:一级气缸为立列,二级气缸为卧列,两气缸呈 L 型布置。一级吸气口前部装有减荷阀,开机前将其关闭,可做无负荷启动。活塞为整体空心锥盘形,其内、外侧同时工作。在一、二级气缸内,各对称配置进、排气阀两组,气阀室外和气缸壁外为冷却水套,气阀均为环状阀,十字头为整体闭式结构,用螺纹同活塞杆连接,由调节螺纹调整活塞与气缸的止点间隙。曲轴支承在两个调心滚子轴承上,由电动机经 V 带和装在曲轴上的带轮(兼作飞轮)来间接驱动。齿轮泵靠装在曲轴前端的泵轴直接驱动,同时通过泵轴上的蜗杆和轴承盖上的蜗轮驱动注油器。中间冷却器为列管式,安装在水平气缸之上。为了保证空压机不因过载而引起事故,在中间冷却器上装有一级安全阀,在储气罐上装有二级安全阀,它们的启闭压力可根据实际需要调整。

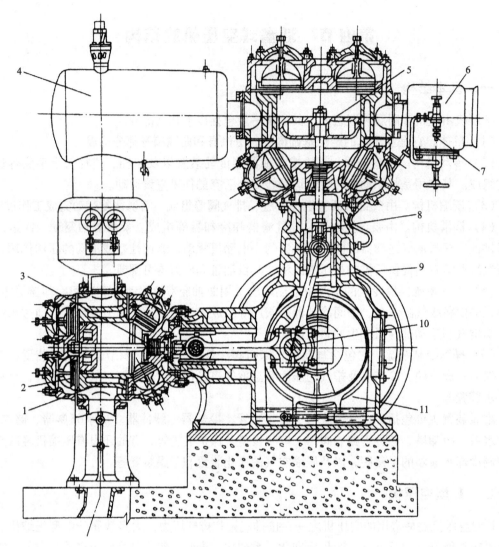

图 5-4 L$_{3.5}$—20/8 型空压机剖面图
1—气缸；2—气阀；3—填料箱；4—中间冷却器；5—活塞；6—减荷阀；7—负荷调节器；
8—十字头；9—连杆；10—曲轴；11—机身

为防止出现气压、气温高于规定值，油压、油温过低或过高，冷却水中断或流量不足，储气罐压力过高或偏低等状况，空压机一般都分别配备有能发出声光信号报警及停机的自动保护装置。

三、空压机主要零、部件结构

空压机的主要零、部件有机体、气缸、活塞组件、曲轴、轴承、连杆、十字头、填料箱、气阀等。此外，还有润滑机构、冷却系统和调节装置等辅助部件。

1. 机体

它是空压机的基础构件，机体内部装有各运动部件，并可为传动部件定位和导向。曲轴箱内存装润滑油，外部连接气缸、电动机和其他装置。运转时，机体要承受活塞与气体的作用力和运动部件的惯性力,并将这些力和本身重力传到基础上。

机体的结构按空压机形式的不同分为立式、卧式、角度式和对置型等。

图 5-5 所示为有十字头的 L 型机体。机座两端为安装两个滚动轴承的主轴承孔,要求与曲轴的轴线平行,才能保证十字头滑道与气缸的同轴度。机体顶部(卧列为端部)有气缸定位孔,使气缸与十字头滑道同轴。曲轴箱的侧面及一、二级十字头滑道的正、反面都开有窗口,便于连杆、十字头、活塞杆、填料等的装拆和活塞止点的调整及观察运动部件的运转情况。机身上铸有十字头滑道,还开设了能使机体内部与大气相通的呼吸窗,起到降低油温及平衡机身内、外压力的作用。

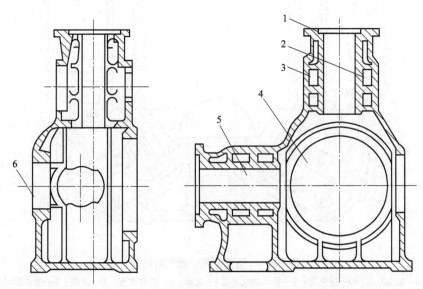

图 5-5　L 型机体
1—立列结合面;2,5—十字头滑道;3—冷却水套;4—曲轴箱;6—滚动轴承孔

2. 气缸

气缸是空压机产生压缩空气的重要部件,由于承受气体压力大、热交换方向多变、结构较复杂,故对其技术要求也较高。

根据冷却方式,一般分为风冷式和水冷式两种。

风冷式气缸的结构简单,由曲轴带动风扇向铸有散热片的气缸外壁扇风,故冷却效果较差,排气温度很高,设备效率较低,一般只用于低压、小型或微型移动式空压机。

水冷式气缸的结构较复杂,制造难度大,但冷却效果好,能降低排气温度和提高设备效率,故大、中型空压机都采用这种气缸。

气缸由缸盖、缸体和缸座 3 部分组成。大、中型气缸为分段铸造,小型气缸一般为整体铸造。

图 5-6 所示为排气量为 10 m³/min 或 20 m³/min 的 L 型空压机一级气缸结构。气缸由 3 个铸铁件——缸盖 1、缸体 4 和缸座 6 用双头螺栓连接而成。缸盖和缸座上设气阀室,缸体中部设注油孔,孔外装逆止阀和注油管。紧贴气缸工作面有冷却水套 5,水套外有暗气道,3 个铸铁件的水、气道各自相通,水套壁将进、排气阀室隔开。缸座与机身的贴合面有定位凸肩,为保证密封,各结合面上垫有橡胶石棉垫片。

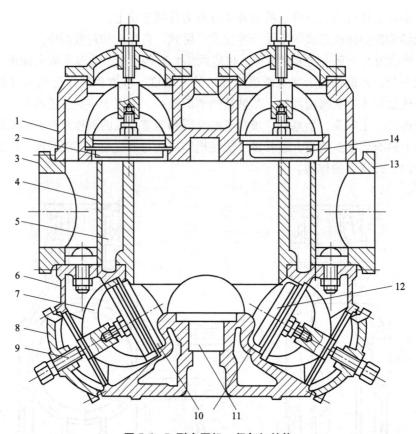

图 5-6 L型空压机一级气缸结构

1—缸盖；2，10—排气阀；3—排气口法兰；4—缸体；5—冷却水套；6—缸座；7—制动器；
8—气阀盖；9—气阀压紧螺钉；11—填料室；12，14—进气阀；13—进气口法兰

为了避免缸体内壁即气缸工作面（要求为镜面）的磨损及便于修理，通常在气缸中镶入缸套。

为了保证气缸的冷却，气缸水套内必须有足够的冷却水流通，冷却水一般从下部进、上部出。

3. 活塞组件

活塞组件由活塞、活塞环和活塞杆等组成。

(1) 活塞。按气缸的形式，可分为筒形活塞、盘形活塞和级差式活塞等。

图 5-7 所示为小型空压机常用的筒形活塞。顶部装有活塞环 2，靠曲轴箱一端装刮油环 3。活塞的下部称为裙部，与气缸壁紧贴，起导向和将侧向力传给气缸的作用。在裙部有活塞销孔，用来安装活塞销和传递作用力。活塞销在销孔内和连杆小头孔内都不固定，称浮动销，通常用弹簧圈 6 将活塞销卡在销孔内，以防止它发生轴向位移。

图 5-8 所示为用于中、低压气缸中与十字头相连而不承受侧向力的盘形活塞，这种活塞除铝质外，一般铸成空心以减轻质量；两端面用加强筋连接来增加刚度，为避免受热变形，加强筋不应与四壁相连。两筋之间开清砂孔，清砂后须采取能防漏、防松的封闭措施，并做水压试验。

(2) 活塞环。它是气缸工作表面与活塞之间的密封零件，同时起布油和散热的作用。

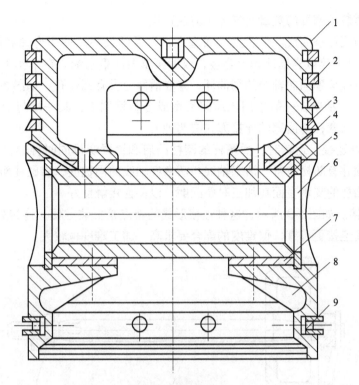

图 5-7 筒形活塞
1—活塞体；2—活塞环；3—刮油环；4—回油孔；5—活塞销；
6—弹簧圈；7—衬套；8—加强筋；9—布油环

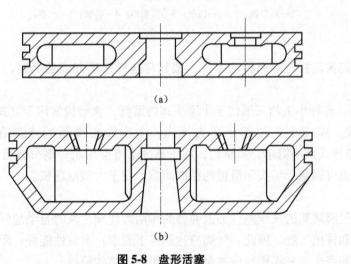

图 5-8 盘形活塞
(a) 盘形；(b) 锥形

活塞环上有一开口，称为切口。自由状态下，活塞环的外径大于气缸的内径，环的内径小于活塞外径。当套在活塞环槽上装入气缸后，环体收缩，切口处留有供环热膨胀的间隙。活塞环有一定的张力，靠此张力使环的外圆能紧压在气缸工作表面上。切口的形式有直切口、斜切口（成45°或60°）和搭接口3种，以45°的斜切口用得较多。

每个活塞需装活塞环的数量与气体压力成正比。

活塞环一般用铸铁制成。但在高压活塞上，为了延长环的使用寿命和防止气缸被"拉毛"，常在铸铁环上镶嵌青铜或轴承合金，或者镶填聚四氟乙烯。在单作用活塞上，为了防止窜油，均装有锋口朝向曲轴箱的刮油环，并在活塞上设有回油孔，如图5-7所示。

（3）活塞杆。活塞杆一般采用优质碳素钢或合金钢制成，其一端与十字头连接，另一端与活塞连接。活塞杆与活塞的连接方式有两种。

① 圆柱凸肩连接。运转时，活塞杆的圆柱凸肩和锁紧螺母同时传递活塞力，因此，连接要紧密、牢固并有防松装置，活塞轴线与活塞杆轴线的同轴度，靠圆柱面的加工精度来保证，故活塞与凸肩的支承表面在加工时要配磨，以保证接触良好。

② 锥面连接。如图5-9所示，这种连接形式的特点是拆装方便，连接处的接触面积大、摩擦力增大而使连接更可靠，但锥度的配合要求高，加工难度也较大。

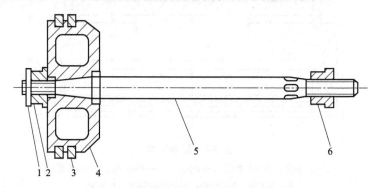

图5-9 活塞组件结构

1—开口销；2、6—螺母；3—活塞环；4—活塞；5—活塞杆

4. 十字头

十字头是连接连杆与活塞杆的零件，按其与连杆连接方式的不同，可分为开式和闭式两种。

（1）开式。连杆小头的叉形位于十字头体的两侧。该结构常用于立式空压机。

（2）闭式。连杆小头位于十字头体内。十字头与滑履的连接有整体式和剖分式（图5-10）。整体式结构简单，质量轻，用于高速小型空压机；剖分式可调整十字头和活塞杆的同轴度，也可调整十字头和滑道的径向间隙，用于大型空压机。

5. 气阀

它是利用气阀两侧的气压差，加上弹簧的作用力使阀片及时自动地开启和关闭，让空气能顺利地吸入和排出气缸。因此，气阀应达到以下要求：密封性能好，阻力小，阀片的启闭要及时、迅速和完全，气阀所造成的余隙容积要小，结构简单。

气阀的种类很多，但按其功能只有进气阀和排气阀两种，按气流特点又分为回流阀和直流阀两大类。回流阀中，以环状阀的应用最为普遍。

（1）环状阀。如图5-11所示，它由阀座、阀片、弹簧、阀盖、连接螺栓和螺母等组成。进、排气阀结构的不同之处在于进气阀只能向气缸内开启，排气阀只能向气缸外开启。

图5-12所示为单阀片环状排气阀的立体分解图。

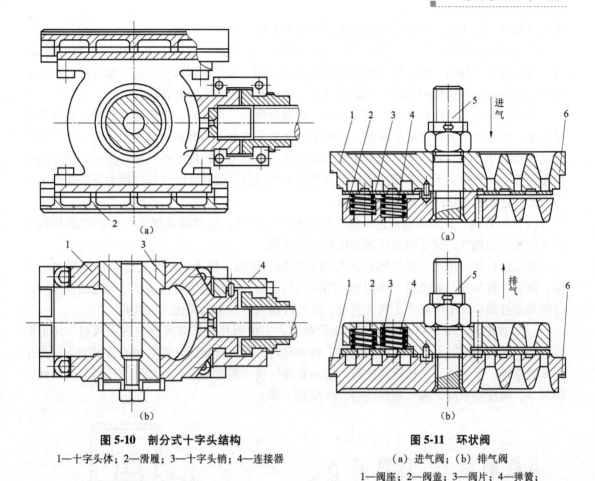

图 5-10 剖分式十字头结构
1—十字头体；2—滑履；3—十字头销；4—连接器

图 5-11 环状阀
（a）进气阀；（b）排气阀
1—阀座；2—阀盖；3—阀片；4—弹簧；
5—螺栓；6—密封圈

① 阀座。它的座面上有几个同心的环形通道组成的圆盘形，以及对应于阀片数目的圆环形密封面，气阀关闭时，阀片在弹簧的作用力和气体的压力差作用下紧贴在阀座密封面上，截断气流通道。因此，对阀座密封面和阀片的平面度、相互贴合的密切程度的要求较高。

② 阀盖。它的结构与阀座相似，其通道和阀座是错开的，主要作用是控制阀片升起的高度。阀盖上设若干个支承弹簧的座孔，孔底常开有便于润滑油排出的小孔，以防止阀片被黏附而动作失灵。

③ 阀片。为简单的圆环形薄片结构，加工容易，便于标准化。每组阀上的阀片数根据气流速度和排气量来定，一般为 1~5 片，有的可达 8~10 片。

④ 弹簧。通过弹簧作用于阀片上的预紧力，使阀片与阀座密封，并减缓阀片在启闭时的冲击力。环状阀一般采用多个小弹簧均匀地布置在阀片上，在安装和维修时要注

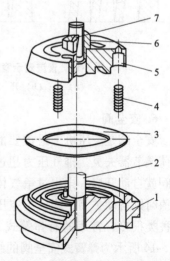

图 5-12 环状排气阀分解立体图
1—阀座；2—螺栓；3—阀片；4—弹簧；
5—阀盖；6—螺母；7—开口销

意同组阀乃至同级阀上所有弹簧的自由高度和弹力应一致。

⑤ 连接螺栓和螺母。气阀的各零件是用螺栓来连接的，拧紧螺母后应采取防松措施。进气阀的螺母在阀座一侧，排气阀的螺母在阀盖一侧，这是识别和安装进、排气阀时的标志之一；另一标志是进气阀只能向气缸内开启，排气阀只能向气缸外开启。

环状阀的特点是结构简单，制造容易，安装方便，工作可靠；改变阀片环数，就能改变排气量，而不受压力和转速的限制。但由于阀片是分开的，各弹簧的弹力不一致，阀片启闭时就不易同步、及时和迅速，从而降低气体流量，影响压缩机的工作效率；同时，阀片的缓冲作用较差，冲击力大；弹簧在阀片上只有几个作用点，使阀片在气体作用力下产生附加弯曲应力，这都将加快阀片和凸台的磨损。

(2) 组合阀。其结构是将进、排气阀制成一个整体，这样就能增大气体的流通面积及扩大气阀的通用性。其分为低压和高压两种组合阀。

低压组合阀的进气与排气容积之间为无冷却的结构，排出的高温气体会加热吸进的气体，使吸气量减少，故多用于小型单作用压缩机。高压组合阀通常将高压排气通道设在气缸容积外或缸盖中，不但减小了气流波动，还能改善气缸受力和简化气缸结构。

(3) 直流阀。图 5-13 所示为直流阀示意图，它由阀片和兼有阀座与升程限制作用的阀体组成。气阀关闭时，阀片紧贴阀座上，气开启时，阀片反贴到升程限制的圆弧面上。由于阀片质量轻、阻力小、气体流速较高，故适宜高转速、高活塞速度的低压空压机。但该阀结构复杂、精度要求高、阀片密封性差，故应用不多。

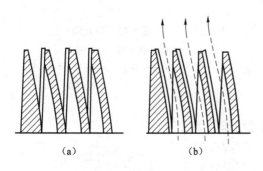

图 5-13 直流阀示意图
(a) 关；(b) 开

6. 安全阀

安全阀是空压机上最重要的安全保护装置之一。当负荷调节器失灵，排气压力超过规定的安全压力时，安全阀就自动开启，排出过量气体而释压；当压力降到规定值时则自动关闭，保证了空压机的正常运行。安全阀的种类很多，常用的有弹簧式、重锤式和脉冲式 3 种。图 5-14 所示为弹簧式安全阀的结构。弹簧式安全阀的阀瓣与阀座的密封是靠弹簧力作用的。当气体压力超过弹簧作用力时，阀自动开启，卸压后，在弹簧力作用下阀瓣与阀座为关闭状态。弹簧式安全阀的结构简单，调整

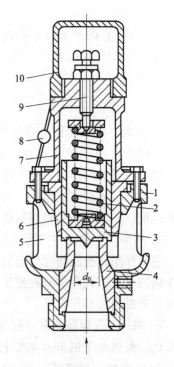

图 5-14 弹簧式安全阀结构
1—阀体；2—弹簧；3—阀瓣；4—阀座；
5—排气口；6—阀套；7—上体；8—铅封；
9—压力调节螺钉；10—上盖

方便，可直立安装在任何场合，应用较广，低压空压机多采用弹簧式安全阀。通常规定安全阀的开启压力值不得大于空压机工作压力值的110%，允许偏差为±3%；关闭压力值为工作压力值的90%～100%，启闭压差一般应≤15%工作压力值。实际应用中，常将两级压缩空压机安全阀的开启压力规定为：一级在排气压力值上加20%、二级加10%；一、二级的关闭压力都为额定排气压力值。

四、空压机的附属装置

空压机的附属装置有润滑系统、冷却系统、过滤器和储气罐等。

1. 润滑系统

空压机需要润滑的部位有气缸、填料箱，曲轴轴颈、连杆大小头以及十字头滑道等。图5-15所示为L型空压机润滑系统。

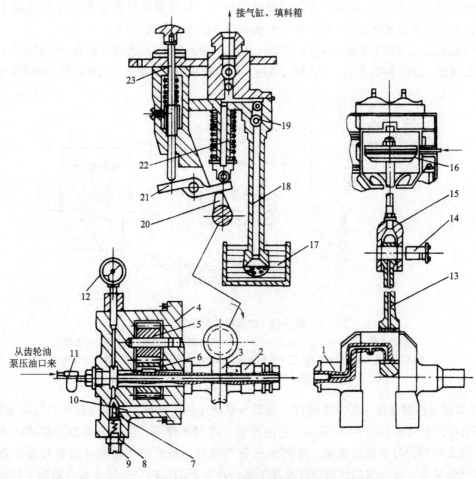

图5-15 L型空压机润滑系统

1—曲轴；2—空心轴；3—蜗杆副；4—齿轮泵外壳；5—从动齿轮；6—主动齿轮；7—油压调节阀；8—螺母；9—调节螺钉；10—回油管；11—滤油器；12—压力表；13—连杆；14—十字头销；15—十字头；16—活塞；17—注油器油池；18—注油器吸油管；19—单向阀；20—注油器凸轮；21—杠杆；22—柱塞；23—顶杆

（1）气缸和填料箱的润滑。气缸和填料箱是用注油器进行润滑的，柱塞22由注油器凸轮20带动上下运动，将润滑油从注油器油池17中吸入，经过吸入口和排出口两个单向阀19后，送入气缸和填料箱。油量的多少可通过旋转顶杆23改变柱塞行程来调节。顶杆还可以作为空压机启动前的手动供油把手。

（2）运动机构的润滑。齿轮泵由曲轴1通过空心轴2驱动，将润滑油从油池中吸入，并按齿轮油泵压油口→滤油器11→空心轴2中心孔→曲轴中心孔→曲轴轴颈→连杆大头→连杆小头→十字头销→十字头滑道的油路压送至各运动部分进行润滑。油压大小可用油压调节阀7调节。

（3）润滑油。空压机对润滑油性能要求比较高，可选用GB/T 3141—1994规定的几种牌号的油，轻载用L—TSA和L—DAA，中载用L—DAB，重载用L—DAC。润滑油选用的黏度等级夏季与冬季有所不同，气缸润滑油：夏季150，冬季100；运动部件润滑油：夏季68，冬季46。

2. 冷却系统

空压机中的压缩空气、润滑油都需要进行冷却，L型空压机要求各级排气温度不超过160℃，曲轴箱油温不超过60℃，冷却水最高排水温度不超过40℃。

空压机的冷却系统由水池、水泵、中间冷却器、后冷却器、润滑油冷却器、气缸水套、冷却塔和管路组成，如图5-16所示，当水温过高时，可启动备用泵，增加冷却水流量，降低温度。

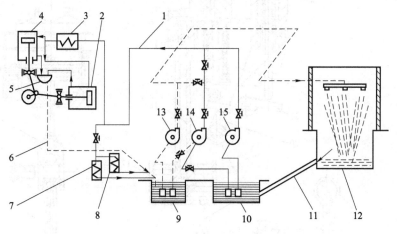

图5-16 空压机冷却系统

1—总进水管；2，4——、二级气缸；3—中间冷却器；5—回水漏斗；6—回水管；
7—后冷却器；8—润滑冷却器；9—热水池；10—冷水池；11—水管；12—冷却塔；
13—热水泵；14—备用泵；15—冷水泵

冷却器是冷却系统中的重要部件，按其在系统中的位置分为中间冷却器和后冷却器。L型空压机中间冷却器如图5-17所示，它由外壳、冷却水管芯、油水分离器等组成。冷却水管芯2由无缝钢管与散热片组成。冷却水在管内流动，压缩空气在管外沿垂直管芯方向冲刷，进行热交换，使高温的压缩空气冷却下来，冷却后的压缩空气经油水分离器3分离油水后，再进入二级气缸压缩，分离出来的油水可定期由排水阀4排出。

3. 空气过滤器

空气过滤器的作用是清除空气中的灰尘和杂质，以保护气缸和阀门。空气由空气过滤器进气口吸入后经过滤芯的过滤再进入气缸。滤芯有金属网状的、纸质的、织物的、塑料的等多种材料和不同结构。

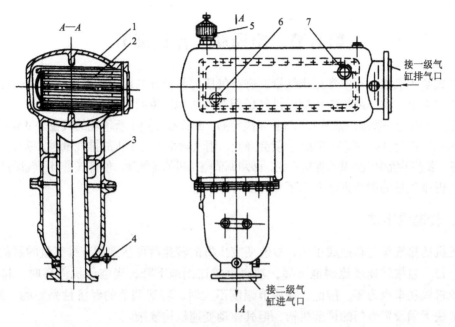

图 5-17 中间冷却器
1—外壳；2—冷却水管芯；3—油水分离器；4—排水阀；5—安全阀；6—冷却水进口；7—冷却水出口

4. 储气罐

储气罐的作用主要有以下几点。

（1）稳定压力，消除空压机周期性排气造成的压力脉动。

（2）分离油水，提高压缩空气的质量。

（3）储备压缩空气，维持供需平衡。

空压机的储气罐一般多为立式圆筒形结构，如图 5-18 所示。它占地面积小，安装简单，操作容易。储气罐上开有进气口 3、排气口 6、安全阀接口 1、压力表接口 2、油水排泄阀 4 和检修孔 5。进气口内接有一段呈弧形而出口倾斜并弯向罐壁的进气管，使空气进入罐内沿罐壁旋转，利用离心和重力分离压缩空气中的油和水。分离出来的油和水落入罐的底部，借助压缩空气中的压力，由伸入罐底的油水排泄管经油水排泄阀 4 排出。检修孔是供内部检查和清扫修理用的。底部短支脚放在水泥基础上，用地脚螺钉固定。

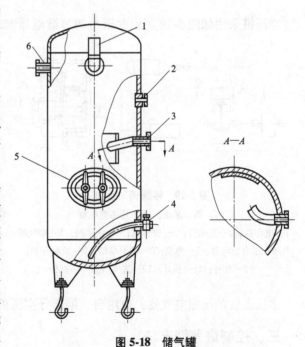

图 5-18 储气罐
1—安全阀接口；2—压力表接口；3—进气口；
4—油水排泄阀；5—检修孔；6—排气口

第五节　空压机工作的调节

活塞式空压机在运行中常见排气量、进排气压力与设计的额定值不符的情况，称为压缩机的非额定工况。本节就单级压缩机排气量调节方法加以说明。

空压机的选用一般是根据最大耗气量来决定的，然而在使用中所消耗的气量是变化的，用气量多于空压机排气量时，系统中的压力就会降低；用气量少于空压机的排气量时，系统中的压力就会升高。要使系统中压力基本保持不变，必须调节空压机的排气量，使排气量与用气量相对平衡。

空压机排气量的调节方法有以下几种。

一、转速调节法

空压机的排气量与转速成正比，故改变空压机的转速就可达到调节排气量的目的。转速调节时，排气量按转速成比例地下降，功率也成比例地下降，当空压机停转时，排气量为零，空压机轴功率也为零。因此，在调节幅度不大时，转速调节的经济性是好的。结构上，转速调节法无须设置专门的调节机构，但其驱动变速机构复杂。

转速调节一般是利用储气罐压力的变化、操纵原动机（主要为内燃机）的加速踏板以改变转速而改变空压机的转速的。转速调节也可用变速电动机来实现。此法操作简单、使用方便。当转速降低时，能减少机械磨损，降低功率消耗。但调节粗糙，且转速只能在60%~100%范围内变动，多用于小型、微型移动式、内燃机驱动的空压机。

二、空压机停转调节法

空压机采用如图5-19所示的压力调节继电器实现停转调节。压力调节继电器与储气罐相连，并控制排气阀的开闭。当罐压升到额定值时，膜片11变形内凹，推动推杆13并带动杠杆10顺时针摆动，微动开关9常闭触点断开，切断电动机电路而自动停机，并使放气阀打开。当罐压降低到一定值时，弹簧力使触点闭合，接通电路并关闭放气阀。空压机停转时的压力通过调节螺钉8调整弹簧的预紧力来控制。

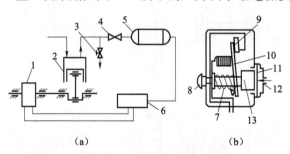

图5-19　停转调节装置
（a）调节系统；（b）压力继电器
1—电动机；2—压缩机；3—放气阀；4—止回阀；5—储气罐；
6—压力继电器；7—弹簧；8—调节螺钉；9—微动开关；
10—杠杆；11—膜片；12—进气口；13—推杆

这种调节方法由于启、停电动机频繁，故多用于需长时间停止工作，并由电动机驱动的微型和少数小型空压机。

多机运转的压缩空气站，也用启、停部分空压机的方法进行调节。

三、控制进气调节法

这种调节法分为节流进气调节法和切断进气调节法，常用的是切断进气调节法。它是隔断空压机进气通路，使空压机空转而排气量等于零的调节方法。

调节装置由图 5-20 所示的减荷阀和图 5-21 所示的负荷调节器两部分组成，负荷调节器安装在减荷阀的侧壁上，如图5-4所示。当储气罐中的压力高于标定值时，储气罐中的压缩空气经管路进入负荷调节器，推动阀芯，打开通向减荷阀的通路，使压缩空气经接管进入减荷阀的活塞缸，推动小气缸的活塞上行，使双层阀芯向上移动与阀体密切贴合，隔断空气进入一级气缸的通路，空压机处于空转状态而不再排气。当储气罐中的压力下降到规定值时，负荷调节器中的弹簧把阀芯顶回，切断压缩空气通往减荷阀的通路，减荷阀活塞缸内的压缩空气便返回调节器，从负荷调节器中弹簧腔一侧开通的气路排到大气中，减荷阀上的阀芯在弹簧作用下重新打开，空压机恢复吸、排气。减荷阀的开启压力可分别通过调节减荷阀上弹簧的调节螺母和负荷调节器上的调节螺套来实现。另外拉动负荷调节器上的拉环手柄，通过拉杆可使弹簧压缩，打开阀芯，接通减荷阀，从而实现手动调节。

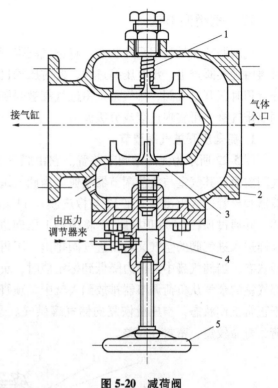

图 5-20 减荷阀
1—弹簧；2—阀体；3—双层阀芯；4—气缸；5—手轮

操作减荷阀上的手轮，推动活塞上移，使阀芯与阀体贴合，关闭进气口，可人工空载启动空压机；启动完毕，再反转手轮把阀打开，则进入正常运转。

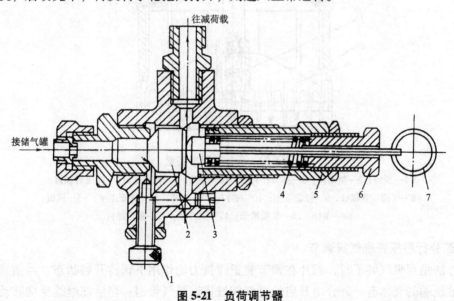

图 5-21 负荷调节器
1—节流螺钉；2—阀芯；3—拉杆；4—弹簧；5—外调节套；6—调节螺套；7—拉环手柄

四、气阀调节法

气阀调节法是利用压开装置,将进气阀强行打开,使从进气行程吸入的空气在活塞返回时再由进气阀排出,没有压缩过程,此时压缩机泄漏量最大,排气量为零。若在活塞返回部分行程时压开进气阀,排气量则由进气阀被强制压开的时间而定,通过改变空压机泄漏量来调节排气量,可实现连续或分级调节。

1. 完全压开进气阀调节

图 5-22 所示为无压缩调节装置。它由膜片、顶板、顶杆、顶脚等零件组成,安装在进气阀前面,其气室与负荷调节器相通。当储气罐中的压力超过标定值时,压缩空气经负荷调节器和导管进入由接管上座 12 与橡皮膜片 11 组成的气室,压迫膜片下凹,推动顶板 13 下移,并通过顶杆 14 和顶杆座 17 将顶脚 1 压向进气阀的环状阀片,使进气阀处于开启状态。这样进入进气阀的空气又可由进气阀排出,不再被压缩,故空压机无压缩空气排出,处于空转状态。当储气罐中的压力降低到标定值时,负荷调节器切断通往气室的气流通道,膜片上部气室的余气从负荷调节器排放到大气中,顶脚 1 在弹簧 3 的作用下向上托起,进气阀又处于正常工作状态,空压机恢复向储气罐供气。这种调节方法比较经济,但阀片受额外的负荷,寿命较短,密封性较差。

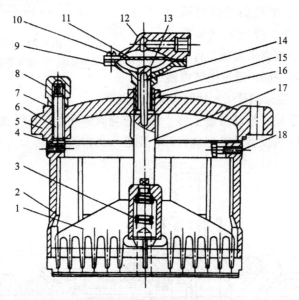

图 5-22　无压缩调节装置

1—顶脚；2—制动阀；3—弹簧；4,7,16—垫片；5—阀盖；6—气阀压紧螺钉；
8—气阀压紧螺母；9—接管下座；10—螺钉；11—膜片；12—接管上座；13—顶板；
14—顶杆；15—锁紧螺母；17—顶杆座；18—紧定螺钉

2. 部分行程压开进气阀调节

该方法是当吸气终了时,阀片在调节装置弹簧力的作用下保持开启状态。当活塞反向运动时,被压缩的气体有一部分由开启的进气阀被排回进气管道；当活塞继续反向移动使阀片上的压力值达到能克服弹簧作用力时,进气阀自动关闭,气缸内剩余气体开始正式被压缩,从而达到定量调节。

此方法由于功率消耗与排气量成正比、较经济，且排气量可从 0~100% 的范围内进行有效调节，故应用较普遍。

五、余隙调节法

余隙调节法就是使气缸和补助容积（余隙缸或余隙阀）连通，加大余隙容积，当气缸吸气时，余隙中的残留气体膨胀，气缸工作容积减少，从而降低排气量。若补助容积的大小可连续变化，则排气量也可连续调节。若补助容积为若干个固定容积，则可分级调节。

图 5-23 所示为分级调节装置的示意图。在双作用气缸上设置 4 个容积相等的补助容器和卸荷器，当储气罐中的压力增加到一定值时，压缩空气经调节器（图中未画出）由进气管 4 进入卸荷器 1 内，推动小活塞将阀 2 打开，此时补助容器的腔室 3 与气缸连通，一部分压缩空气进入腔室中，加大了余隙容积，当排气完毕活塞返回时，补助容器腔室 3 中的压缩空气与气缸中的余气一起膨胀，因此进气量减少，相应的排气量也就减少了。随着压力的变化，若连通补助容器的个数依次为 0、1、2、3、4 个，则气缸排气量相应为 100%、75%、50%、25%、0。

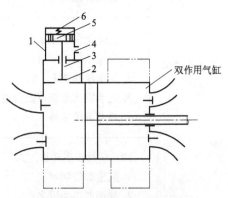

图 5-23　分级调节装置原理
1—卸荷器；2—阀；3—补助容器的腔室；
4—进气管；5—活塞；6—弹簧

此外，常见的调节方法还有：进、排气连通调节，压开进气阀和补助容积的综合调节，调节器调节和射流调节等。

第六节　空压机常见故障及排除方法

空压机的故障主要由机件的自然磨损、零部件选料不当或加工精度误差、安装误差以及操作失误、维修和维护不到位等因素造成。只有有关人员熟悉设备结构、性能，掌握正确的操作和维修方法，积累经验，才能及时、准确判断故障原因和部位，并迅速排除，以确保设备的正常运行。

空压机的常见故障有润滑系统故障、冷却系统故障、压力异常、排气温度过高、机件损坏、异常声响以及示功图显示故障等。表 5-2 列举了空压机常见故障及排除方法。

表 5-2　空压机常见故障及排除方法

故障类型	故障及其原因	排除方法
润滑系统故障	一、油压突然降低 1. 油池油量不足； 2. 油压表失灵； 3. 管路堵塞； 4. 油泵机械故障	1. 加油； 2. 更换； 3. 清洗过滤器； 4. 检修

续表

故障类型	故障及其原因	排除方法
润滑系统故障	二、油压逐渐降低 1. 压油管漏油； 2. 过滤器堵塞； 3. 连杆、油泵等机械磨损； 4. 油液性能不符	1. 检修； 2. 清洗过滤器； 3. 检修，更换； 4. 更换
	三、润滑油温度过高 1. 润滑油供应不足； 2. 润滑油性能差； 3. 运动机构磨损或配合过紧； 4. 冷却系统故障	1. 添加润滑油，检查油路； 2. 清洗油箱，更换润滑油； 3. 检修； 4. 检修
	四、润滑油消耗量过大 1. 润滑部位漏油； 2. 注油器供油过多； 3. 刮油效果差	1. 更换密封圈，紧固连接件； 2. 调节； 3. 检修或更换刮油环
冷却系统故障	一、冷却水温正常，排气温度过高 1. 供水不足，漏水； 2. 管路积垢； 3. 冷却器效率低	1. 调整供水，检修管路； 2. 清洗管路； 3. 检修冷却器
	二、出水温度高，冷却效果差 1. 供水不足，漏水； 2. 进水温度高	1. 调整供水，检修管路； 2. 控制进水温度
	三、气缸内有水 1. 气缸密封垫片破裂； 2. 中间（后）冷却器密封不严或管子破裂	1. 检修； 2. 检修
压力异常	一、排气压力过高 1. 负荷调节器失灵或调整不当； 2. 减荷阀失灵	1. 吹洗、检修和调整； 2. 吹洗、检修和调整
	二、排气压力过低 1. 安全阀故障； 2. 气阀座泄漏或活塞环磨损； 3. 空气过滤器严重堵塞	1. 检修； 2. 检修； 3. 检修

续表

故障类型	故障及其原因	排除方法
压力异常	三、进、排气阀漏气 1. 阀片断裂 （1）弹簧折断，阀片受力不均； （2）弹簧不垂直或同一阀片上各弹簧的弹力相差过大，使阀片受力不均； （3）弹簧弹力过小，使阀片受到较大冲击； （4）阀片材料不良或制造质量不良； （5）润滑油过多，影响阀片正常启、闭，同时容易积炭结垢，使阀片脏污。 2. 阀片与阀座密封不严 （1）阀片与阀座密封结合面不平； （2）进气不清洁，积尘结垢； （3）阀片支承面密封垫损坏	1. 检修、更换 （1）研磨结合面； （2）清洗并研磨； （3）更换
	四、压力分配失调 1. 一级吸气阀或排气阀漏气； 2. 二级吸、排气阀漏气	1. 检修； 2. 检修
异常声响和过热	一、运动部件异常声响 1. 气缸内有异物； 2. 气缸进水； 3. 活塞或气缸磨损； 4. 活塞和活塞杆的紧固螺母松动； 5. 活塞杆与十字头的紧固螺母松动； 6. 连接销与销孔配合不当； 7. 曲轴连杆或活塞组件机械损伤； 8. 带轮、飞轮不平衡	1. 判断位置并停车检修； 2. 判断位置并停车检修； 3. 修配； 4. 紧固； 5. 紧固； 6. 调整间隙； 7. 修配、更换； 8. 调整
	二、工作摩擦面过热 1. 供油不足、润滑油太脏、油质不好、油中含水过多、油膜破坏等； 2. 摩擦面被拉毛； 3. 连杆大头轴瓦抱得太紧	1. 根据检查结果采取相应措施； 2. 用油石磨光； 3. 用垫片调整，以达到规定间隙
	三、空压机过热 1. 冷却不良，气阀故障或缸内积炭严重； 2. 运动部件之间间隙太小，造成摩擦阻力大； 3. 润滑油被吸入气缸而燃烧； 4. 润滑油不合规定或供油不足	1. 改善冷却条件、检修； 2. 调整间隙； 3. 检修，密封，调整供油； 4. 换油，调整供油

续表

故障类型	故障及其原因	排除方法
安全阀故障	一、不能适时开启 1. 阀内有脏物； 2. 弹簧压力调整不合适	1. 清洗、吹除脏物； 2. 重新调整弹簧
	二、阀芯密封不严 1. 阀内有脏物； 2. 阀芯磨损	1. 清洗、吹除脏物； 2. 研磨或更换阀芯
	三、安全阀开启后压力继续升高 阀芯内有脏物或开启度不够	拆卸清洗、重新调整
主要零部件损坏	一、活塞环磨损过快 1. 材质松软，硬度不够，金相组织不合要求； 2. 润滑油质量低劣； 3. 供油量不足或过多，形成积炭结垢； 4. 吸入空气不干净，灰尘进入气缸； 5. 活塞环或气缸壁表面粗糙度变差，加剧磨损	1. 更换活塞环； 2. 换油； 3. 清洗积炭，调整供油量； 4. 清洗空气过滤器； 5. 检修
	二、连杆与连杆螺栓损坏、断裂 1. 拧得过紧而承受过大的预紧力； 2. 大、小头瓦严重松动、损坏； 3. 精度差或装配不当而承受不均匀载荷； 4. 大头瓦温度过高，引起螺栓膨胀伸长； 5. 活塞在缸内"卡死"或超负荷运转，使螺栓承受过大应力； 6. 经长时间运转后疲劳强度下降； 7. 轴瓦间隙过大、磨损过大或损坏	1. 调整； 2. 调整、更换； 3. 检修、调整； 4. 检修、调整； 5. 检修； 6. 更换； 7. 调整、更换
	三、活塞咬死和损坏 1. 气缸内断油或油质太差，吸入空气含有杂质，积炭太多； 2. 冷却水量不足，气缸过热，润滑油氧化分解； 3. 过热气缸采用强行制冷使气缸急剧收缩，但活塞尚未冷却收缩，致使活塞突然咬死； 4. 安装时运动机构未校正使活塞卡死； 5. 气缸与活塞的间隙过小； 6. 活塞环磨损过大或断裂； 7. 缸内有异物； 8. 活塞和气缸材料不符合线性膨胀及硬度要求	1. 换油、防尘； 2. 改善冷却； 3. 修配； 4. 检修； 5. 修配； 6. 更换； 7. 检修； 8. 更换

思 考 题

5-1 空压机应用的特点。
5-2 单作用与双作用空压机的工作原理有什么区别?
5-3 说明活塞式空压机的工作循环过程。
5-4 空压机理论工作循环与实际工作循环有什么不同?
5-5 活塞式空压机由哪些主要部件构成?
5-6 活塞环有什么作用?如果活塞环在运行中断裂,会产生什么后果?
5-7 简述环状气阀的工作原理。
5-8 说明安全阀的作用和空压机中安全阀通常的安装位置。
5-9 简要说明空压机如何进行排气量调节,常用的调节方法有哪几种。
5-10 L型空压机的润滑系统组成部件有哪些?气缸和运动部件是怎样润滑的?
5-11 空压机的冷却系统组成部件有哪些?中间冷却器有什么作用?其构造是怎样的?
5-12 润滑系统出现油压过低、供油不足等故障,试分析其原因。
5-13 试分析冷却系统水温过高的原因。

第六章 内燃机

第一节 概述

将燃料燃烧所产生的热能转化为机械能的装置称为热力发动机,简称为热机。内燃机(Internal Combustion Engines)是热机的一种,其特点是燃料在机器内部燃烧,燃烧的气体所含的热能直接转变为机械能。另一种热机是外燃机,特点是气体在锅筒外部的炉膛内燃烧,其热能将锅筒内的水加热成为高温高压的水蒸气,再由水蒸气转变为机械能。

由于内燃机具有结构紧凑、热效率高、体积小、质量轻等特点,因而广泛应用于飞机、火车、汽车、船舶等交通工具以及农用机械、石油钻采和发电设备等作为动力。但是,目前内燃机主要是以石油产品作为燃料,燃烧后排出的废气含有较高的有害成分,对人类环境会造成较大污染。同时石油资源远不能满足人类社会发展的需求,因而国内外正致力于排气净化及其他新能源发动机的研究。

一、内燃机的分类及其表示方法

1. 内燃机的分类

内燃机按其将热能转化为机械能的主要构件形式,可分为活塞式内燃机和燃气轮机两大类,而活塞式内燃机按活塞的运动方式又可分为往复活塞式和旋转活塞式两种。本章主要介绍应用最为广泛的往复活塞式内燃机。往复活塞式内燃机常见的分类方法如下。

(1) 按燃料着火方式,可分为压燃式和点燃式两类。压燃式内燃机是由雾状燃料与空气的混合气,在压缩过程形成高压高温而自燃着火燃烧做功的发动机,如柴油机。点燃式内燃机是由电火花将燃烧室中的混合气点燃后燃烧做功的发动机,如汽油机。

(2) 按活塞在完成一个做功工作循环上下往复行程的次数(习惯上也称为冲程数),可分为四冲程内燃机和二冲程内燃机。

(3) 按燃料种类,可分为使用液体燃料的内燃机和使用气体燃料的内燃机以及使用多种燃料的内燃机。常用的液体燃料有汽油、柴油和煤油等;气体燃料有煤气、液化石油气和天然气。气体燃料虽然存储和携带不是很方便,但由于其燃烧后污染小、成本低,故受到近距离运输和城市交通车辆使用者的普遍欢迎,特别是我国天然气资源蕴藏量十分丰富,压缩天然气在车辆中的应用研究,近年来在我国得到长足发展。此外,还有以甲醇、乙醇、氢气等作燃料的多种燃料内燃机。

(4) 按燃料供给方式可分为化油器式内燃机和喷射式内燃机。化油器式内燃机用化油器将燃料(汽化气)与空气混合成一定成分比例的混合气,经进气管送入气缸燃烧做功;喷射式内燃机是用喷射装置产生的压力将燃料直接喷入气缸或进气管,与空气形成混合气后燃烧做功。

(5) 按内燃机气缸排列的形式可分为单列式和双列式。其中单列式又可分为气缸成直立布置或卧式布置内燃机，双列式又可分为 V 型布置内燃机或对置式布置内燃机。

(6) 按气门的布置形式可分为顶置式、侧置式和混合式。

(7) 按气门数量可分为单气门（仅用于二冲程内燃机）、双气门（进、排气门各一个）、三气门（二个进气门、一个排气门）、四气门（进、排气门各二个）和五气门（三个进气门、二个排气门）。

(8) 按冷却方式的不同可分为水冷式内燃机和风冷式内燃机。

(9) 按进气方式不同分为自然进气式内燃机和增压式内燃机。

2. 内燃机型号表示方法及其应用举例

（1）内燃机型号的表示方法。为了生产、使用、购销和识别不同类型的内燃机，我国国家标准（GB/T 725—2008）规定了内燃机型号由首部、中部、后部和尾部 4 个部分组成。

首部：表示产品系列符号或换代标志符号，由制造厂根据需要自选相应字母表示。如：EQ 表示第二汽车制造厂、YC 表示广西玉林柴油机厂。

中部：由内燃机气缸数符号、冲程符号、气缸排列形式符号和气缸内径符号组成。其中用阿拉伯数字分别表示气缸数、气缸直径，如 6135 的"6"表示 6 个气缸、"135"表示缸径为 135 mm；冲程符号用 E 表示二冲程，四冲程不标符号；气缸排列形式用字母 V 表示双列气缸轴线成 V 形，用 P 表示气缸轴线成水平卧式，而直列及单缸内燃机不标符号。

后部：表示内燃机结构特征及用途特征。

尾部：区分符号。由制造厂选，用适当符号表示。

内燃机型号组成如下：

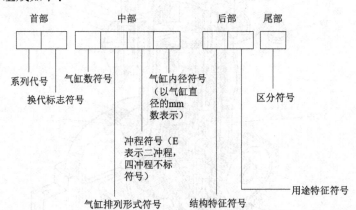

符号	含 义
无符号	多缸直列及单缸卧式
V	V 型
P	平卧型

符号	结构特征
无符号	水冷
F	风冷
N	凝气冷却
S	十字头式
D_Z	可倒转
Z	增压
Z_L	增压中冷

符号	用 途
无符号	通用型及固定动力
T	拖拉机
M	摩托车
G	工程机械
Q	车用
J	铁路机车
D	发电机组
C	船用主机，右机基本型
C_Z	船用主机，左机基本型
Y	农用运输车
L	林业机械

(2) 内燃机型号表示方法举例。

例1：EQ6100—1 型汽油机，表示第二汽车制造厂生产，六缸，四冲程，气缸内径 100 mm，水冷，车用直列式，第一种改进型产品。

例2：YC6105QA1 型柴油机，表示广西玉林柴油机厂生产，六缸，四冲程，气缸内径 105 mm，水冷，车用直列式，第一种改进型（直接喷射式），第一种配套车型（CA141K3）产品。

例3：HRBC12V200ZLCA 型柴油机，表示哈尔滨船厂生产，十二缸，V 型，四冲程，气缸内径 200 mm，增压中冷进气式船用主机（右机），水冷，第一种改进型产品。

例4：4120E 型柴油机，表示四缸，四冲程，气缸内径 120 mm，风冷，通用型柴油机。

例5：IE65F 型汽油机，表示单缸，二冲程，气缸内径 65 mm，风冷，通用型汽油机。

3. 单缸四冲程内燃机的构造

单缸四冲程汽油机的基本结构如图 6-1 所示，气缸 25 内装有活塞 1，活塞通过活塞销 4、连杆 6 与曲轴相连接，活塞能在气缸内做直线往复运动，并通过连杆推动曲轴 9 旋转。反之，曲轴旋转也可带动连杆，连杆通过活塞销带动活塞做直线往复运动。这是曲柄滑块机构在汽车发动机中的应用。

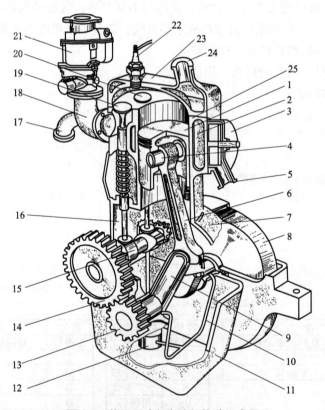

图 6-1 单缸四冲程汽油机构造示意图

1—活塞；2—水套；3—水泵；4—活塞销；5—进水口；6—连杆；7—曲轴箱；8—飞轮；9—曲轴；
10—机油管；11—油底壳；12—机油泵；13—曲轴正时齿轮；14—凸轮轴正时齿轮；
15—凸轮轴；16—挺杆；17—排气歧管；18—进气管；19—进气门；20—排气门；
21—化油器；22—火花塞；23—气缸盖；24—出水口；25—气缸

为了实现发动机工作循环的进气、压缩、膨胀做功和排除废气 4 个行程，设置了进气门 19、排气门 20、化油器 21 及进气管 18。为了准确控制进、排气门的适时开启和关闭，曲轴通过齿轮驱动凸轮轴，利用凸轮和挺杆来推动进、排气门。气缸体上装有气缸盖 23，用以封闭燃烧室，用水泵 3 使冷却水不断循环，实现发动机在一定温度下工作。为提高发动机的工作稳定性，实现扭矩输出，在曲轴末端装有飞轮 8，此外，曲轴所在的空间部位称为曲轴箱 7，油底壳 11 用来储存润滑油，由机油泵 12、机油管 10 将润滑油输送到各运动副工作表面并不断循环。火花塞 22 产生的火花点燃燃油与空气混合气，以产生热能。

二、发动机基本术语和计算公式

（1）活塞上止点。活塞移动顶面处于离曲轴回转中心最远的位置，称为上止点。

（2）活塞下止点。活塞移动顶面处于离曲轴回转中心最近的位置，称为下止点。

（3）活塞行程。活塞由一个止点向另一个止点移动的距离，称为活塞行程，用 S 表示。

（4）曲柄半径。曲轴上连杆轴颈中心至曲轴回转中心之间的距离，称为曲轴半径用 R 表示。它等于活塞行程的一半，即 $S=2R$。

（5）气缸工作容积。活塞在一个行程内所扫过的容积，称为气缸排量，用 V_s 表示，单位为升（L）。多缸发动机各气缸工作容积的总和，称为发动机排量，用 V_L 表示，如图 6-2 所示。

$$V_L = V_s i = \frac{\pi D^2}{4\times 10^6} Si \qquad (6\text{-}1)$$

式中，D——气缸直径（mm）；

S——活塞行程（mm）；

i——一台发动机的气缸数。

（6）燃烧室容积。活塞在上止点时，活塞顶面至气缸盖底面之间的空间，其容量称为燃烧室容积，用 V_c 表示，单位为升（L）。

（7）气缸总容积。活塞在下止点时，活塞顶以上的空间容量称为气缸总容积，等于气缸工作容积 V_s 与燃烧室容积 V_c 之和，用 V_a 表示，即

$$V_a = V_s + V_c \qquad (6\text{-}2)$$

（8）压缩比。单个气缸的总容积与燃烧室容积之比，用 ε 表示。

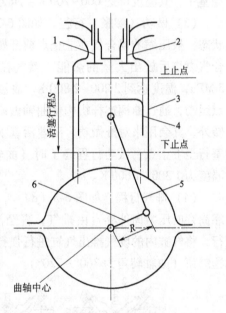

图 6-2 发动机示意图
1—进气门；2—排气门；3—气缸；
4—活塞；5—连杆；6—曲轴

三、四冲程发动机的工作原理

四冲程发动机是指发动机每完成一个工作循环，需经过进气、压缩、做功（膨胀）和排气 4 个过程，对应着活塞上下的 4 个行程，曲轴要旋转 720°。

1. 四冲程汽油机的工作原理

（1）进气行程。如图 6-3（a）所示，从进气门开启直至进气结束，进气门关闭为止的全过程。这一过程实际上超过一个活塞行程，它包括活塞上行至上止点前进气门提前打开而

排气门尚未关闭时的扫气阶段,待排气门关闭,扫气即结束,活塞继续下行,气缸内形成真空吸力,这时为充气期,直至活塞行过下止点,此时进气门尚未完全关闭,活塞由行过下止点后至进气门关闭前,气流在惯性作用下继续充入气缸体内,这一时期称为过后充气阶段(曲轴转角 0°~180°)。

在进气冲程气缸内充气量的多少,意味着缸内吸入助燃氧气量的多少,它将直接影响到发动机功率和转矩的大小。对化油器式发动机和一般结构的汽油喷射式发动机而言,其吸入气缸的都是可燃混合气。对向气缸内直接喷入汽油的直喷式发动机而言,其吸入气缸的是纯净的空气。

(2)压缩行程。如图 6-3(b)所示,为使吸入气缸的可燃混合气能够迅速地完全燃烧,以产生更强的爆发压力,从而使发动机发出较大功率,必须使进入气缸内的可燃混合气的温度和压力上升到一定的程度。压缩行程就是使充入气缸的可燃混合气随着进气过程结束、进排气门关闭、活塞由下止点向上止点继续运行,使气缸内的容积逐渐缩小,在活塞行至上止点压缩行程终了(曲轴转角为 180°~360°)时,混合气被压缩到活塞上方很小的空间,即燃烧室中,其温度可达 600~700 K,压力升至 0.6~1.2 MPa。

(3)做功(膨胀)行程。如图 6-3(c)所示,做功行程中,进、排气门仍然处于关闭状态,被压缩的混合气在上止点前开始被装在气缸盖上的火花塞发出的电火花点燃,可燃混合气燃烧后放出大量的热能,燃气在气缸内的压力和温度迅速增高,最高压力可达 3~5 MPa,温度达到 2 200~2 800 K。高温高压的燃气作用在活塞顶,推动活塞从上止点向下止点运动,通过曲柄连杆机构使曲轴做旋转运动,输出机械能,除用于维持发动机本身继续运转外,其余用来对外做功。随着活塞下移,气缸容积增加,气体压力和温度不断降低,在活塞行至下止点、做功行程终了时(曲轴转角 360°~540°),气缸内压力降至 0.3~0.5 MPa,温度为 1 300~1 600 K。

(4)排气行程。如图 6-3(d)所示,当做功接近终了时,排气门打开,气缸内的废气靠尚存的压力向外界自由排气,直至活塞运行到下止点。活塞过了下止点后,由于活塞上行,将气缸内的废气推出气缸进行强行排气。活塞移至上止点附近时,进气门开启,排气行程结束(曲轴转角为 360°~720°)。

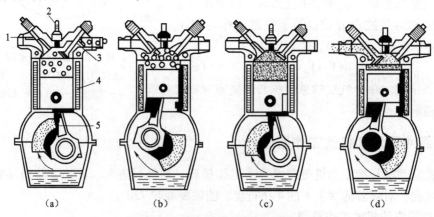

图 6-3 四冲程汽油机工作原理

(a)进气行程;(b)压缩行程;(c)做功行程;(d)排气行程

1—排气门;2—火花塞;3—进气门;4—活塞;5—曲轴连杆

由于活塞行至上止点时,活塞顶与气缸盖间仍有一定的容积,即燃烧室容积。因此必然存留有部分废气,称为残余废气,它将和吸入的新鲜空气混合,提高燃气温度,但会降低可燃混合气的含氧量。显然,残余废气越少越好。

2. 四冲程柴油机的工作原理

与四冲程汽油机一样,四冲程柴油机的工作循环也有进气、压缩、做功(膨胀)和排气4个行程。所不同的是四冲程柴油机的进气行程中吸入的是新鲜空气而不是可燃混合气。此外,由于柴油机所用柴油黏度大于汽油,其自燃温度却低于汽油,因而可燃混合气的形成及点火方式都不同于汽油机。四冲程柴油机的工作原理如图6-4所示。

当柴油机进气行程吸入的新鲜空气在压缩行程接近终了时,柴油机喷油泵1将燃油压力提高到10~15 MPa以上,并通过喷油器2强行以雾状形态喷入气缸内,在极短时间内与压缩后的高温空气混合形成可燃混合气。其混合过程是在气缸内部形成的。由于柴油机压缩比高(一般为16~22),气缸内空气在压缩终了时压力可达 3.5~4.5 MPa,温度可高达 750~

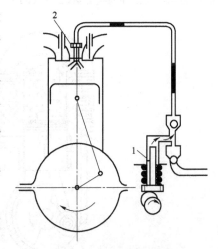

图 6-4　四冲程柴油机示意图
1—喷油泵;2—喷油器

1 000 K,大大超过柴油的自燃温度(603 K),因而雾状柴油喷入气缸后在很短时间即可与空气混合,并立即自行着火燃烧,气缸内压力急剧上升到6~9 MPa,温度也升到2 000~2 500 K。在高压气体的推动下,活塞向下运动并带动曲轴旋转而做功。废气经排气管排入大气中。

四、二冲程发动机的工作原理

二冲程发动机的工作循环是在活塞的两个行程内,即曲轴旋转一圈(360°)的时间内完成的。

1. 二冲程汽油机的工作原理

图6-5所示为一种用曲轴箱换气的二冲程化油器式汽油机的工作示意图。发动机气缸上有3个孔,这3个孔分别在一定时刻被活塞关闭,如图6-5(a)所示。进气孔2与化油器相连通,可燃混合气经进气孔2流入曲轴箱,继而可由换气孔3进入气缸中,废气则可经过与排气管相连通的排气孔1被排出。

(1) 第一行程。活塞由下止点向上移动,事先已充入活塞上方气缸内的混合气被压缩,新的可燃混合气由于活塞下方曲轴箱的容积由小到大,形成一定压差而被吸入曲轴箱内,如图6-5(b)所示,进气结束,压缩行程终了。

(2) 第二行程。活塞由上止点下移,活塞上方火花塞点燃的可燃混合气迅速膨胀推动活塞下行做功,如图6-5(c)所示。当活塞下行约2/3行程时,排气门开启,废气在剩余压力的作用下,由排气孔1冲出气缸,如图6-5(d)所示。此后,气缸内压力降低,活塞继续下行,换气孔3开启,因活塞下行曲轴箱压力升高产生的压差将曲轴箱内的可燃混合气经换气孔3进入活塞上方,直至活塞再由下止点向上移动1/3行程,将换气孔3关闭为止。

为防止新鲜混合气在换气过程中与废气混合并随废气排出造成浪费,二冲程汽油机的活塞顶通常做成特殊的形状,使新鲜可燃混合气流被引向上方,并以此气流扫出废气,使排气更加彻底。但二冲程发动机换气时可燃混合气的损失大大高于四冲程发动机。

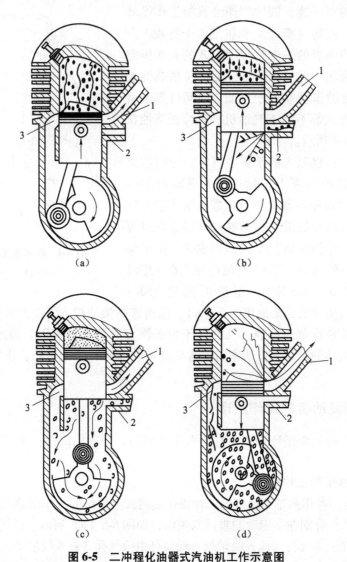

图 6-5 二冲程化油器式汽油机工作示意图
(a) 压缩;(b) 进气(可燃混合气);(c) 燃烧膨胀;(d) 换气
1—排气孔;2—进气孔;3—换气孔

图 6-6 所示为二冲程汽油发动机的示功图,它的工作循环如下:

活塞由下止点向上运动到 a 点,将排气孔关闭,此时压缩行程开始。活塞继续向上运动,气缸内压力逐渐升高,接近上止点时,开始点火(或喷油)燃烧,缸内压力迅速升高,示功图上 c-f 段即表示燃烧过程。可燃混合气燃烧膨胀做功,活塞下行至 b 点,排气孔打开并开始排气,这时气缸内压力仍较高,为 0.3~0.6 MPa,故废气以声速从气缸内排出,压力急速下降。当活塞继续下移至将换气孔打开位置时,曲轴箱内的可燃混合气(或空气)进入气缸，这段时间的排气称为自由排气。排气一直延续至活塞下行到下止点后再向上将排气孔关闭为止。示功图上的 bda 曲线即是二冲程发动机的换气过程，为 $130°\sim150°$ 曲轴转角。接着，活塞继续上行重复压缩过程，进行工作循环。

2. 二冲程柴油机的工作原理

二冲程柴油机的工作过程和二冲程化油器式发动机的工作过程基本相似，不同之处是进入柴油机气缸的不是可燃混合气，而是空气。由图 6-7 分析二冲程柴油机工作原理：空气由扫气泵提升压力（0.12～0.14 MPa）后，进入气缸；废气由排气门排出。

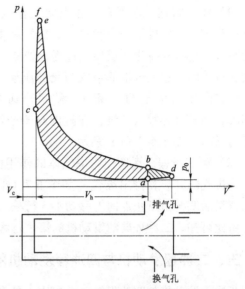

图 6-6 二冲程汽油发动机示功图

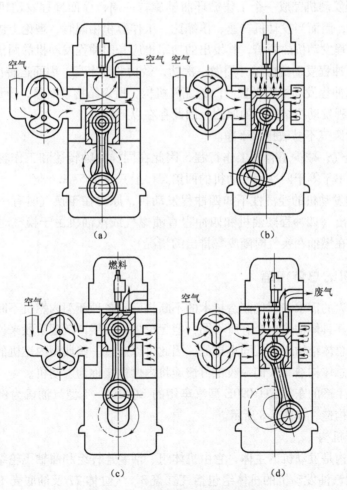

图 6-7 二冲程柴油机工作示意图
(a) 换气；(b) 压缩；(c) 燃烧；(d) 排气

(1) 第一行程。活塞自下止点向上止点移动。行程开始前，活塞顶位于进气口下面，进气孔和排气孔均处于开启状态，由扫气泵将升压后 (0.12~0.14 MPa) 的空气压入气缸，驱使废气由排气孔排出形成换气过程，如图6-7 (a) 所示。当活塞上行时，进气孔被关闭，排气孔也关闭，进入气缸的空气即受到压缩，如图6-7 (b) 所示。活塞继续上行接近上止点，气缸内压力增至约 3 MPa、温度升到 850~1 000 K 时，柴油经喷油泵增压到 17~20 MPa，由喷油器喷入气缸，在缸内高于柴油自燃温度的条件下自行着火燃烧膨胀，使缸内压力增高，如图6-7 (c) 所示。

(2) 第二行程。活塞受燃烧气体的作用由上止点向下止点运动做功，活塞下行 2/3 行程时，排气门开启，排出废气 [如图6-7 (d) 所示]。此后气缸内压力降低，活塞继续下行，直至活塞再由下止点向上移动 1/3 行程，将进气孔关闭为止。

由此可知，二冲程柴油发动机的第一行程为进气、压缩，第二行程为做功、排气。

五、二冲程发动机与四冲程发动机的比较

二冲程发动机与四冲程发动机相比，具有以下优点：

(1) 二冲程发动机完成一个工作循环曲轴旋转一周，而四冲程发动机完成一个工作循环曲轴要转两周，因而当发动机转速、压缩比、工作容积相同时，理论上讲二冲程发动机的做功次数是四冲程发动机的两倍，其发出的功率也应是四冲程发动机的两倍。

(2) 由于二冲程发动机曲轴一周做一次功，做功的频率高，因而运转比较均匀、平稳。

(3) 由于二冲程发动机不设置专门的配气机构，所以结构较简单，质量也较小。

但由于二冲程发动机结构上的原因，因此存在以下缺点：

(1) 燃烧后废气不易被排除干净。

(2) 由于换气，减少了有效工作行程，因此在同样曲轴转速和工作容积的情况下，二冲程发动机的功率不等于四冲程发动机的两倍，一般只有 1.5~1.6 倍。

(3) 二冲程发动机的经济性不如四冲程发动机，原因在于换气时有一部分新鲜可燃混合气随同废气排出（四冲程柴油机和四冲程直喷燃气或汽油机由于换气时是由纯空气扫除废气，因而不存在燃油在换气时随废气排出的情况）。

六、内燃机的总体构造

随着不同用途的需求和现代制造技术的不断提高，各种新型内燃机不断涌现，即使是同类型的内燃机，其具体构造也会有所不同，但无论怎样发展，就现阶段来说，国内外生产和使用的内燃机的总体结构还是大同小异的。因此可以通过一些典型内燃机的结构实例来了解和分析内燃机的总体构造。人们一般也习惯地将内燃机统称为发动机。

下面以我国生产的东风 EQ1090E 型汽车用的 EQ6100—1 型汽油机为例，介绍四冲程汽油发动机的一般构造，如图6-8 所示。

1. 曲柄连杆机构

曲柄连杆机构是发动机的主体，它由机体组、活塞连杆组和曲轴飞轮组 3 部分组成。东风 EQ6100—1 型汽油发动机的机体组包括气缸盖 3、气缸体 27 及油底壳 18 等主要零部件。有的发动机将气缸体沿曲轴主轴承中心水平面分铸成上下两部分，上部称为气缸体，下部称

第六章 内燃机

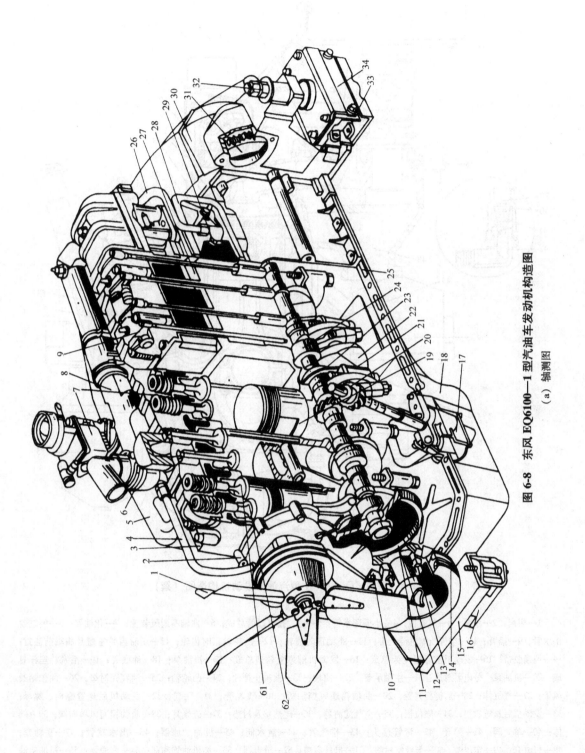

图 6-8 东风 EQ6100—1 型汽油车发动机构造图
(a) 轴测图

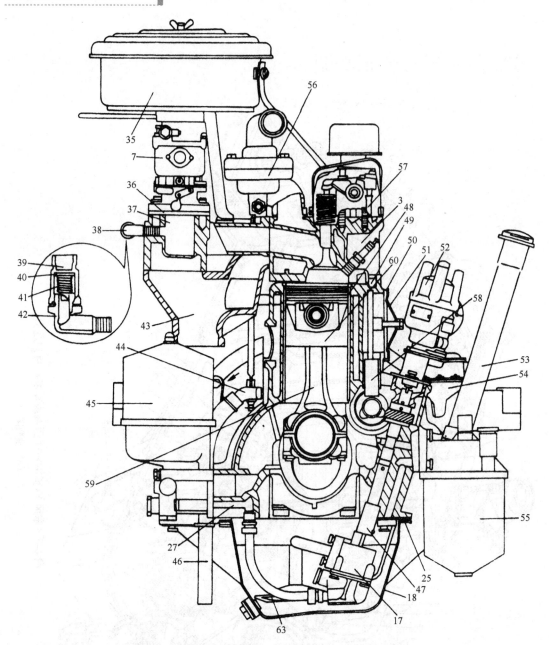

图 6-8 东风 EQ6100—1 型汽油车发动机构造图（续）
(b) 剖视图

1—风扇；2—水泵；3—气缸盖；4—小循环水管；5—进、排气歧管总成；6—曲轴箱通风装置；7—化油器；8—气缸盖出水管；9—摇臂；10—空气压缩机传送带；11—曲轴正时齿轮；12—凸轮轴正时齿轮；13—正时齿轮室盖及曲轴前油封；14—风扇胶带；15—发动机前悬置支架总成；16—发动机前悬置软垫总成；17—机油泵；18—油底壳；19—活塞、连杆总成；20—机油泵、分电器总成；21—主轴承盖；22—曲轴；23—曲轴止推片；24—凸轮轴；25—油底壳衬垫；26—曲轴箱通风管；27—气缸体；28—后挺杆室盖；29—曲轴箱通风挡油板；30—飞轮壳；31—飞轮；32—发动机后悬置螺栓、螺母；33—发动机后悬置软垫；34—限位板；35—空气滤清器；36—绝热垫及衬垫；37—进气管；38—曲轴箱通风单向阀；39—阀体；40—单向阀；41—弹簧；42—弯管接头；43—排气管；44—放水阀；45—机油细滤器；46—出水软管；47—联轴套；48—气缸套；49—定位销；50—挺杆室衬垫；51—挺杆室盖；52—分电器；53—加机油管和盖；54—汽油泵；55—机油粗滤器；56—出水管节温器；57—推杆；58—挺杆；59—连杆；60—活塞；61—进气门；62—排气门；63—集滤器

为曲轴箱。机体组是发动机各系统、各机构的装配基本体，同时其本身的某些部分又分别是曲柄连杆机构、配气机构、供给系统、冷却系统和润滑系统的组成部分。气缸盖和气缸体的孔壁共同组成燃烧室的一部分，是承受高压、高温和传导热量的机件。

发动机中活塞 60、连杆 59、带有飞轮的曲轴 22 等机件的功用是把活塞所做的往复直线运动转变为曲轴旋转运动并输出动力。

2. 配气机构

配气机构包括进气门 61、排气门 62、挺杆 58、推杆 57、摇臂 9、凸轮轴 24、凸轮轴正时齿轮 12（由曲轴正时齿轮 11 驱动）。配气机构的作用是依靠凸轮凸缘线运动轨迹使气门按一定规律开启或关闭，以使可燃混合气及时充入气缸或从气缸内排除废气。

3. 燃料供给系统

燃料供给系统主要由汽油箱、汽油泵 54、汽油滤清器、化油器 7（现代车辆中已采用电控喷油装置取代了传统化油器）、空气滤清器 35、进气管 37、排气管 43、尾气消声器等组成，其功用是将燃料（汽油机是可燃混合气，柴油机则分别是空气和高压状态下经雾化的柴油）供入气缸供燃烧，并将燃烧后的废气排出。

4. 点火系统

点火系统由供给低压电流的蓄电池和发电机、分电器、点火线圈及火花塞等组成，其功用是按规定的顺序和时刻及时点燃气缸中被压缩的可燃混合气。

5. 润滑系统

润滑系统主要由机油泵 17、集滤器 63、限压阀、机油粗滤器 55、机油细滤器 45 和机油冷却器以及润滑油道等构成。其功用是将润滑油供给到发动机上有相对运动且需要润滑的零件表面，以减少摩擦阻力，冲洗运动磨损产生的金属微粒并带走摩擦热量。

6. 冷却系统

冷却系统主要由水泵 2、散热器、风扇 1、分水管及气缸和气缸盖中的空腔（水套）等组成，其功用是通过循环流动的冷却水带走受热机件传导的热量，并将热量散发到大气中，以保证发动机能正常工作。

7. 启动系统

启动系统由启动机及附属装置组成，其功用是利用启动机的动力使发动机启动并进行运转。

图 6-9 所示为我国第一汽车制造厂生产的奥迪 100 型轿车发动机的构造，其结构特点是凸轮轴直接安装在气缸盖上方，进、排气门的开和闭由凸轮轴直接驱动，简化了配气传动机构，省去了摇臂。这种装置很适合于高速发动机。

图 6-10 所示为我国自行设计的、与黄河 JN1181C13 型汽车配套的 6135Q 型六缸、四冲程柴油发动机，其结构特点是曲轴为每缸分段式组合曲轴且主轴承采用圆柱滚子轴承，摩擦损耗很小，气缸体采用隧道式结构，刚度大，曲轴可沿主轴承孔轴线整体由气缸体端面拆装，维修十分方便。

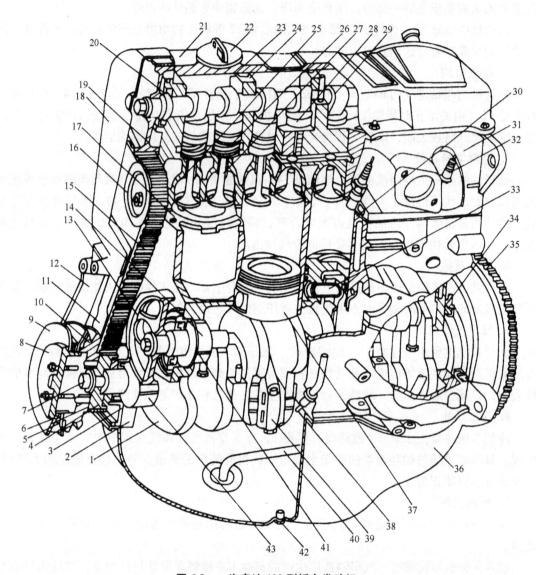

图 6-9　一汽奥迪 100 型轿车发动机

1—曲轴；2—曲轴轴承盖；3—曲轴前端油封挡板；4—曲轴正时齿轮；5—压缩机传送带轮；6—调整垫片；7—正时齿轮拧紧螺栓；8—压紧盖；9—压缩机曲轴带轮；10—水泵、电动机曲轴带轮；11—正时齿轮下罩盖；12—压缩机支架；13—中间轴正时齿轮；14—中间轴；15—正时齿轮传送带；16—偏心轮张紧机构；17—气缸体；18—正时齿轮上罩盖；19—凸轮轴正时齿轮；20—凸轮轴前端油封；21—凸轮轴罩盖；22—机油加油口盖；23—凸轮轴机油挡油板；24—凸轮轴轴承盖；25—排气门；26—气门弹簧；27—进气门；28—液压挺杆总成；29—凸轮轴；30—气缸密封垫片；31—气缸盖；32—火花塞；33—活塞销；34—曲轴后端封油挡板；35—飞轮齿环；36—油底壳；37—活塞；38—油标尺；39—连杆总成；40—机油集滤器；41—中间轴轴瓦；42—放油螺塞；43—曲轴主轴瓦

第六章 内燃机

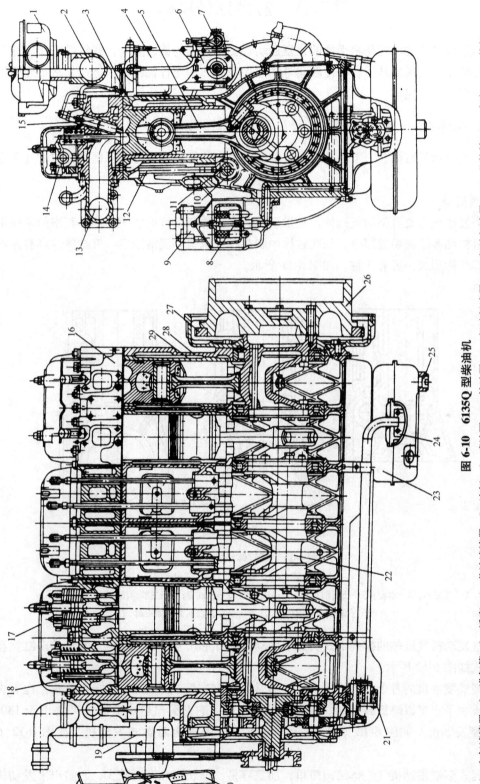

图 6-10 6135Q 型柴油机

1—空气滤清器；2—进气管；3—活塞；4—柴油滤清器；5—连杆；6—喷油泵；7—输油泵；8—机油粗滤器；9—机油细滤器；10—凸轮轴；11—挺杆；12—推杆；13—排气管；14—摇臂；15—喷油器；16—气缸盖；17—气门；18—气门罩；19—水泵；20—风扇；21—机油泵；22—曲轴；23—油底壳；24—集滤器；25—放油塞；26—飞轮；27—齿圈；28—机体；29—气缸套

第二节 曲柄连杆机构

曲柄连杆机构的功用是将活塞的往复运动转变为曲轴的旋转运动,并将燃气作用在活塞顶上的力转变为曲轴的转矩,由曲轴向外输出做功。曲柄连杆机构由机体组、活塞连杆组和曲轴飞轮组3部分组成。

一、机体组

机体组包括气缸体、上下曲轴箱、气缸盖和气缸垫及油底壳等。下面介绍它的几个主要组成部分。

1. 气缸体

作为发动机主要骨架的气缸体,是发动机各个构件和系统的装配基体,其中的某些部分也是各机构和系统的组成部分,如气缸体中制有冷却水道和润滑油道。气缸体应具有足够的强度,其结构形式一般有3种,如图6-11所示。

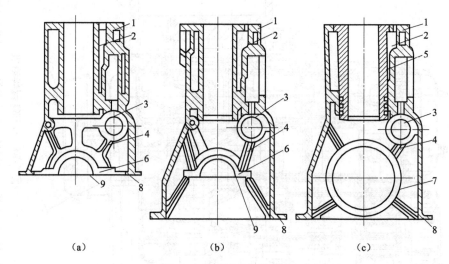

图 6-11 气缸体结构形式
(a) 平分式;(b) 龙门式;(c) 隧道式
1—气缸体;2—水套;3—凸轮轴孔座;4—加强肋;5—湿缸套;6—主轴承座;7—主轴承座孔;
8—安装油底壳的加工面;9—安装主轴承盖的加工面

多缸发动机气缸体的排列形式决定了发动机的外形尺寸和结构特点。常见的多缸发动机排列形式如图6-12所示。

单列式发动机的各个气缸排成一排,通常为竖直布置,如图6-12(a)所示,也有设计成倾斜或水平布置以降低高度的。双列式发动机左、右两列气缸中心线的夹角小于180°的称为V型发动机,如图6-12(b)所示;等于180°的称为对置式发动机,如图6-12(c)所示。

单列式多缸发动机气缸体结构简单,加工容易,但长度和高度较大。六缸以下发动机一般多采用单列式。

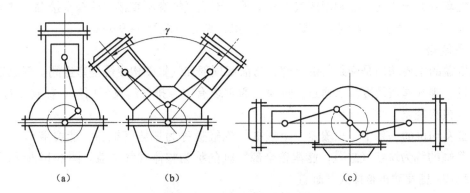

图 6-12 多缸发动机排列形式
(a) 单列式；(b) V 型；(c) 对置式

V 型发动机的长度和高度均较小，刚性增加，质量降低，但增加了宽度，而且形状复杂，加工难度较高，因此主要用在缸数较多、体积要求较小的大功率发动机上，如 12V135 型柴油发动机、红旗牌高级轿车用 CA72218V100 型发动机等。

对置式发动机（见图 6-13）高度比其他形式的小得多，非常有利于轿车及大型客车的总体布置。

气缸体的材料一般用优质灰铸铁制成，并广泛采用镶入耐磨性能较好的合金铸铁制造的气缸套的方法来提高气缸的使用寿命。

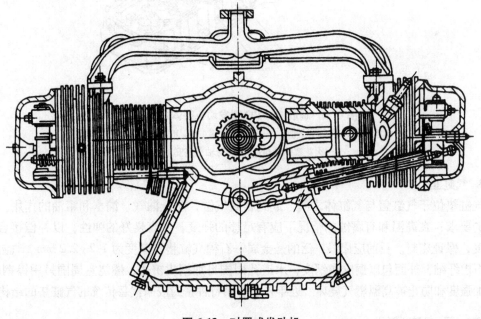

图 6-13 对置式发动机

2. 气缸套

气缸套与活塞、气缸盖构成燃烧室工作空间，其功用是保证活塞往复运动有一个良好的导向，并向周围冷却介质传导热量，以保证活塞组件和气缸套自身在高温、高压条件下能正常工作。

气缸套分为干式气缸套和湿式气缸套两种。干式气缸套不直接与冷却水接触，壁厚一般为 1~3 mm；湿式气缸套外侧与冷却水直接接触，壁厚一般为 5~9 mm。

3. 气缸盖

气缸盖的主要功用是密封气缸上部，与活塞顶部和气缸壁构成燃烧室空间。气缸盖内部还具有进、排气通道及冷却水通道。缸盖上通常装有进、排气门及气门座、摇臂及摇臂座、喷油器（或火花塞）等。

多缸发动机的一列中，只覆盖一个气缸的气缸盖称为单体气缸盖；能覆盖部分（两个以上）气缸的称为块状气缸盖；能覆盖全部气缸的称为整体式气缸盖。图 6-14 所示为国产解放 CA6102 型发动机整体式气缸盖。

气缸盖由于形状复杂，一般都采用灰铸铁或合金铸铁铸成，汽油机气缸盖也有的用铝合金铸造，因铝的导热性好，故有利于提高压缩比。但铝合金气缸盖存在刚度低、易变形的缺点。

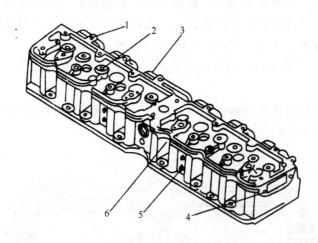

图 6-14　解放 CA6102 型发动机整体式气缸盖
1—螺栓孔；2—气门弹簧座；3—进、排气道的进、出口法兰；4—出水口；
5—火花塞螺栓孔；6—摇臂轴支座安装法兰

4. 气缸垫

气缸垫位于气缸盖与气缸体之间，起到密封气缸，防止漏气、漏水和窜油的作用。对气缸垫的要求：在高温和有腐蚀的情况下应有足够的强度，并有良好的弹性，以补偿接合面的不平度，保证密封。目前应用最广泛的是金属—石棉气缸垫，厚度为 1.2~2.2 mm。气缸垫中间是石棉纤维，外面包以铜皮或钢皮，水道孔周围另加铜皮镶边，燃烧室周围另用镍钢镶边，以增加强度和防止被高温燃气烧坏。近年来也有用特种密封胶来代替传统的气缸垫的结构。

二、活塞连杆组

活塞连杆组由活塞、活塞环、活塞销和连杆等主要机件组成，如图 6-15 所示。

1. 活塞

活塞的主要功能是承受其气缸里的气体压力，并通过活塞销传给连杆，从而推动曲轴旋转。活塞顶部与气缸盖、气缸壁共同形成燃烧室。

第六章 内燃机

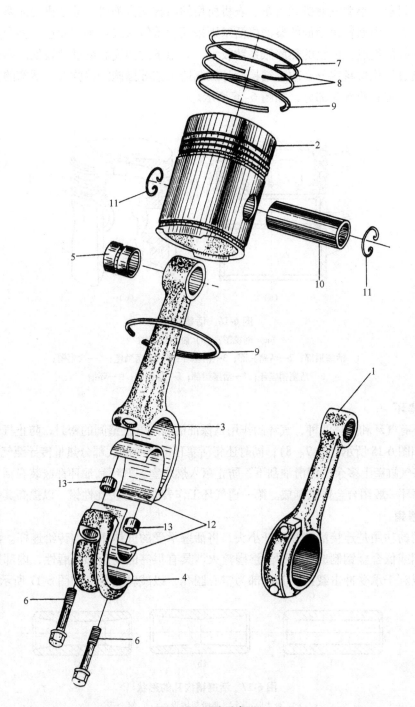

图 6-15 活塞连杆组
1,3—连杆；2—活塞；4—连杆盖；5—连杆衬套；6—连杆螺钉；7—第一道气环；8—第二、第三道气环；
9—油环；10—活塞销；11—活塞销卡环；12—连杆轴瓦；13—定位套筒

发动机工作时，活塞在高温高压下进行高速往复运动，承受着由周期性的燃烧压力和惯性力引起的交变拉伸、压缩和弯曲载荷，以及因活塞各部分温度不均匀而引起的热应力。恶劣的工作条件，决定了活塞材料必须具有质量轻、强度高、热膨胀系数小、导热性和耐磨性

· 171 ·

好的特点。目前，小型发动机和汽车、农机所用的高转速汽油机、柴油机的活塞广泛采用铝合金制造。大、中型转速稍低的柴油机活塞则采用优质铸铁或耐热钢制造。铝合金具有密度小、导热性好的优点，但它的热膨胀系数较大，高温下的强度和耐磨性较低。铝合金的这些缺点可以通过优化材料成分、改进结构设计和制造工艺等措施加以弥补。活塞的基本构造可分为顶部、头部和裙部3部分，如图6-16所示。

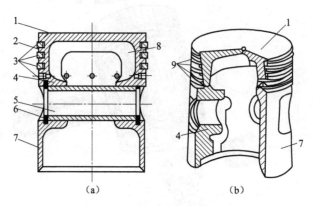

图 6-16 活塞结构
(a) 剖视图；(b) 轴测剖视图
1—活塞顶部；2—活塞头部；3—活塞环；4—活塞销座；5—活塞销；
6—活塞销锁环；7—活塞裙部；8—加强肋；9—环槽

2. 活塞环

活塞环有气环和油环两种，气环的作用是保证活塞与气缸壁间的密封，防止气体大量漏入曲轴箱（如图6-15所示件号7、8）；同时还将活塞顶部吸收的大部分热量传导至气缸壁。油环的作用是将气缸壁上多余的润滑油刮下，防止窜入燃烧室，气环和油环都嵌装在活塞头部的环槽内。活塞环一般用合金铸铁制成。第一道气环工作表面镀有多孔性铬，以提高其耐磨性能。

3. 活塞销

活塞销的功用是连接活塞和连杆小头，将活塞承受的气体作用力传给连杆。活塞销一般采用低碳钢或低合金钢制成，表面经渗碳淬火，具有很高的硬度和耐磨性，内部则保持较高的韧性，以利于承受冲击载荷。其心部为空心圆孔，以减轻质量，如图6-17所示。

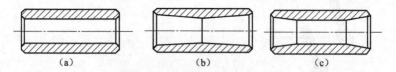

图 6-17 活塞销内孔的形状
(a) 圆柱形；(b) 两段截锥形；(c) 组合形

活塞销与销座孔及连杆小头的连接采用全浮式，工作时活塞销可在销座孔和连杆小头衬套孔内缓慢地转动，使磨损均匀。为防止活塞销因浮动产生轴向窜动刮伤气缸壁，在其两端销座孔内装有挡圈。

4. 连杆

连杆的作用是连接活塞与曲轴，是将活塞的往复直线运动转变为曲轴的旋转运动的重要部件。连杆一般用中碳钢或合金钢经模锻或辊锻成形后加工制成。连杆由小头、杆身和大头组成,如图 6-18 所示。

连杆小头与活塞销相连,小头内孔压配有减磨的青铜衬套。活塞销与衬套摩擦面的润滑一般有飞溅润滑和强制润滑两种方式。连杆大头与曲轴的曲柄销相连,通常做成剖分式。分开的部分称为连杆盖,依靠特别的连杆螺栓紧固在连杆大头上。连杆大头体盖是组合后再进行镗孔的,为防止装拆中配对错误,在同一侧刻有记号。连杆大头剖分面按其方向可分为平切口和斜切口两种。为保证连杆大头内孔的精确尺寸和正确形状,两半合装时,必须有严格牢靠的定位,一般采用套筒、止口或带定位销的螺栓定位。

连杆大头轴承也采用剖分式,称连杆轴瓦。连杆轴瓦的中分面瓦背处有一凸键,安装时将其嵌入相应的座孔凹槽中,用以防止轴瓦转动。

对于 V 型发动机,其左右两侧气缸的两个连杆是装在曲轴的同一个曲柄轴颈上的,其结构形式如图 6-19 所示。

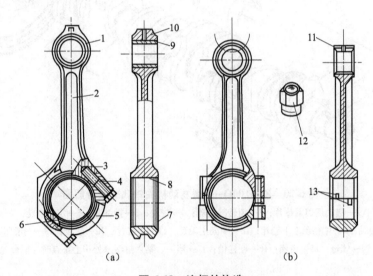

图 6-18 连杆的构造

(a) 斜切口式;(b) 平切口式

1—连杆小头;2—连杆杆身;3—连杆大头;4—连杆螺栓;5—连杆盖;6—定位销;
7—连杆下轴瓦;8—连杆上轴瓦;9—连杆衬套;10—集油孔;
11—集油槽;12—自锁螺母;13—轴瓦定位槽

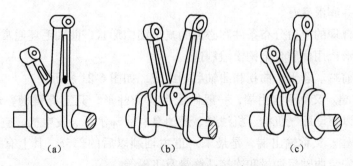

图 6-19 V 型发动机连杆示意图

(a) 并列式;(b) 主副式;(c) 叉式

三、曲轴飞轮组

曲轴飞轮组主要由曲轴和飞轮以及其他不同功用的零件和附件组成，典型的曲轴飞轮组结构如图 6-20 所示。

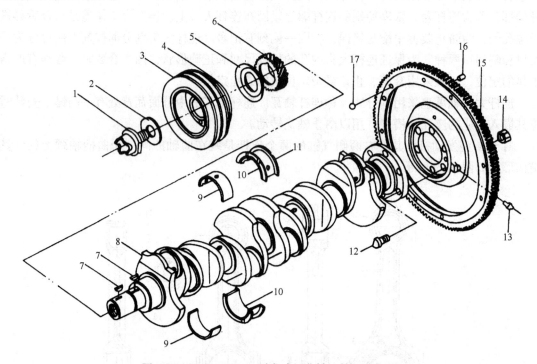

图 6-20　EQ6100Q—1 型发动机曲轴飞轮组分解图

1—起动爪；2—起动爪锁紧垫片；3—扭转减震器；4—带轮；5—挡油片；6—定时齿轮；7—半圆键；
8—曲轴；9—主轴承上下轴瓦；10—中间主轴瓦；11—止推片；12—螺栓；13—润滑脂嘴；
14—螺母；15—齿圈；16—圆柱销；17—第一、第六缸活塞处于上止点时的记号

1. 曲轴

曲轴的功用是承受连杆传来的力并输出扭矩，从而带动其他工作机械和发动机自身的辅助系统运转。

发动机工作中，曲轴在旋转质量的离心力、周期性变化的气体压力和往复惯性力的共同作用下，容易产生弯曲和扭转变形等疲劳损坏，因而要求曲轴具有足够的刚度和强度，其轴颈和轴承应耐磨并润滑良好。

为满足曲轴合理的应力分布条件和必需的复杂结构形状，曲轴毛坯通常采用高强度稀土球墨铸铁铸造成形或用优质合金钢模锻制造。

曲轴由曲轴前端、若干个曲拐和曲轴后端组成，如图 6-21 所示。

（1）曲轴前端。又称为自由端，一般做成台肩圆柱形，其上有键槽，通过键带动轴上的齿轮及带轮，以驱动配气机构、机油泵、燃油泵、冷却水泵、发电机、空调压缩机等。

（2）曲轴后端。又称输出端，是最末一道主轴颈以后的部分，其上有挡油盘和回油螺纹，同时可用于安装曲轴后油封和连接凸缘盘及飞轮等。

（3）主轴颈。用来支承曲轴绕曲轴中心回转的工作部位，一根曲轴可有多个主轴颈。

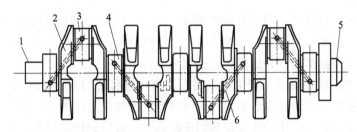

图 6-21 典型曲轴构造

1—曲轴前端；2—曲柄臂；3—连杆轴颈；4—主轴颈；5—曲轴后端；6—油道

(4) 连杆轴颈。又称曲柄销，与连杆大头配合，其个数与气缸数相同。

(5) 曲柄。用于连接连杆轴颈和主轴颈，又称为曲拐。其与轴颈连接处均为圆弧过渡，以避免应力集中。曲轴中的油道通过曲柄与连杆轴颈和主轴颈的油道相通。

(6) 平衡块。用来平衡连杆大头、连杆轴颈和曲柄等机件高速旋转产生的离心力，以及活塞连杆组做往复运动时所产生的惯性力。其形状多为扇形，这是因为扇形重块的重心距曲轴旋转中心较远，较小的质量便能产生较大的平衡离心力。加工合格的曲轴出厂前还必须进行动平衡检验。

2. 飞轮

飞轮的功能是储存发动机做功行程的部分能量，以克服其他行程中的阻力，带动曲柄连杆机构越过上、下止点，保证曲轴在工作行程和非工作行程具有均匀的旋转角速度和输出转矩（尤其是在最低转速下能稳定地工作），并使发动机有可能克服短时间的超载。

飞轮一般用灰铸铁制成，但当轮缘的线速度大于 50 m/s 时，则采用强度较高的球墨铸铁或铸钢制造。飞轮呈圆盘状，其轮缘通常做得宽而厚，以使它在较小的质量下具有足够的转动惯量。飞轮轮缘上压装有起动齿圈，与起动机齿轮啮合，供启动发动机用。在飞轮轮缘的外表面上，通常还刻有第一缸的活塞位于上止点时的对应刻线标记，供检验和调整点火（供油）正时之用。

飞轮除本身需经过平衡检验外，与曲轴组装后还应与曲轴一起进行动平衡检验。

四、曲柄连杆机构常见损伤及修理

(1) 气缸体、气缸盖工作平面变形。其产生的原因主要是应力影响及未按规定的顺序和拧紧力矩拆装螺栓。其变形值可通过将直尺（或刀口形直尺）靠在被检平面上，用塞尺测量，也可将被检表面擦净放在平板上用塞尺测量。通常根据变形量多少来决定机械加工方法或通过反变形法修复。

(2) 气缸体、气缸盖裂纹。裂纹产生的主要原因有使用保养不当，如长时间高负荷运转，热应力大，热机缺水时快速加入冷水、北方冬季未及时排水以及发生撞击等。裂纹部位可采用密封出水口后，用水泵注水加压的方法检验，检验压力为 290~380 kPa，保持 5 min，试压前应除去水垢。找出裂纹后可用焊接、黏接或螺钉填补等方法修复。

(3) 螺纹损坏。通常气缸体螺栓孔螺纹经多次拆装后易损坏。修理方法：将原螺孔扩钻、装上螺塞后再钻孔攻螺纹，或加大螺栓直径。

(4) 气缸与活塞磨损。气缸与活塞磨损较大的原因有润滑条件差、燃气腐蚀和机械磨损等。气缸及活塞磨损超过规定的修理尺寸后，可将气缸孔镗削加工后更换活塞。

(5) 活塞环槽、活塞环、活塞裙部的磨损。当磨损超过修理尺寸时，会造成气缸内上窜油、下窜气、导向不良、敲缸和润滑油消耗增加等现象，使有效功率下降。当出现这些现象时，应及时检查磨损情况，并选配和更换相应组件。

(6) 连杆弯曲、扭曲变形。产生的主要原因有：连杆杆身断面偏心不对称；曲轴轴向间隙过大；曲轴连杆轴颈圆柱度超差过大；活塞与气缸壁间隙过大等。连杆弯曲、扭曲变形可采用反变形校正方法。校正分冷校正和加热校正，一般应先校正扭曲，再校正弯曲。

(7) 连杆小头、连杆大头轴瓦磨损大。主要是由润滑不良或润滑油有杂质造成的，可更换铜套或轴瓦后铰削和刮瓦进行修复。

(8) 曲轴裂纹和折断。通常发生在曲柄与轴颈之间应力较集中的过渡圆角及油孔处。裂纹的检查方法是将曲轴用汽油洗净后，用超声波探伤仪、磁粉探伤仪进行探伤，也可撒上滑石粉后轻轻敲击，观察有无油渍浸出。小的裂纹可沿裂纹处开 V 形槽，用直流电弧焊修补；若裂纹严重，则必须更换新曲轴。

(9) 曲轴弯曲和扭曲。其产生原因主要是受到交变载荷的作用。其校正方法一般包括冷压校正法、表面敲击法和氧—乙炔焰热点校正法。

(10) 飞轮常见损伤。飞轮常见损伤有飞轮齿圈磨损、飞轮螺栓孔损坏及飞轮端面磨损。飞轮齿圈磨损后可翻面再用，也可补焊后修复。当连续损坏 3 个齿以上或齿圈双面严重磨损时，应更换新齿圈。

第三节 配气机构

配气机构的功用是按照发动机各缸的工作循环和点火顺序，定时开启和关闭进、排气门，使新鲜的可燃混合气（汽油机）或空气（柴油机）得以及时进入气缸，废气得以及时排出。同时，在气门关闭时能封住气缸内的高压气体。目前应用最广泛的配气机构是气门—凸轮式配气机构，简称气门式配气机构。

一、气门式配气机构的布置及传动

气门式配气机构由气门组和气门传动组构成。其一般有以下几种分类方法。
按气门的位置，可分为顶置式气门和侧置式气门两大类；
按凸轮轴的布置，可分为凸轮轴下置式、凸轮轴中置式和凸轮轴上置式；
按曲轴和凸轮轴的传动方式，可分为齿轮传动式、链传动式和带传动式；
按每气缸气门数目，可分为二气门式、四气门式和五气门式等多种。

1. 气门的布置形式

(1) 气门顶置式配气机构。气门顶置式配气机构应用特别广泛，其进、排气门大头朝下，倒挂在气缸盖上，如图 6-22 所示。其中，气门组由气门、气门导管、气门弹簧、气门弹簧座、锁片等组成，气门传动组则包括摇臂轴、摇臂、推杆、挺杆、挺柱、凸轮轴和定时齿轮等。发动机工作时，曲轴上的正时齿轮驱动凸轮轴旋转。当凸轮转动到凸起部分顶起挺柱时，通过推杆和调整螺钉使摇臂绕摇臂轴摆动，压缩气门弹簧，使气门离座，即气门开启。当凸轮凸起部分滑过挺柱后，气门便在气门弹簧力的作用下落座，即气门关闭。

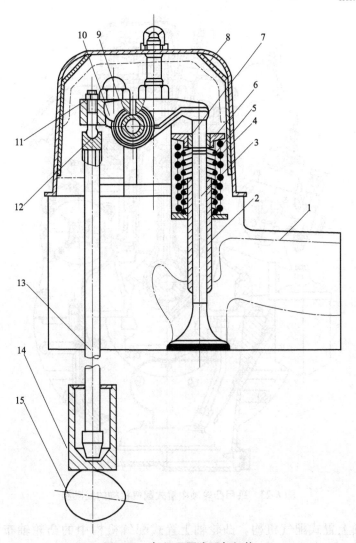

图 6-22 气门顶置式配气机构
1—气缸盖；2—气门导管；3—气门；4—气门主弹簧；5—气门副弹簧；6—气门弹簧座；7—锁片；8—气门室罩；9—摇臂轴；10—摇臂；11—锁紧螺母；12—调整螺钉；13—推杆；14—挺柱；15—凸轮轴

四冲程发动机每完成一个工作循环，曲轴旋转两周，各缸进、排气门各开启一次，此时凸轮轴只转一周，因此曲轴与凸轮轴的传动比为 2∶1。

（2）气门侧置式配气机构。气门侧置式配气机构的进、排气门都布置在气缸的一侧，由于气门侧置，使燃烧室延伸至气缸直径以外，限制了压缩比的提高，既不利于燃烧，又增大了热量损失，目前已被淘汰。

2. 凸轮轴的布置形式

凸轮轴的布置形式可分为下置式、中置式和上置式 3 种，均可用于气门顶置式配气机构。

（1）凸轮轴下置或中置式配气机构。凸轮轴下置或中置式配气机构中，凸轮轴分别位于曲轴箱或气缸体上部。当发动机转速较高时，为减小气门传动机构往复运动的质量，可将凸轮轴位置移至气缸体上部，由凸轮经挺柱直接驱动摇臂而省去推杆，这种结构称为凸轮轴中置式配气机构，如图 6-23 所示。

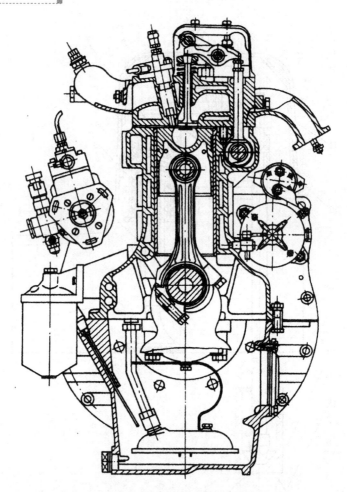

图 6-23 采用凸轮轴中置式配气机构的发动机

（2）凸轮轴上置式配气机构。凸轮轴上置式配气机构中的凸轮轴布置在气缸盖上，如图 6-9 所示。在这种结构中，凸轮轴驱动气门的形式有两种，一种是如图 6-9 所示的凸轮轴直接驱动气门，另一种是通过摇臂来驱动气门，如图 6-24 所示。凸轮轴上置式配气机构的最大优点是没有挺柱、推杆，大大减小了往复运动质量，对凸轮轴和弹簧设计要求也最低，故在高速发动机上得到了广泛应用。

3. 凸轮轴的传动方式

通过曲轴驱动凸轮轴，一般有齿轮传动、链传动和带传动 3 种方式。

凸轮轴下置和中置式配气机构大多采用圆柱形斜齿正时齿轮传动；凸轮轴上置式配气机构一般采用链条与链轮或齿形带传动，齿形带传动具有噪声小、成本低的优点。

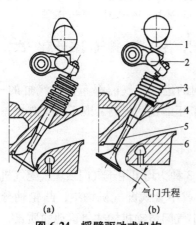

图 6-24 摇臂驱动式机构

1—凸轮；2—摇臂；3—气门弹簧；4—气门导管；5—气门；6—气门座

二、气门间隙

发动机工作时,气门会受热膨胀。若气门及其传动件之间在常温下无间隙或间隙很小,则在热态下,气门及其传动件的受热膨胀势必引起气门关闭不严,造成在发动机压缩行程和做功行程时气缸漏气,从而使功率下降,严重时将无法启动。为了消除这一现象,发动机在冷态装配时,气门与其传动机构间均预留一定的间隙,以补偿气门受热后的膨胀量。这一间隙称为气门间隙。气门间隙的大小一般由发动机生产厂按设计试验确定,通常进气门间隙为 0.25~0.3 mm,排气门间隙为 0.3~0.35 mm。

三、气门配气机构的构造

1. 气门组

气门组包括气门、气门杆、气门导管、气门座、气门弹簧和锁片等,如图 6-25 所示。

(1) 气门。气门由头部和杆部组成。气门头部的形状有多种,按其顶面的形状不同,可分为凸顶、平顶和凹顶 3 种。气门头部的工作温度很高(进气门可高达 573~673 K,排气门更是高达 973~1 173 K),而且受到气体压力、气门弹簧力以及传动组惯性力的作用,其冷却条件较差,因此,要求气门必须具有足够的强度、刚度及耐热和耐磨性能。进气门的材料一般采用合金钢,排气门则采用耐热合金钢。气门密封锥面的锥角称为气门锥角,一般做成 45°。为了保证气门头部阀面与气门座孔之间的密封性,装配时必须将其配对研磨,且研磨好后不能互换。

(2) 气门杆。气门杆呈圆柱形,起导向和承受侧向力并带走部分热量的作用。气门头与杆有一较大的过渡圆弧面,有利于气体的流动。为了减少进气阻力、提高充量系数,进气门头部直径一般大于排气门。

(3) 气门座。气门座是与气门头部阀面配合的环形座,可在气缸盖上直接镗出,也可镶环形套,如图 6-26 所示。气门座一般用优质铸铁加工。

(4) 气门导管。气门导管的功用是导向,以保证气门做直线运动,并使气门与气门座能正确贴合。此外,气门导管还在气门杆与气缸盖之间起导热作用,如图 6-26 所示。

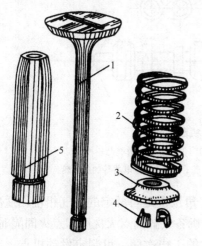

图 6-25 气门组
1—气门;2—气门弹簧;3—气门弹簧座;
4—锁片;5—气门导管

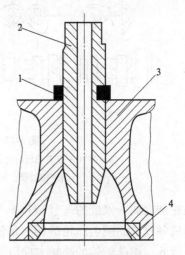

图 6-26 气门导管和气门座
1—卡环;2—气门导管;
3—气缸盖;4—气门座

(5) 气门弹簧。气门弹簧的功用是克服气门关闭过程中气门及传动件的惯性力,防止各传动件之间因惯性力的作用而产生间隙,保证气门及时落座并贴合紧密;防止气门在发动机振动时发生跳动,破坏其密封性。因此,气门弹簧座应具有足够的刚度和安装预紧力。

2. 气门传动组

气门传动组主要包括凸轮轴、定时齿轮、挺柱以及推杆、摇臂、摇臂座和摇臂轴等。气门传动组的作用是使进、排气门能按规定的顺序和时刻开闭,并保证有足够的开度。

(1) 凸轮轴。凸轮轴的作用是按规定的工作循环顺序、开启时刻和升程,及时地开启和关闭气门,并驱动机油泵、燃油泵(或分电器)等。

凸轮轴由若干个进、排气凸轮及支承轴颈、偏心轮和齿轮等组成,如图 6-27 所示,其上主要配置有各缸进、排气凸轮 1,用以使气门按一定的工作次序和配气相位及时开闭,并保证气门有足够的升程。凸轮工作面受气门间断性开启的周期性冲击载荷,因此在要求其耐磨的同时,对整个凸轮轴还要求具有足够的韧性和刚度。凸轮轴一般用优质钢模锻而成,也有的采用合金铸铁或球墨铸铁铸造。凸轮和轴颈工作表面一般经热处理后精磨。

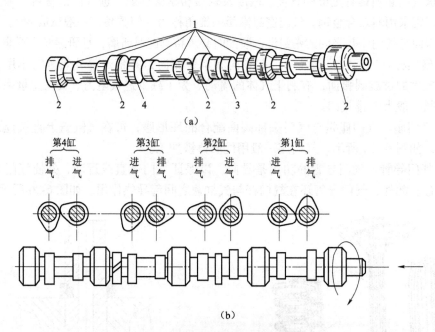

图 6-27 四缸四冲程汽油机凸轮轴
(a) 492QA 型发动机凸轮轴;(b) 各凸轮的相对位置及进、排气凸轮投影
1—凸轮;2—凸轮轴轴颈;3—驱动汽油泵的偏心轮;4—驱动分电器等的斜齿轮

凸轮轴上同一气缸的进(或排)气凸轮的相对转角位置是与既定的配气相位相适应的,而发动机各气缸的同名凸轮的相对角位置应符合发动机各气缸的点火次序和点火间隔时间的要求。因此,按凸轮轴的旋转方向以及各缸同名凸轮的工作次序,可判定发动机点火次序。四冲程发动机每完成一个工作循环,曲轴须旋转两周,凸轮轴旋转一周,其间每个气缸都要进行一次进气或排气,且各缸进气或排气的时间间隔相等。对于四缸四冲程发动机而言,各

缸同名凸轮彼此间夹角为360°/4=90°。同理，六缸四冲程发动机凸轮轴，任何两个相继发火的气缸同名凸轮间的夹角均为360°/6=60°。

为保证正确的配气相位和发火时刻，在装配曲轴和凸轮轴时，必须对准记号。

为防止斜齿圆柱齿轮啮合引起凸轮轴的轴向窜动，凸轮轴还设计有轴向定位装置。

(2) 挺柱。挺柱的功用是将凸轮的推力传给推杆（或气门杆），并承受凸轮轴旋转时所施加的侧向力。气门顶置式配气机构的挺柱一般制成筒式，以减轻质量。为了减小因气门间隙造成的配气机构中的冲击和噪声，现代轿车用发动机上通常采用液力挺柱。图6-28所示为一汽奥迪100型汽车发动机上采用的液力挺柱。挺柱体9是由上盖和圆筒经加工后再用激光焊接成一体的薄壁零件。油缸12的内孔和外圆均需经精加工研磨，其内孔与柱塞11配合，外圆则与挺柱体内导向孔配合，两者都有相对运动。油缸底部装有补偿弹簧13，作用是把球阀5压靠在柱塞的阀座上，补偿弹簧还可使挺柱顶面和凸轮轮廓面保持紧密接触，以消除气门间隙。当球阀关闭柱塞中间孔时可将挺柱分成两个油腔，即上部的低压油腔6和下部的高压油腔1，而当球阀开启后，则成为一个通腔。

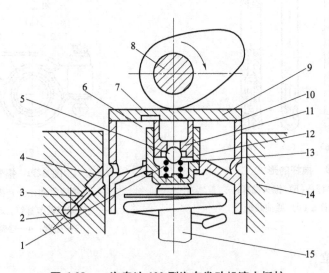

图6-28　一汽奥迪100型汽车发动机液力挺柱
1—高压油腔；2—缸盖油道；3—量油孔；4—斜油孔；5—球阀；6—低压油腔；7—键形槽；8—凸轮轴；
9—挺柱体；10—柱塞焊缝；11—柱塞；12—油缸；13—补偿弹簧；14—缸盖；15—气门杆

当挺柱体9上的环形油槽与缸盖上的斜油孔4对齐时（图中位置），发动机润滑系统中的润滑油经量油孔3、斜油孔4和环形油槽流进低压油腔6。位于挺柱体背面上的键形槽7可将润滑油引入柱塞上方的低压油腔，这时气缸盖主油道与液力挺柱低压油腔连通。当凸轮转动，挺柱体9和柱塞11向下移动时，高压油腔中的润滑油受压后压力升高，加之补偿弹簧13的作用使球阀压紧，上、下油腔被分隔开。由于液体的不可压缩性，整个挺柱如同一个刚体一样下移推开气门，并保证了气门应达到的升程。此时，挺柱环形油槽已离开了进油位置，停止进油。当挺柱随凸轮轴转动到达下止点并再次上行时，在气门弹簧上顶和凸轮下压的作用下，高压油腔继续关闭，球阀尚未打开，液力挺柱仍可视为刚性挺柱，直至上升到凸轮处于基圆、气门关闭时为止。此时，缸盖主油道中的压力油经量油孔、挺柱环形油槽进入挺柱的低压油腔，同时，补偿弹簧推动柱塞上行，高压油腔内油压下降。从低压油腔来的压力油推开球阀进入高压油腔，使两腔连通充满油液。这时挺柱顶面仍和凸轮紧贴，在气门受热膨胀时，柱塞和油缸做轴向相对运动，高压油腔中的油液可通过油缸与柱塞间的间隙挤入低压油腔。因而使用液力挺柱时，可不预留气门间隙。

（3）推杆。推杆的作用是将凸轮轴经挺柱传来的推力传给摇臂，一般只用在凸轮轴下置式配气机构中。由于其属细长杆件，是气门传动组中最容易弯曲的零件，故要求有很高的刚度。在动载荷大的发动机中，推杆应尽量做得短些。推杆的形式如图 6-29 所示。

（4）摇臂。摇臂实际上是一个双臂杠杆，如图 6-30 所示。其作用是通过由推杆传来的力来改变方向，使气门开启。

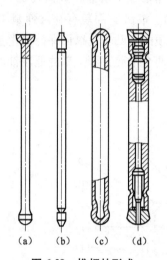

图 6-29 推杆的形式
（a）平头推杆；（b）锥头推杆；
（c）空心推杆；（d）通油路推杆

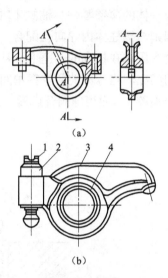

图 6-30 摇臂
（a）摇臂零件；（b）摇臂组装体
1—气门间隙调节螺钉；2—锁紧螺母；
3—摇臂；4—摇臂轴套

四、配气相位

配气相位就是进、排气门的实际开、闭时刻相对于曲柄位置的曲轴转角。用曲轴转角的环形图来表示配气相位的图形称作配气相位图，如图 6-31 所示。

理论上四冲程发动机的进气门在曲柄位于上止点时开启，转到下止点时关闭；排气门则在曲柄位于下止点时开启，在上止点时关闭，进、排气时间各占曲轴的 180°转角。但实际上发动机的曲轴转速很高，活塞每一行程历时都很短。如上海桑塔纳轿车发动机，在其最大功率时转速为 5 600 r/min，一个行程历时仅为 $\frac{60}{5\,600 \times 2} = 0.005\,36$ （s），进、排气行程的时间这样短，往往使发动机进气不足或排气不净，导致发动机功率不足、经济性下降。因此，现代发动机都采用增加进、排气时间的方法，即进、排气的开、闭时刻并不正好处在曲柄上、下止点的时刻，而是分别提早和延迟一定曲轴转角，以改善进、排气状况，从而提高发动机的动力性。

如图 6-31 所示，在排气行程接近终了、活塞到达上止点之前，即曲轴转到离曲柄的上止点位置还差一个角度 α 时，进气门便开始开启，直到活塞过了下止点又上行，即曲轴转到过曲轴下止点位置以后一个角度 β 时，进气门才关闭。这样，整个进气行程持续时间相当于曲轴转角 $180°+\alpha+\beta$，一般 α 为 $10°\sim30°$，β 为 $40°\sim80°$。

进气门提前开启的目的是保证进气行程开始时进气门已开大，新鲜气体能顺利充入气缸；延迟关闭的目的是由于活塞行至下止点时，气缸内压力仍低于大气压力，在压缩行程初始阶段，活塞上行速度较慢的情况下，还可利用气流惯性和压力差继续进气，即有利于充分进气。

同样，在做功行程接近终了、活塞到达下止点前，排气门开始开启，其开启提前角 γ 一般为 $40°\sim80°$，经过整个排气行程，活塞越过上止点后，排气门才关闭，其关闭延迟角 δ 一般为 $10°\sim30°$，排气过程全部持续时间相当于曲轴转角 $180°+\gamma+\delta$。

排气门提前开启的原因是：当做功行程活塞接近下止点时，气缸内气体压力虽有 $0.3\sim0.4$ MPa，但对于活塞做功而言，作用不大，而此时稍开启排气门，大部分废气会在此压力作用下迅速排出气缸；当活塞到下止点时，气缸内压力大大下降（此时约为 0.115 MPa），这时排气门的开度进一步增加，从而减少了活塞上行时的排气阻力。高温废气的迅速排出，还可防止发动机过热。当活塞到达上止点时，燃烧室内的废气压力仍高于大气压力，加之排气气流有一定的惯性，因而延迟关闭排气门，以使废气排放得更干净。

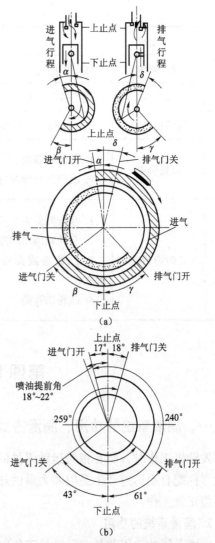

图 6-31 摇臂驱动式配气机构配气相位图
(a) 配气相位表示法；(b) YO6105QC 型发动机配气相位图

五、配气机构常见故障的原因分析及检修

配气机构常见故障的原因分析及检修见表 6-1。

表 6-1 配气机构常见故障的原因分析及检修

序号	常见故障	主要原因	检修方法
1	气门关闭不严	1. 气门间隙过大； 2. 气门杆弯曲； 3. 气门导管与气门座接触不良； 4. 气门弹簧弹力不足	1. 调整气门间隙； 2. 校正气门杆； 3. 检查气门导管与气门座阀的同轴度； 4. 检查或更换气门弹簧

续表

序号	常见故障	主要原因	检修方法
2	气门脚响	气门间隙过大	调整气门间隙
3	气门座响	气门座与座孔过盈量太小	更换气门座圈
4	气门挺杆响	气门挺杆与导孔间隙过大	严重时应更换挺杆
5	凸轮轴响	1. 凸轮轴弯曲； 2. 轴颈配合间隙过大	1. 检查、校正凸轮轴； 2. 更换凸轮轴孔衬套
6	正时齿轮响	1. 啮合间隙太小或太大； 2. 凸轮轴轴向间隙大； 3. 凸轮轴或曲轴正时齿轮轴颈摆差大； 4. 凸轮轴弯曲	1. 检查和研磨齿面； 2. 调整凸轮轴颈与轴承孔间隙； 3. 校正凸轮轴或曲轴； 4. 校正凸轮轴

第四节　润滑系统

一、润滑系统的功用、润滑方式及组成

发动机工作时，所有相对运动零件的金属表面间的摩擦，不仅消耗发动机内部功率，还会使零件配合面迅速产生磨损和大量的热，该摩擦热还会导致零件工作表面烧损，致使发动机不能正常工作。

1. 润滑系统的功用

润滑系统的功用就是在发动机工作时，对各个运动零件的摩擦表面连续不断地输送温度适宜、带有压力的清洁润滑油，并在运动表面之间形成油膜，实现液体摩擦，以减小摩擦阻力、降低功率消耗、减轻机件磨损、延长发动机的使用寿命。此外，输送到摩擦表面间循环流动的、具有一定压力和黏度的润滑油，还可起到带走零件摩擦面间的金属磨屑、积炭、尘粒等"磨料"的冲洗作用，吸收摩擦面热量的冷却作用，以及减轻零件间的冲击振动作用。

2. 润滑方式

由于发动机各运动零件的工作条件不同，对润滑强度的要求不同，因而润滑的方式也不同。通常的润滑方式及应用如下。

（1）压力润滑。以一定压力把润滑油供入摩擦表面的润滑方式，主要用于主轴承、连杆轴承及凸轮轴承等负荷较大的摩擦面的润滑。

（2）飞溅润滑。利用发动机工作时运动件泼溅起来的油滴或油雾润滑摩擦表面的润滑方式，主要用于润滑负荷较小的气缸壁面及配气机构的凸轮、挺柱、气门杆及传动齿轮等工作表面。

(3) 润滑脂润滑。使用专用黄油枪将润滑脂定期挤注到零件工作表面的润滑方式，主要用于发动机轴承等部件的润滑。

3. 润滑系统组成

发动机润滑系统主要由下列零部件组成。

(1) 润滑油存储装置，即油底壳。用以储存必要数量的润滑油，以保证发动机循环使用。

(2) 润滑油升压和输送装置。主要由机油泵和润滑油管道组成，其功用是保证发动机在任何工况下都能供给足够压力和流量的润滑油到达需要润滑的部位，并满足润滑系统中润滑油的循环流动。

(3) 润滑油滤清装置。包括机油集滤器、机油粗滤器和机油细滤器，用以滤除润滑油中的金属微粒、机械杂质和润滑油氧化物等，以保证润滑油的清洁。

(4) 润滑油冷却装置，即机油散热器。由于润滑油在循环过程中，受零件摩擦产生的热和高温零件热传导的影响，油温上升，若润滑油温度过高，将使其黏度下降、摩擦表面油膜不易形成、密封作用降低、消耗量增大，同时会加速润滑油的老化变质、缩短润滑油的使用周期。因此，在热负荷较高的发动机上装有机油冷却装置。

(5) 安全、限压装置。包括限压阀、旁通阀，用以保持润滑油路中的正常压力及供油连续性，使润滑系统工作可靠。

此外，润滑系统还包括润滑油压力表和温度表等。图 6-32 所示为 NJG427A 型发动机润滑油循环路线。

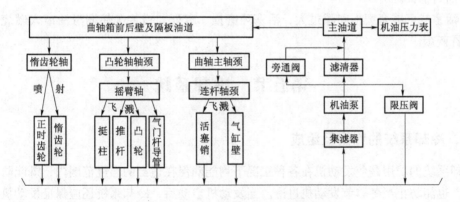

图 6-32　NJG427A 型发动机润滑油循环路线

二、润滑系统的常见故障及排除方法

1. 润滑油压力过低

润滑油压力过低的主要原因及排除方法如下。

(1) 故障现象。

① 发动机启动后润滑油压力很快降低，运转过程中润滑油压力始终较低。

② 油底壳油面增高，润滑油被稀释，润滑油黏度变小，带有汽油味或水泡。

(2) 产生原因。

① 润滑油变质，使用牌号不对或油量不足。
② 机油泵、机油集滤器、机油滤清器、旁通阀、限压阀工作不正常。
③ 油管接头松动或油道漏油严重。
④ 发动机曲轴箱内的曲轴轴承、连杆轴承、凸轮轴轴承间隙过大。
⑤ 机油传感器失灵或压力表损坏。

2. 润滑油压力过高

（1）故障现象。
① 接通点火开关，润滑油压力表指示 196 kPa，启动发动机后压力增加到 490 kPa。
② 在发动机运转过程中，润滑油压力突然升高。
（2）产生原因。
① 润滑油压力表或传感器损坏。
② 限压阀卡死，气缸体主油道、机油滤清器或旁通阀堵塞。
③ 润滑油黏度过大。

3. 润滑油消耗量过大

（1）故障现象。
① 润滑油消耗率增加，百公里润滑油消耗大于 0.1 L。
② 排气冒蓝烟，积炭增加。
（2）产生原因。
① 油加注太多，润滑油压力过高。
② 油封漏油。
③ 活塞或气缸套磨损间隙过大，活塞环磨损、卡死、错装等使润滑油窜入燃烧室，使排气管冒蓝烟。

第五节　冷却系统

一、冷却系统的作用及组成

冷却系统的功用是使发动机在各种工况下均能确保在适当的温度范围内，既能防止发动机过热，也能防止严冬季节发动机过冷。当发动机启动后，冷却系统还应保证发动机很快升温到正常工作温度（80 ℃~90 ℃）。

在发动机工作时，其燃烧温度可高达 2 500 ℃，即使在较低转速情况下，燃烧室的平均温度也在 1 000 ℃以上，而与高温燃气接触的发动机零件也会被强烈加热。因此，若不进行适当冷却，发动机将会过热，使工作过程恶化、零件强度下降、润滑油变质、零件磨损加剧，从而导致发动机的机动性、经济性、可靠性下降。但是，冷却过甚也会给发动机带来不利影响。发动机长时间在低温状态下工作，会使热能损失严重、摩擦损失加剧、零件磨损严重、排放恶化、工作粗暴、功率下降、燃油消耗率增加。发动机的冷却系统有水冷和风冷之分，大、中型发动机一般都采用水冷却系统。图 6-33 所示为车用发动机强制循环式水冷却系统示意图。

二、冷却系统中的主要零部件

（1）散热器。散热器也叫水箱，由上储水箱、下储水箱和散热器芯等组成。其作用是将循环水从水套中吸收的热量散发到空气中，所以散热器芯一般用导热性好的铜和铝材制作，而且还要有足够的散热面积。

（2）散热器盖。散热器盖是散热器上储水箱注水口盖子，用以封闭加水口，防止冷却水溅出。如冷却系统中水蒸气过多，将在冷却系统形成较大内压，严重时会造成散热器破裂，因此在散热器盖上设置有蒸汽排出管及自动阀门。

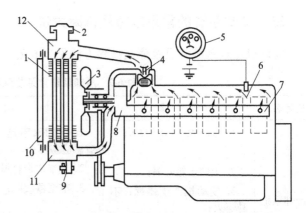

图 6-33 车用发动机强制循环式水冷却系统示意图

1—散热器芯；2—散热器盖；3—风扇；4—节温器；5—水温表；
6—水套；7—分水管；8—水泵；9—散热器放水开关；
10—百叶窗；11—下储水箱；12—上储水箱

（3）水泵。水泵的功用是强制冷却液在冷却系统中进行循环。一般采用离心式叶片泵，其具有尺寸紧凑、出水量大、结构简单和维修方便等特点。

（4）风扇。风扇一般安装在散热器后面，并与水泵同轴。其作用是提高流经散热器的空气流速和流量，以增强散热器的散热能力。

（5）节温器。节温器是控制冷却水流动路径的阀门。它根据冷却水温度的高低，打开或关闭冷却水通向散热器的通道。当启动冷态发动机时，节温器关闭冷却水流向散热器的通道，此时冷却水经水泵直接流回机体及气缸盖水套，使冷却水迅速升温，习惯上称为小循环。当冷却系统水温升高，超过 349 K（76 ℃）时，节温器感应体内的石蜡受热化成液体，体积增大，挤压橡胶套，并产生一个向上的推力，作用在下端为锥形的反推杆上。由于反推杆固定在上支架上，故在它的反推力作用下，节温器的外壳下移，压缩弹簧，关闭旁通阀，打开主阀门，从气缸盖出水口出来的水则通过主阀门和进水管散热器上储水箱，经冷却后流到下储水箱，再经水泵加压送入气缸体分水管或水套中。这样的冷却水循环称为大循环。目前常见的单阀蜡式节温器的结构如图 6-34 所示。

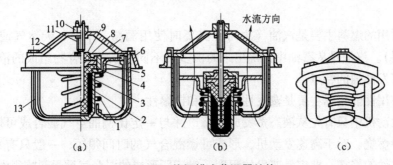

图 6-34 单阀蜡式节温器结构

(a) 关闭位置；(b) 开启位置；(c) 外形

1—弹簧；2—石蜡；3—橡胶套；4—节温器外壳；5—阀门；6—阀座；7—隔套；8—密封圈；
9—节温器盖；10—螺母；11—反推杆；12—上支架；13—下支架

三、冷却系统的常见故障及排除方法

发动机冷却系统常见故障及排除方法见表 6-2。

表 6-2 冷却系统常见故障及排除方法

故障名称	现象	原因	排除方法
冷却系统水温过高	1. 水温表指示>373 K； 2. 上储水箱开锅； 3. 发动机产生爆燃，不易熄火； 4. 活塞膨胀，发动机熄火后不易启动	1. 冷却水不足，水温表或感应塞坏； 2. 风扇皮带打滑或不转； 3. 节温器故障； 4. 水泵损坏，管路漏水； 5. 散热器水垢严重； 6. 百叶窗打不开	1. 检查水量，检查、更换水温表或感应塞； 2. 调整或更换皮带； 3. 检修或更换节温器； 4. 检修水泵、管路； 5. 清除散热器水垢； 6. 检修百叶窗
冷却系统水温过低	1. 水温表指示<353 K； 2. 发动机加速困难、无力	1. 节温器故障，未形成小循环； 2. 冬季保温措施不良，百叶窗、挡风帘关不严； 3. 水温表或感应塞故障	1. 检修、更换节温器； 2. 检修保温措施，更换百叶窗、挡风帘； 3. 检修、更换水温表或感应塞
冷却水泄漏	1. 散热器、橡胶管或水管向外漏水； 2. 机体或缸盖水套漏水	1. 管路裂纹，接头松动； 2. 气缸盖、机体裂纹	1. 检修散热器，更换胶管； 2. 检修缸盖、机体

第六节 汽油机燃料供给系统

一、汽油机燃料供给系统概述

1. 汽油

汽油机所用的燃料主要是汽油（也可在必要时使用酒精、甲醇、天然气或液化石油气作为代用燃料）。汽油是从石油中提炼出来的由多种不同的碳氢化合物组成的液体燃料，具有密度小和挥发性强的特点。

汽油的使用性能指标主要是蒸发性、热值和抗爆性。

汽油在发动机中只有先从液态蒸发成气态，并与一定比例的空气混合成可燃混合气后，才进入气缸中燃烧。对于高速发动机，形成可燃混合气的时间很短，一般只有百分之几秒，因而汽油蒸发性的好坏，即容易蒸发的程度，对所形成的混合气质量影响很大。

（1）汽油的蒸发性。汽油的蒸发性可通过对汽油的蒸馏试验来测定。将汽油在密闭的容器内加热蒸发成蒸气，再将蒸气冷凝成液态汽油，这一过程称为馏程。一般试验中只测定蒸发出 10%、50%、90% 馏分时的温度及终馏温度。

通常10%馏出温度与汽油机冷启动性能有关。若此温度低，则表明汽油中所含的轻质部分在低温时容易蒸发，因此冷启动时会使较多的汽油蒸气与空气混合形成可燃混合气，发动机就比较容易启动。

50%馏出温度表明汽油中的中间馏分蒸发性的好坏。若此温度低，说明汽油中间馏分易于蒸发，从而使发动机预热时间缩短，并有利于提高加速性能和工作性能。

90%馏出温度与终馏温度可判定汽油中难以蒸发的重质成分的含量。此温度越低，表明汽油中重馏分含量越少，有利于可燃混合气均匀进入各个气缸，同时也有利于汽油的充分燃烧。

但是，汽油的蒸发性应适当，如果蒸发性过强则会使储存、运输中的损耗增加，并容易在汽油机工作时形成气阻。气阻是指在汽油机工作时，汽油管路受热，其温度可上升到使汽油蒸气压力达到管路系统压力的情况，此时会在汽油里和管路中出现大量气泡，阻碍汽油流动，甚至使汽油流量小到不足以维持发动机运转，造成发动机转速突然下降，即失速的现象。

(2) 燃料的热值。燃料的热值是指单位质量的燃料完全燃烧后所产生的热量，汽油的热值约为 444 000 kJ/kg。

(3) 汽油的抗爆性。汽油的抗爆性是指汽油在发动机气缸中燃烧时抵抗爆燃的能力。

爆燃是指使用抗爆性不好的汽油时，其可燃混合气点燃后，在气缸高温、高压影响下生成大量极不稳定过氧化物，当它积聚到一定量时，就会自行分解，引起混合气爆炸性燃烧，由此形成的爆炸气体冲击波撞击发动机气缸壁，发出强烈、尖锐的敲击声的现象。

爆燃会导致气缸发生过热现象，从而使发动机功率下降、油耗增加，严重时还会造成活塞、活塞环、排气门等机件烧蚀，以及轴承和其他零件的损坏。因此汽油的抗爆性是汽油的一项重要性能指标。汽油的抗爆性通常采用辛烷值来表示，只要测出汽油的辛烷值，便可确定汽油抗爆性的高低。

我国国家标准 GB 17930—2016 规定的国产汽油标准牌号有 66 号、70 号、85 号、90 号、93 号和 97 号共 6 种。汽油的牌号是根据其辛烷值的高低来划分的，牌号越大，表明辛烷值越高，抗爆性越好。辛烷值高的汽油通常用在高压缩比汽油机上，可提高发动机的热效率。

2. 汽油机燃料供给系统的作用及一般组成

汽油机燃料供给系统的作用是按发动机的不同工况的需要，配制一定数量和浓度的可燃混合气，供给气缸燃烧做功，并将废气排入大气。

化油器式汽油机燃料供给系统如图 6-35 所示，一般由下列装置构成。

(1) 燃油供给装置，包括油箱 12、汽油滤清器 7、汽油泵 6、油管 5 等，实现汽油的储存、输送及清洁。

(2) 空气供给装置，包括空气滤清器 1。

(3) 可燃混合气形成装置，即化油器 2。

(4) 可燃混合气供给和废气排出装置，包括进气管 3、排气歧管 4 和消声器 10。

化油器式汽油机工作时，汽油泵 6 从油箱 12 中抽取的汽油经油管 9 通过汽油滤清器 7 除去杂质和水分，再通过油管 5 送至化油器 2 中。与此同时，空气在气缸吸力的作用下，经空气滤清器 1 滤去所含灰尘后，也进入化油器，在化油器中，汽油被雾化和蒸发，并与空气混合形成可燃混合气，再从进气管 3 分配到各个气缸。混合气燃烧后生成的废气经排气歧管 4、后排气管 8、消声器 10 和排气尾管 11 排放到大气中。

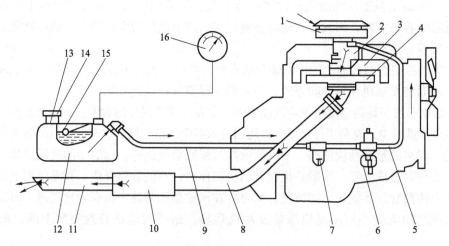

图 6-35 化油器式汽油机燃料供给系统

1—空气滤清器；2—化油器；3—进气管；4—排气歧管；5，9—油管；6—汽油泵；7—汽油滤清器；8—后排气管；10—消声器；11—排气尾管；12—油箱；13—油箱口；14—油箱盖；15—浮子；16—汽油表

可燃混合气中燃油含量的多少称为可燃混合气的浓度。如何根据发动机工作的要求配制不同浓度、不同数量的可燃混合气，是汽油机燃料供给系统所要解决的主要问题，化油器则是这一系统中十分关键的部件。

二、简单化油器与可燃混合气的形成

液态汽油必须在蒸发为气态的情况下，才能与空气最大限度地均匀混合。在发动机中，可燃混合气是在 $0.01\sim0.04$ s 的时间内形成的。要在如此短的时间形成质量良好的可燃混合气，以实现完全、充分地燃烧，必须先将汽油雾化和混合。

化油器是化油器式汽油机上将汽油经过雾化、蒸发、扩散和混合，在极短的时间内形成可燃混合气的重要部件。

为了便于分析研究，现以简单化油器为例进行讨论。简单化油器由浮子室、喷管、喉管、节气门等组成，如图 6-36 所示。

简单化油器的浮子室 9 连同喷管 4 构成一个壶状容器，随着汽油泵输送来的汽油量增加，油面逐渐升高，浮子室中的浮子带动针阀随油面一起上升，当油面到达一定高度时，针阀将进油口关闭，停止进油。浮子室底部有一根通向喉管 5 的喷管 4，浮子室顶部有一孔管通向大气。喷管 4 的上口一般高于浮子室油面 $2\sim5$ mm，以使汽油不致自动流出。只有当喷管 4 出口处的真空度足够大时，才能将浮子室中的汽油吸出喷管。

为了在喷管的出口处形成吸油所需的真空度，空气管的中段做成通流截面积沿轴向缩小的细腰状，称作喉管（图 6-36 中的件 5），其最窄处称为喉部，喷管 4 的出口即位于此。喉部以上的部分称为空气室，以下称为混合室。空气室上端与空气滤清器 1 相连；混合室与进气歧管相连。在进气行程中，进气门 11 开启，活塞由上止点下行，气缸容积增大，缸内压力 p_a 小于大气压力 p_0，于是空气经空气滤清器 1、喉管 5 及进气管 7 向气缸流动。

由流体力学原理可知，当流体在管道中流动时，其流动速度和静压力随管道各处的截面积不同而不同。管道截面积越小，其流速越大，静压力越小。因此，当空气流经截面积最小

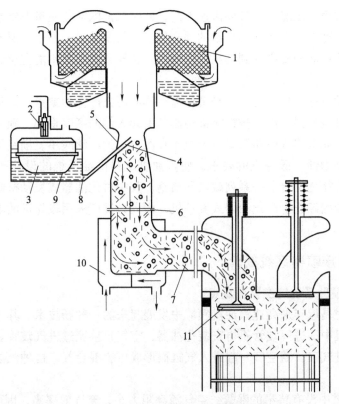

图 6-36 简单化油器及可燃混合气形成原理示意图
1—空气滤清器；2—针阀；3—浮子；4—喷管；5—喉管；6—节气门；7—进气管；
8—量孔；9—浮子室；10—预热装置；11—进气门

的喉部时，其流速最大，静压力最小，在喉部产生的真空度就最大。汽油受真空抽吸的作用从喷管 4 喷入喉管中，在喉部遇到高速气流的冲击，被粉碎成大小不一的雾状颗粒，很小的油雾颗粒随着空气的流动在进气管内即可完全蒸发；较大一点的雾状颗粒中没能在进气道内完全蒸发的部分随混合气流入气缸，在进气和压缩过程中继续蒸发并与空气混合；还有一部分较大的油雾颗粒则附着在混合室和进气管壁上，形成油膜，沿管壁缓慢地向气缸流动，并继续蒸发。为加速汽油的蒸发，发动机设计时通常利用废气的余热对吸入气缸前的可燃混合气进行适当的预热。如图 6-36 所示的进气预热装置 10 即起此作用。

发动机功率随汽车行驶状况的需要而做相应变化，此时可通过化油器喉管中节气门 6 的开度大小来加以调节。当发动机转速不变的情况下，节气门开度增大，则进气管内阻力减小，流经喉部的空气量和速度也就变大，喉部的真空度增加，从喷管口喷出的汽油量增多，发动机功率增大。试验表明，发动机转速不变，在节气门开度由关闭状态到开启的初始阶段，汽油流量的增长率往往大于空气流量的增长率，致使可燃混合气在节气门开度从小到大的过程中逐渐加浓。随着节气门开度的进一步加大，汽油和空气流量的增长率趋于一致，可燃混合气变浓的趋势逐渐减缓，这一规律是简单化油器的一个特性。当节气门开度不变，发动机转速改变时，也会引起化油器喉部真空度的变化，但这种变化对可燃混合气浓度影响很小，可以忽略不计。

在汽油发动机上，通常采用化油器供油方式，由于喉管处的真空度比较低，特别是在发动机处于低速、大负荷工况时，气体流速不高，此时汽油的雾化质量非常差，部分油滴会附着在发动机进气管壁上，造成实际供给的混合气浓度与发动机的使用工况不一致，使发动机的动力性能和经济性能的提高受到制约。同时，还会导致混合气不能完全燃烧，使发动机尾气排放污染加剧。

化油器式发动机存在着动力性、经济性低，排放污染严重的缺点。近年来，随着世界各国对环境保护的日益加强，汽车排放污染控制已引起人们的高度重视。随着汽车工业的飞速发展，高科技、大规模集成电路及微电子技术在汽车上的广泛应用，满足了现代汽车发动机对高经济性、高动力性、低污染的要求，使汽油机燃料供给系统的设计产生了根本性的转变。我国政府也已相继出台了一系列政策和措施，其中对化油器式发动机规定了强制性的技术改造条款，并开始停止生产化油器式发动机，而大力推广采用较先进的电控式汽油直接喷射系统的发动机。

三、汽油直接喷射系统简介

1. 汽油直接喷射系统的主要优缺点

汽油直接喷射是近年来高速汽油机领域中发展起来的一种新技术。其主要特点在于采用这种技术的发动机中，进气歧管不再安装化油器，空气直接流过进气歧管。同时，汽油通过汽油喷射器喷到进气口，随空气一起进入气缸而形成可燃混合气。这种汽油直接喷射系统有以下优点。

（1）进气管道中没有狭窄的喉管，空气流动阻力小，充气效率高，因而输出功率大。

（2）可随发动机使用工况及使用场合的不同改变喷油量，从而获得最佳的混合气成分，这种最佳混合气成分可同时根据发动机的经济性、动力性以及按降低有害物排放要求来确定。

（3）混合气在进气歧管内混合后进入相继工作的各气缸，均匀性好，发动机工作平稳性高，排放污染小。

（4）具有良好的加速过渡性能。

另外，汽油直接喷射可避免化油器在进气管内壁留有油膜层，从而降低燃油耗量。

汽油直接喷射系统的缺点是该系统结构复杂，制造成本高。

2. 汽油直接喷射供给系统的分类

汽油直接喷射供给系统根据在发动机上的应用主要有以下几种分类方式。

（1）按喷射系统执行机构可分为以下几种。

① 多点喷射（Multi Point Injection，MPI）。在每个气缸上都设置一个喷油器，直接将燃料喷入各气缸进气道的气门前方。

② 单点喷射（Single Point Injection，SPI）。一个喷油器供给两个及两个以上的气缸，喷油器安装在节气门前的区段中，燃料喷入后随空气流进入进气歧管内。

（2）按喷射控制装置的形式可分为以下几种。

① 机械式。燃料的计量是通过机械传动与液力传动实现的。

② 电子控制式。燃料的计量是由电控单元及电磁喷油器实现的。

③ 机电一体式。和机械式喷射一样，但增设有电控单元、多个传感器和电液调节器，提高了控制的灵活性，并扩展了功能。

（3）按喷射方式不同可分为以下几种。

① 脉冲顺序喷射式。喷射是在每缸进气过程中的一段时间内进行的，用喷射持续时间来控制喷射量。缸内喷射和大多数进气道喷射均采用这种喷射方式。

② 连续喷射式。在发动机工作循环中，燃料连续不断地喷射到进气道内。进气道喷射所需喷射装置的喷射压力较低，而气缸内直接喷射装置所需的喷射压力较高，为 3~4 MPa，而且缸内喷射还要求喷出的燃料能随气流分布到整个燃烧室，因此喷射装置的成本较高。另外，在缸内布置喷油器与控制气流方向也比较复杂。但对于二冲程发动机，把汽油直接喷入气缸内可避免进入的新鲜空气在扫气过程中的损失，因而更为合理。

3. 电子控制喷射系统的组成

电子喷射控制系统主要由进气系统、燃料供给系统和控制系统 3 个分系统组成。

（1）进气系统。其功能是提供燃料所需要的空气。外界空气经空气滤清器和进气管进入气缸，通过进气管中所安装的空气流量计即可测出空气的温度和流量，该参数是控制系统正确决定空气与燃料质量比率（即空燃比）的重要因素。

（2）燃料供给系统。该系统由汽油箱、电动汽油泵、汽油滤清器、汽油分配管路、喷油器和压力调节器等组成。汽油从油箱内被油泵抽出，经汽油滤清器过滤后，再用压力调节器调节汽油压力，然后送入喷油器喷射，喷射结束后剩余的燃料再返回油箱。

燃料供给系统各主要部件的作用如下。

① 电动汽油泵。其主要功能是在规定的压力下供给足够的汽油。

② 汽油滤清器。其功能是保证供给喷油器洁净的燃油。

③ 汽油分配管。其作用是将汽油以相同油压均匀地分送到各个喷油器，它的容积应足够大，以确保循环喷油时不致引起油管内的油压波动，一般由钢、铝等材料制成。

④ 压力调节器。燃料供给系统的供油量比发动机的实际消耗量要大得多（以便满足工况变化的需要），压力调节器可使过剩的汽油流回油箱，从而保证汽油油压在输送和分配过程中与进气管空气压力之间的压差一定，使每次喷油器喷出的喷油量仅取决于喷油器开启的时间。

⑤ 喷油器。喷油器是系统中最重要的部件，多点喷射时它安装在进气道内进气门的上方。汽油通过阀体前端上的小孔喷成雾状，与进气管内吸入的空气混合后进入气缸。其喷射时间（反映喷油量）与控制脉冲的宽度成正比。

（3）控制系统。控制系统由监测进气量和发动机负荷、水温、进气温度等状态的各种传感器和电控单元组成。主要有以下几种。

① 发动机负荷计量装置。

② 分电器。

③ 爆燃传感器。

④ 氧传感器。

⑤ 怠速旁通调节器。

⑥ 电控单元（ECU）。

4. 典型电控汽油喷射系统

我国上海产桑塔纳 2000 型轿车用发动机采用的是德国莫特郎尼克（Motronic）电子控制多点顺序式汽油喷射系统（以下简称喷射系统）的发动机，是一种较为先进的数字电子技术控制系统发动机，它将点火与燃油喷射结合起来，是电喷技术发展的最新水平。其工作原理是：通过各种不同的传感器测得的参数来确定发动机所处的工况，再根据预储存在 Motronic 系统中的数据，求出和选择对应于各工况的点火提前角、气门闭合角、喷油时刻和持续喷油时间（喷油量）的最佳值。Motronic 系统实现的各种功能是互相关联的，不可将它们孤立看待。与单个系统相比，它具有更高的灵活性和适应性。为了使发动机的性能更加完善，Motronic 系统还装有其他一些辅助装置。图 6-37 所示为桑塔纳 2000 型轿车发动机采用的点火与燃油喷射相结合的电控系统的布置简图。

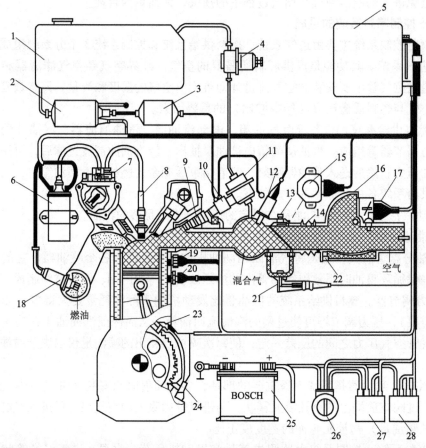

图 6-37 桑塔纳 2000 型轿车发动机所采用的点火与燃油相结合的电控系统布置简图

1—燃油箱；2—电动汽油泵；3—滤清器；4—缓冲器；5—控制单元；6—点火线圈；7—高压分电器；8—火花塞；9—喷油器；10—燃油分配器；11—压力调节器；12—冷气动阀；13—怠速调节螺钉；14—节气阀；15—节气门开关；16—空气流量计；17—空间温度传感器；18—氧传感器；19—温度时间开关；20—发动机温度传感器；21—辅助空气阀；22—怠速混合器调节螺钉；23—曲轴转角传感器；24—转速传感器；25—蓄电池；26—点火开关；27—主继电器；28—泵继电器

四、传统化油器式汽油发动机燃料供给系统故障及主要原因

1. 不来油或来油不畅

（1）故障现象。发动机不着火、中途熄火，或虽能着火，但动力不足。

（2）故障原因。油箱内存油量不足；油路接头松动；汽油泵膜片破裂或弹簧太软；进、出油阀失效；化油器针阀卡住，主油量孔堵塞。

2. 混合气过稀的故障

（1）故障现象。启动困难，启动后运转不稳定，加速时回火放炮，无负荷时加速困难。

（2）故障原因。化油器与进气管接口衬垫损坏；化油器主量孔、加浓装置量孔或油道堵塞；可调试主量孔配剂针阀孔开度太小；浮子室油面太低。

3. 混合气过浓的故障

（1）故障现象。发动机启动困难，启动后怠速不良，冒黑烟，并有"突突"放炮声；动力不足，运转不稳，油耗量大；火花塞积炭。

（2）故障原因。浮子室油面太高，进油三角针阀关闭不严，浮子破裂；可调式主量孔配剂针旋进太少；加浓装置漏油，空气滤清器过脏，阻风门处于关闭状态；主供油空气量孔堵塞。

4. 怠速不良故障

（1）故障现象。怠速不稳定或怠速太高。

（2）故障原因。怠速空气量孔堵塞；怠速油道堵塞；节气门关闭不严；进气歧管、化油器密封不严。

5. 加速不良故障

（1）故障现象。开大节气门时加速喷嘴不喷油，发动机转速不能及时提高，排气管放炮。

（2）故障原因。混合气过稀；加速泵失效；加速油道堵塞，联动装置失效。

第七节　汽油机点火系统

一、汽油机点火系统概述

1. 发动机点火系统的功用

内燃机在启动及整个工作过程中，需要按设计规定的各缸做功循环顺序，依次点燃气缸内被压缩的可燃混合气，不断将热能转变成机械能，以实现持续运转和输出功率。这种将发动机气缸内的可燃混合气点燃的工作称为点火。完成点火工作过程的各部件组成的系统称为点火系统。

除柴油机以外的内燃机，通常都是采用电火花点火的方式完成点火工作过程的，如汽油机、天然气发动机等。

电火花点火是通过一整套电气设备和机件，在相互有机配合下将低压电变为高压电，按点火顺序轮流使气缸内的火花塞产生电火花，点燃被压缩混合气。为此，汽油机各气缸内燃烧室都装有火花塞。当火花塞的两个间隙为 $0.5\sim1$ mm 的电极之间加上直流电压时，电极之间的气体会发生电离现象。随着两电极间电压的升高，气体电离的程度也逐渐增强，当电压升高到一定值时，火花塞两极间就产生电火花，点燃被压缩的混合气，使火花塞两电极间产生电火花所需的电压，称为击穿电压。它的大小与电极间的距离（火花塞间隙）、气缸内气体压力和温度等因素有关。电极间的距离越大，缸内气体压力越高、温度越低时，则击穿电压越高。为了保证发动机在各种工况下都能可靠地点火，作用在火花塞两电极间的电压应达到 $10\sim20$ kV。

2. 点火系统点火装置的分类

点火装置按储能元件的不同,可分为电感储能和电容储能两类;按结构特点可分为机械触点式、晶体管式和电子自动式等。

二、蓄电池点火系统的组成及工作原理

由蓄电池或发电机供给低压直流电,通过点火线圈升压后再经分电器分配到各缸火花塞使其产生电火花的系统称为蓄电池点火系统,又称为传统点火系统。它由直流电源(铅蓄电池和直流或硅整流发电机)、点火开关、点火线圈、分电器总成、电容器、火花塞及高压导线(含高压阻尼电阻)等组成,如图6-38所示。

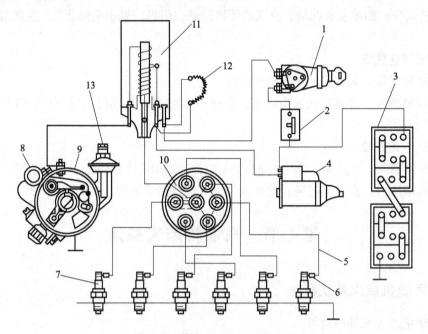

图6-38 蓄电池点火系统的组成

1—点火开关;2—电流表;3—蓄电池;4—启动电动机;5—高压导线;6—高压阻尼电阻;7—火花塞;8—电容器;9—断电器;10—配电器;11—点火线圈;12—附加电阻;13—点火提前调节装置

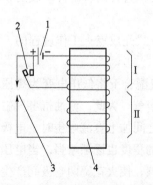

图6-39 点火线圈的基本电路

1—蓄电池;2—断电器;3—火花塞;4—点火线圈
(Ⅰ—低压线圈部分;Ⅱ—高压线圈部分)

(1)蓄电池和直流或硅整流发电机。蓄电池的功用是作为汽油发动机点火系统的电源。发动机启动时由蓄电池供电,启动后由直流或硅整流发电机供电并补充蓄电池的电量。

(2)点火开关。用以切断或接通点火系统电源。

(3)点火线圈。其作用是将电源的低电压变为高电压。为了产生10~20 kV的高电压,传统点火系统中必须具有一个与升压变压器工作原理相同的点火线圈,它由铁芯和初级绕组、次级绕组等构成。点火线圈的基本电路如图6-39所示。

在柱形铁芯上套装有两个线圈,一个线圈圈

数较少（200~350匝），漆包线线径较粗（$d = 0.5 ~ 1.0 \text{ mm}$），经断电器与低压电源——蓄电池相连，称为低压线圈，也叫初级绕组或一次绕组；另一个线圈圈数较多（10 000 ~ 26 000 匝），漆包线线径很细（$d = 0.07 ~ 0.1 \text{ mm}$），与火花塞两电极相通，称为高压线圈，也叫次级绕组或二次绕组。

当电流通过低压线圈产生的磁场时，磁场的磁力线穿过高、低压两个线圈，并经铁芯构成回路。由电磁感应原理可知，无论电路接通还是断开，当线圈中电流发生变化时磁力线都会切割两个线圈，因而都要产生感应电动势。电动势的大小与穿过该线圈磁通的增减速率成正比。因此，须在触点接通和断开时，控制低压线圈中电流的变化。通常采用在断电器触点两电极间并联一个电容器的方法，如图 6-40 所示。当触点闭合时，电容器被短路，不起任何作用；当触点张开时，在低压线圈自感电动势的作用下向电容器充电。加装电容器，可起到以下两个作用。

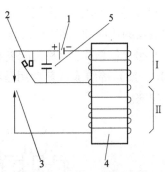

图 6-40 加装电容器的点火线圈电路工作原理
1—蓄电池；2—继电器；3—火花塞；
4—点火线圈；5—电容器
（Ⅰ—低压线圈部分；Ⅱ—高压线圈部分）

① 由于自感电动势向电容器充电，故会大大减弱断电器触点间的火花，从而延长触点的寿命。

② 由于电容器容量较小，故在极短时间内就可充满电荷，这样使自感电流流动的时间大大缩短，低压电流迅速消失，提高了磁通的变化率，从而使高压线圈产生更高的电动势。

目前汽车上常用的电容器为 $0.17 ~ 0.25 \text{ μF}$。这样，自感电流流动的时间可缩短至万分之几秒，高压线圈便可形成 20 kV 左右的感应电动势，足以保证发动机火花塞的跳火。

常用的点火线圈有开磁路点火线圈和闭磁路点火线圈，如图 6-41 和图 6-42 所示。

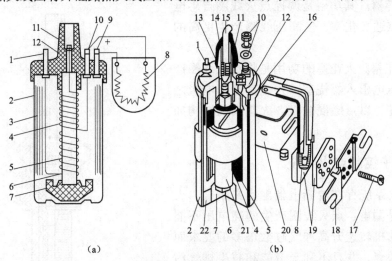

图 6-41 开磁路点火线圈
(a) 电路原理；(b) 结构示意图
1—"-"接线柱；2—外壳；3—导磁钢套；4—二次绕组；5—一次绕组；6—铁芯；7—绝缘座；8—附加电阻；
9—"+"接线柱；10—接起动机的接线柱；11—高压线接头；12—胶木盖；13—弹簧；14—橡胶罩；
15—高压阻尼线；16—橡胶密封圈；17—螺钉；18—附加阻尼盖；19—附加电阻瓷质绝缘体；
20—附加电阻固定架；21—绝缘纸；22—密封材料

开磁路点火线圈采用柱形铁芯,一次绕组在铁芯中产生的磁通,通过导磁钢套3(见图6-41)构成磁回路。而柱形铁芯的上部和下部磁力线穿过空气,磁阻大,磁通量泄漏多,磁路损失大,电磁转换效率较低。

闭磁路点火线圈的一次绕组和二次绕组都绕在口字形或日字形铁芯上,如图6-42(b)和图6-42(c)所示。一次绕组在铁芯中产生的磁通,通过铁芯形成闭合磁路,从而大大降低了磁通量的泄漏和磁路损失,点火线圈的转换效率高。

(4)分电器总成。又称为配电器总成,由断电器、配电器、点火提前调节装置(图6-38中的9、10、13)等组成。其功用是将点火线圈产生的高压电流按发动机的工作顺序分配到各气缸火花塞。

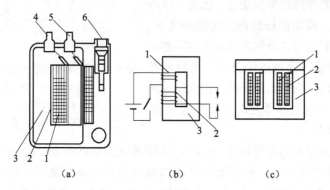

图6-42 闭磁路点火线圈
(a)结构示意图;(b)口字形铁芯;(c)日字形铁芯
1——次绕组;2—二次绕组;3—铁芯;4—"+"接线柱;5—"-"接线柱;6—高压线插孔

(5)电容器。其功用是调控点火线圈自感电动势,提高磁通变化率,使高压线圈产生更高的瞬时电动势。

(6)火花塞。火花塞的功用是将点火线圈产生的脉冲高压电引入燃烧室,并在其两个电极之间产生电火花,以点燃混合气。火花塞的结构如图6-43所示。

三、电子控制点火系统

传统点火系统存在着断电器触点易烧蚀、火花塞积炭后易漏电、点火线圈产生的高电压不能满足现代发动机转速升高和气缸数增多的要求而导致缺火等缺点,并且不利于节能和减少排气污染等,已逐渐被半导体点火系统和微机控制点火系统所取代。

1. 半导体点火系统

半导体点火系统一般可分为触点式半导体点火系统和无触点式半导体点火系统两种类型。半

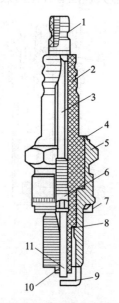

图6-43 火花塞的结构
1—接线螺母;2—绝缘体;3—金属杆;4,8—内垫圈;
5—钢壳;6—导体玻璃;7—多层密线圈;
9—旁电极;10—绝缘体裙;11—中心电极

导体点火系统在提高次级电压和点火能量、延长使用寿命等方面都有明显改善。但是，其对点火时间的调节与传统点火系统一样，仍采用离心提前和真空提前的机械式点火提前调节装置来完成。由于机械的滞后、摩擦磨损及装置本身的局限性，因此不能保证发动机的点火时刻始终处于最佳值。

2. 微机控制的点火系统

由于微机控制的点火系统采用传感器来反馈发动机工作状况的各种信息，因此经微机系统分析处理后，能自动控制、调节最佳点火提前角和最佳点火时刻，以及自动调节初级电路的导通时间。如当发动机处于高转速时，使初级电路的导通时间延长，增大初级电流，提高次级电压；低转速时使初级电路导通时间适当缩短，限制电流强度，以防止点火线圈过热。因此在现代汽车中得到了广泛的应用。微机控制点火系统通常由传感器、微机控制器、点火控制器和点火线圈等组成。图 6-44 所示为奥迪 200 型轿车发动机微机控制点火系统的基本组成。

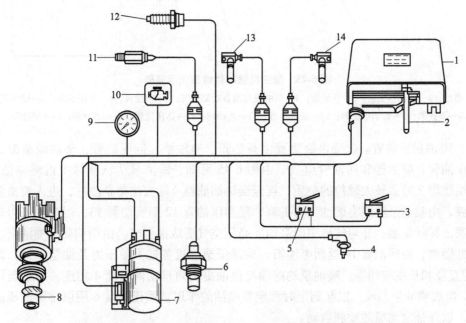

图 6-44 奥迪 200 型轿车发动机微机控制点火系统的基本组成
1—微机控制器；2—增压传感器连接管；3—全负荷开关；4—进气温度传感器；5—怠速与超速燃油阻断开关；
6—冷却液温度传感器；7—点火线圈；8—霍尔分电器；9—速度表；10—故障灯；11—爆燃传感器；
12—制动灯开关；13—发动机转动传感器；14—点火基准传感器

第八节　柴油机燃料供给系统

柴油机使用柴油为燃料。其燃料供给方式是当压缩行程接近终了时，采用高压喷射的方式将柴油喷入气缸，与缸内的高温、高压空气混合而发火燃烧。

一、柴油机燃料供给系统的组成

柴油机燃料供给系统由燃油供给装置、空气供给装置、混合气形成装置和废气排出装置等组成，如图6-45所示。

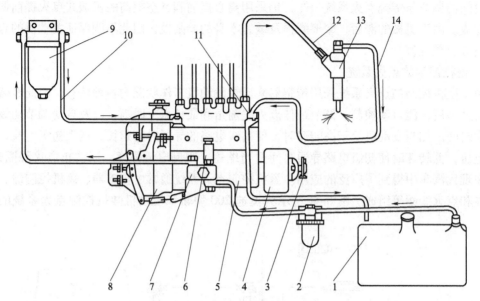

图6-45 柴油机燃料供给系统示意图

1—油箱；2—柴油粗滤器；3—联轴器；4—供油提前角自动调节器；5—喷油泵；6—手压油泵；7—输油泵；8—调速器；9—柴油细滤器；10—低压油管；11—溢油阀；12—高压油管；13—喷油器；14—回油管

（1）燃油供给装置。燃油供给装置由柴油箱、输油泵、低压油管、柴油滤清器、喷油泵、高压油管、喷油器和回油管组成。由图6-45可知，输油泵7从油箱1内将柴油吸出，经柴油粗滤器2滤去较大颗粒的杂质，再经柴油细滤器9滤去细微杂质后，进入喷油泵5的低压油腔，由喷油泵柱塞将燃油压力提高，经高压油管12至喷油器13，当燃油压力达到调定值时喷出雾状柴油，并与气缸中的高温、高压空气形成混合气。由喷油器及喷油泵渗漏的或多余的燃油，由回油管14返回燃油箱。为保证柴油机各缸供油压力及油量一致，高压油管12的直径和长度应相等。喷油泵的前端与供油提前角自动调节器4相连，后端与调速器8相连，组成喷油泵总成，以起到定时和定量喷油的作用。手压油泵6用以排除低压油路中的空气，以保证发动机的顺利启动。

（2）空气供给装置。空气供给装置由空气滤清器、进气歧管和气缸盖内的进气道组成。增压柴油机还装有进气增压装置。

（3）混合气形成装置。混合气形成装置由气缸盖、活塞顶部及气缸套组成的燃烧室构成。

（4）废气排出装置。废气排出装置由气缸盖内的排气道、排气歧管、排气消声器等组成。

二、柴油机燃料及混合气形成

柴油机所用柴油有轻柴油和重柴油之分，通常轻柴油用于高速柴油机，重柴油用于中、低速柴油机。

1. 柴油的主要性能及牌号

（1）柴油的主要性能。作为发动机燃料，柴油应具有良好的发火性、蒸发性和低温流动性等，同时还应具备使用安全、成本低等条件。

① 发火性。发火性是指柴油的自燃能力。燃油在没有外界火源的情况下能自行燃烧的最低温度称为自燃点。在压燃着火的柴油机工作时，柴油的自燃点越低，其在燃烧过程中的滞燃期越短，柴油机的工作越柔和。柴油的发火性用"十六烷值"表示，十六烷值越高，自燃点就越低，发火性越好。一般车用轻柴油的十六烷值在 45 以上。

② 蒸发性。蒸发性是指柴油蒸发汽化能力，其评价指标为馏程和闪点。

柴油的馏程是指液体柴油在密闭状态下温升汽化的过程。一般以 300 ℃ 的馏出量来确定柴油的蒸发性。如 50% 的馏出温度越低，就越容易启动。

柴油的闪点是指在一定的试验条件下，当柴油蒸气与空气形成的混合气接近火焰时，开始出现闪火时的温度。为了控制柴油蒸发性不致过强而造成爆燃，国家标准规定了闪点的最低值。显然，蒸发性越好，闪点越低。

(2) 轻柴油的牌号。轻柴油的牌号是按柴油凝点的高低来划分的。国产轻柴油按其质量可分为优等品、一等品和合格品，每个等级又分为 10 号、0 号、-10 号、-20 号、-30 号和 -50 号 6 种牌号。

2. 柴油机可燃混合气的形成及燃烧

柴油机可燃混合气的形成和燃烧与汽油机相比有较大区别。由于柴油的蒸发性和流动性比汽油差，因此，柴油不能像汽油那样在气缸外部形成可燃混合气，而只能采用在压缩行程接近终了时，将柴油以高压喷射方式喷入气缸内的燃烧室，与高温、高压空气形成可燃混合气自行着火燃烧。因可燃混合气直接在燃烧室内形成的时间极短，而且存在喷油、蒸发、混合和燃烧重叠进行的过程。因此柴油机可燃混合气的形成和燃烧过程比汽油机的汽油燃烧过程更为复杂。

柴油的燃烧过程通常分为 4 个阶段，如图 6-46 所示。

(1) 备燃期。指喷油始点 A 与燃烧始点 B 之间的时间间隔。在此期间，喷射成雾状的柴油在气缸内从高温空气处吸热后蒸发、扩散，并与之混合。

(2) 速燃期。指图 6-46 中 B、C 两点间的时间间隔。自 B 点开始火焰自火源向四周迅速传播，燃烧加剧，放热激增，燃烧室内的温度和压力迅速上升，直至 C 点所表示的压力为最高值为止。

(3) 缓燃期。指从最高压力点 C 起到最高温度点 D 止的时间间隔。在此阶段，燃气温度继续升高，燃烧速度逐渐减缓。喷油过程一般在缓燃期结束。

(4) 后燃期。指从 D 点起直至燃烧停止时 E 点的时间间隔。在此期间，活塞继续下行，

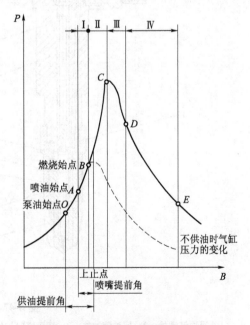

图 6-46 气缸压力与曲轴转角的关系
Ⅰ—备燃期；Ⅱ—速燃期；Ⅲ—缓燃期；Ⅳ—后燃期

燃烧室内压力和温度降低。

为了改善柴油机燃油的混合气形成及燃烧，燃油系统、燃烧室形状以及它们之间的相互匹配起着至关重要的作用。柴油机的燃烧室按结构形式不同，可分为两大类：直接喷射燃烧室和分开式燃烧室。

三、柴油机燃料供给系的主要部件

1. 喷油器

喷油器是柴油机实现燃油喷射的重要部件，其功用是根据柴油机混合气形成的特点，将燃油雾化并喷射到燃烧室特定的部位。此外，喷油器在规定的停止喷油时刻应能迅速中断喷射，而不发生燃油滴漏现象。

（1）喷油器的基本分类和构造。柴油机一般采用如图6-47所示的闭式喷油器。这种喷油器在不喷油时，喷孔被针阀密封，喷油器的油腔不与燃烧室相通。闭式喷油器又分为轴针式喷油器和孔式喷油器两类，如图6-47所示。孔式喷油器多用于直喷式燃烧室柴油机上。轴针式喷油器的轴针可制成不同形状，以得到不同形状的喷注，因而可适应于不同形状燃烧室的需要。

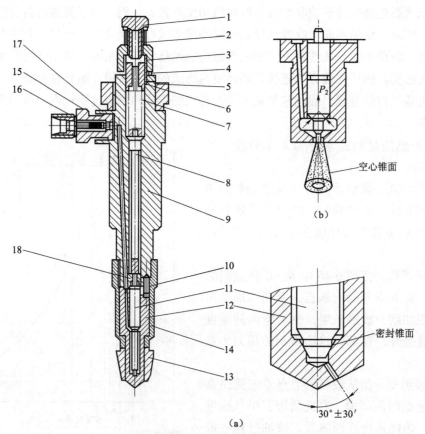

图6-47 闭式喷油器

1—回油管螺栓；2—回油管衬垫；3—调压螺钉护帽；4—调压螺钉垫圈；5—调压螺钉；6—调压弹簧垫圈；7—调压弹簧；8—顶杆；9—喷油器体；10—定位销；11—喷油嘴针阀；12—针阀体；13—喷油器锥体；14—紧固螺套；15—进油管接头；16—滤芯；17—进油管接头衬垫；18—油道

图 6-47（a）所示为孔式喷油器，由喷油嘴针阀 11、针阀体 12、顶杆 8、调压弹簧 7、调压螺钉 5 及喷油器体 9 等零件组成。其中喷油嘴针阀 11 和针阀体 12 是相配合的一对精密偶件。其配合间隙仅为 0.002~0.004 mm，此间隙过大则易发生漏油而使油压下降，影响喷雾质量；间隙过小则针阀不能自由滑移。针阀中部的锥面称为承压锥面，位于针阀体的环形油腔中，用以承受油压。针阀下端的锥面与针阀体上相应的内锥面配合，以实现喷油器内腔的密封。针阀偶件是精加工后经选配、研磨后形成其配合精度的，对这样的精密偶件，应成对使用，不得互换。调压弹簧 7 的预紧力通过顶杆 8 作用在针阀上，使针阀紧压在针阀体的密封锥面上，以关闭喷孔。

（2）孔式喷油器的工作原理。当柴油机工作时，由喷油泵输出的高压柴油从进油管接头 15 经过喷油器体 9 与针阀体 12 中的孔道进入针阀中部的环状空腔，油压作用在针阀的承压锥面上，形成一个向上的轴向推力，当该推力克服了调压弹簧 7 的预紧力以及针阀与针阀体间的摩擦力后，针阀即上移打开喷孔，柴油便在高压下从针阀下端喷油孔喷出。当喷油泵停止供油时，由于油压迅速下降，针阀在调压弹簧 7 的作用下迅速将喷油孔关闭。喷油器喷油开始时的喷油压力取决于调压弹簧的预紧力，预紧力可通过调压螺钉 5 进行调整确定。

在喷油器工作期间，会有少量柴油从针阀体与针阀之间的间隙渗出，并沿顶杆 8 周围的空隙上升，通过回油管螺栓 1 进入回油管，流回柴油滤清器。这部分柴油对针阀还可起到润滑作用。

2. 柱塞式喷油泵

喷油泵的功用是根据柴油机的不同工况，将一定量的柴油压力提高，并按规定的时间通过喷油器喷射到气缸燃烧室内。为避免喷油器产生滴漏现象，喷油泵必须保证供油停止迅速。

多缸柴油机的喷油泵还应具备以下要求。

（1）按各缸的发火顺序定时供油。

（2）各缸供油量应一致，在标定工况下每缸供油量相差应小于 3%。

（3）各缸供油提前角相同，误差应不大于 0.5% 曲轴转角。

喷油泵的种类很多，直列柱塞式喷油泵应用最为广泛。

图 6-48 所示为最常见的柱塞式喷油泵的基本构造。它是由柱塞偶件（由柱塞 5 和柱塞套 4 组成）、出油阀偶件（由出油阀 3 和出油阀座 2 组成）、滚轮体总成、弹簧等组成。其中柱塞除了做直线往复运动外，还绕自身轴线在一定角度范围内转动。

柱塞式喷油泵的泵油原理如图 6-49 所示，当凸轮的凸起部分转过之后，柱塞在

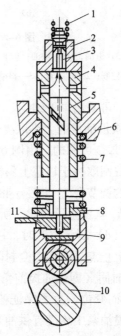

图 6-48 柱塞式喷油泵的基本构造
1—出油阀弹簧；2—出油阀座；3—出油阀；4—柱塞套；
5—柱塞；6—喷油泵体；7—柱塞弹簧；8—弹簧下座；
9—滚动体总成；10—凸轮轴；11—调节臂

· 203 ·

柱塞弹簧力的作用下下移到图6-49（a）所示位置，此时燃油自低压油腔经油孔4和8被吸入并充满泵腔。当凸轮转动时，使柱塞自下止点上移，起初有部分燃油从泵腔挤回低压油腔，直到柱塞上部的圆柱面将两个油孔完全封闭为止。此后，柱塞继续上升［图6-49（b）］，柱塞上部的燃油压力迅速增高到足以克服出油阀弹簧7的作用力，出油阀6即开始上升，当出油阀上的圆柱形环带离开出油阀座5时，高压燃油便自泵腔通过高压油管流向喷油器。当柱塞上移到图6-49（c）所示位置时，柱塞上的斜槽与油孔8开始接通，于是泵腔内的燃油便经柱塞中央的孔道、斜槽和油孔8流向低压油腔，这时，泵腔中的油压迅速下降，出油阀在弹簧力的作用下立即回位，喷油泵供油立即停止。此后，柱塞仍继续上升到上止点，但并不向高压油管供油。随着凸轮转动，柱塞又下行重复上述过程。凸轮每转一周，柱塞泵油一次。

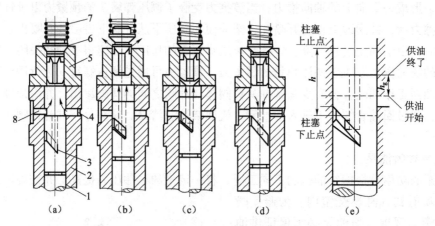

图6-49 柱塞式喷油泵泵油原理示意图

（a）进油；（b）供油；（c）停止供油；（d）不供油；（e）柱塞行程 h 和供油行程 h_g

1—柱塞；2—柱塞套；3—斜槽；4,8—油孔；5—出油阀座；6—出油阀；7—出油阀弹簧

综上所述，可得出以下结论。

(1) 柱塞泵供油量的大小取决于供油行程 h_g。这里应说明的是，柱塞行程 h 是固定的，而供油行程 h_g 却是可调的。由图6-49知，供油开始位置始终在柱塞完全封闭油孔4、8处，而供油终了位置则取决于柱塞上斜槽3与油孔8开始相通（喷油泵卸压停止供油）的位置。转动喷油泵上的调节臂11（图6-48）使柱塞绕自身轴线旋转一定角度就改变了这个位置，这样供油行程 h_g 就发生了变化。所以，转动柱塞可改变供油量的大小。但当柱塞绕自身轴线转到图6-49（d）所示位置时，柱塞上升至顶面刚越过油孔4、8，斜槽即与油孔8相通，直至柱塞移至上止点还不能完全封闭油孔8为止，由于不能泵油，所以称它为不供油状态。

(2) 供油时间（即供油提前角）是柱塞上端圆柱面封闭柱塞套油孔时刻，它不随供油行程 h_g 的变化而变化。为了保证各缸供油时间准确并均匀一致，满足所要求的供油规律，在各种形式的喷油泵中均设有供油时间调整机构，即设法改变柱塞与柱塞套在高度上的原始位置。

出油阀是一个单向阀，它的功用是出油、断油和断油后迅速隔断高压油管和泵室的油路，迅速降低高压油管中的燃油压力，使喷油器停止供油迅速且无滴油现象。

出油阀的结构如图6-50所示。出油阀阀芯断面呈"十"字形，既能导向，又能让柴油通过。阀的上部有一圆锥面，与阀座锥面贴合，形成一环形密封带。密封带下面的小圆柱面称为减压环带，它的作用是在喷油泵供油停止后迅速降低高压油管中的燃油压力，使喷油器立即停止喷油。当柱塞停止供油时，出油阀下落，首先是减压环带封住阀座孔，泵腔出口被切断，于是燃油停止进入高压油管，再继续下降直到密封锥面贴合，使高压油路的容积增大，迅速卸压，喷油立即停止且滴油现象。

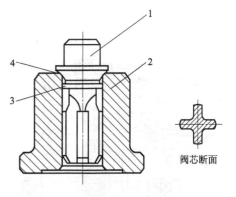

图 6-50　出油阀结构
1—出油阀；2—出油阀座；
3—减压环带；4—密封带

3. 调速器

调速器是一种自动调节喷油泵供油量的装置。其作用是根据柴油机负荷变化，自动调节供油量，以保持柴油机转速基本不变。调速器按工作原理不同分为机械式、气动式和液压式3类。机械式调速器因结构简单，使用可靠，故应用较广。按调节范围不同，又可分为单程式、两极式和全程式3种，下面介绍一种喷油泵采用的全程调速器的工作原理。

（1）Ⅱ号喷油泵全程调速器基本结构。图6-51所示为Ⅱ号喷油泵机械离心式全程调速器，它安装在Ⅱ号喷油泵的后端。

如图6-51（a）所示，喷油泵凸轮轴22的后部固定有驱动锥盘21，其末端松套着推力锥盘26。飞球保持架18为圆盘，飞球座16和飞球20装在飞球保持架18上并可滑动。驱动锥盘的内锥面上有与飞球组件相嵌的凹坑。调整螺柱6上装有4个弹簧：校正弹簧24、启动弹簧2、低速调节弹簧4和高速调节弹簧3（统称调速弹簧）。弹簧后座7用来支承启动弹簧和低速调节弹簧，并可沿轴向滑移。启动弹簧前座14支承在角接触球轴承上，高、低速调节弹簧的前座15支承于启动弹簧前座的内圆面上。一般情况下，高速弹簧处于自由状态，端头留有一定间隙。校正弹簧座25可轴向移动。

推力锥盘的球轴承和启动弹簧前座14之间夹持有拉板13，其上部的圆孔装在喷油泵油量调节拉杆19的后端，并可用螺母12调节限位。拉板向左移动时，拉杆弹簧使油量调节拉杆19左移的冲击得以缓和。支于后壳上的操纵轴28的中部与调速叉10固定安装，其外端与操纵摇臂30靠花键连接。调速叉的下端顶住弹簧后座7的后端面，驾驶员通过加速踏板和杆系操纵摇臂（即转动调速叉10）可改变调速弹簧3和4的压缩量（预紧力）。

发动机工作时，飞球组件产生的离心力，使其沿飞球保持架18上的径向滑槽向外滑动，由此产生的轴向分力推动推力锥盘26向右移动，从而带动拉板13使油量调节拉杆19右移，减少供油量。转速下降，飞球组件的离心力减小，其在调速弹簧力的作用下，沿保持架向内滑移，从而使推力盘组件带动油量调节拉杆左移，使供油量增加，转速上升。停机手柄27装在调速器前壳17的顶部，壳体顶部与底部均设有加油孔和放油孔，分别用加速螺塞11和放油螺钉1堵住。螺塞上钻有通气孔，以防止壳内润滑油受热后产生蒸气压力过高而造成漏油。通气孔道内装有滤芯，以避免灰尘等杂质进入调速器，如图6-51（a）所示。

（2）Ⅱ号喷油泵全程调速原理。如图6-51（b）所示，调速叉10处于一定的位置，此时若柴油机发出的有效转矩与外界载荷阻力正好平衡，则转速平衡，飞球组件离心力所形成

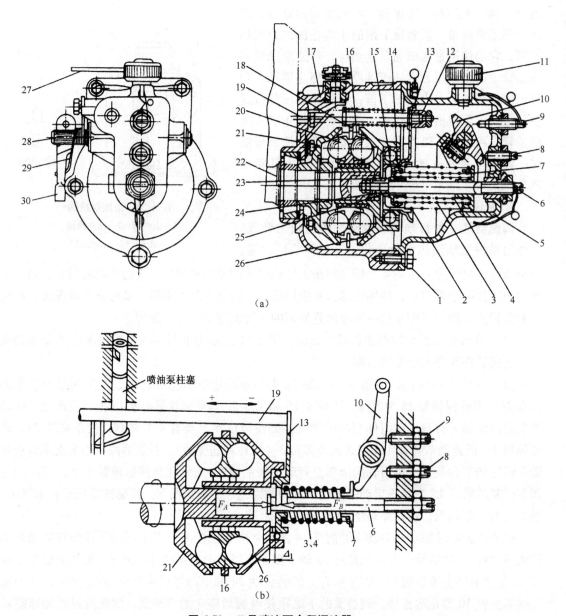

图 6-51　Ⅱ号喷油泵全程调速器

(a) 调速器结构；(b) 调速器工作原理示意图

1—放油螺钉；2—启动弹簧；3—高速调节弹簧；4—低速调节弹簧；5—调速器后壳；6—调节螺柱；7—弹簧后座；8—低速限止螺钉；9—高速限止螺钉；10—调速叉；11—加速螺塞；12—拉杆螺母；13—拉板；14—启动弹簧前座；15—调速弹簧后座；16—飞球座；17—调速器前壳；18—飞球保持架；19—油量调节拉杆；20—飞球；21—驱动锥盘；22—喷油泵凸轮轴；23—垫圈；24—校正弹簧；25—校正弹簧座；26—推力锥盘；27—停机手柄；28—操纵轴；29—扭力弹簧；30—操纵摇臂

的轴向推力 F_A 与调速弹簧作用力 F_B 平衡。拉板 13 和油量调节拉杆处于一定的位置，并与调节螺柱 6 的台肩间存在一定的间隙 Δ_1。若此时外界负荷突然减小，其阻力矩减小，而驾驶员未来得及改变调速叉的位置，则发动机的转速必然升高，于是 $F_A > F_B$，使油量调节拉杆自动右移，减小供油量，发动机的有效扭矩随之减小，直至与外界阻力矩相等为止，转速达到新的稳定，F_A 与 F_B 形成新的平衡。此时，柴油机以比外界阻力矩变化前略高的转速稳定运转，间隙也稍有增大。相反，当外界阻力矩突然增大，发动机转速降低时，$F_A<F_B$，使拉板自动左移，增加供油量，发动机有效转矩变大。直到有效扭矩与外界阻力矩相等，转速不再降低，F_A 与 F_B 取得新的平衡。此时柴油机以比之前略低的转速稳定运转，间隙也稍有减小。

此外，当外界阻力矩增大，使发动机转速降低到近乎零时，调速器飞球的离心力减至最小，油量调节拉杆在调节弹簧弹力的作用下达到最大供油位置。这时所得到的发动机稳定转速称为全负荷转速。若外界阻力矩继续增大，发动机转速虽然会继续下降，但由于调节螺柱 6 左端凸肩的阻挡，调速弹簧不可能再将推力锥盘和拉板组件向左推动，因此油量调节拉杆保持原位不动，即调速器不再起作用。

当由驾驶员操纵的调速叉 10 位置不变，而外界阻力矩降到零时（突然踩下离合器踏板），由于调速器的作用，供油量将减到最小，柴油机不对外做功。这时柴油机在空负荷下以最高转速运动。这一转速称为"空转转速"。

从全负荷转速至空转转速这一转速范围，称为调速器的"调速范围"。

由于调速弹簧的预紧力不同，全负荷转速和空转转速的数值也不同。

当外界阻力矩保持不变时，发动机以一稳定转速旋转，并保持一个相应的调速范围。此时增大调速弹簧预紧力，使 $F_A>F_B$，油量调节拉杆左移，供油量增加，发动机转速升高，F_A 增大，直至 F_A 与 F_B 达到新的平衡为止。于是发动机转速便稳定在一个较高的调速范围内。反之，若减小调速弹簧的预紧力，则发动机转速稳定在一个较低的调速范围内。

当调速叉 10 转到与高速限止螺钉 9 接触时，调速弹簧的预紧力达到最大，此时的全负荷转速最大，称为"额定转速"。在此转速下的发动机有效扭矩和有效功率分别称为"额定扭矩"和"额定功率"，其供油量称为"额定供油量"。

当调速叉转到靠住低速限止螺钉 8 时，调速弹簧 3、4 的预紧力最小，此时的发动机空转转速最低，称为"怠速转速"。

柴油机出厂时调节螺柱 6 和高速限止螺钉 9 已调好并加铅封，不允许随意改动。

四、柴油机燃料供给系统常见故障及原因

1. 发动机不启动

造成柴油机燃料供给系统故障的原因很多，在此仅分析油路所产生的故障。

（1）启动时排气管不冒烟。启动时排气管不冒烟说明喷油泵未供油，可拆掉喷油泵上的高压油管接头，转动柴油机曲轴观察；其次是油路漏气，即输油泵单向阀密封不良等。

（2）启动时排气管冒白烟且不易着火，说明油中有水，喷油雾化不良。

2. 发动机动力下降

（1）供油量小，主要原因有柱塞偶件磨损，导致泄漏严重等。

（2）油腔中有空气，形成油路中的气阻，使柱塞供油减少；输油泵磨损，输送油量不足；喷油泵油量调节杆卡滞，不能移到最大供油量处；供油提前角不正确。

3. 排气不正常

（1）冒白烟。冷车启动冒白烟，特别是冬季明显，若温度升高后不冒白烟，则为正常；若仍冒白烟，则说明柴油中有水，以及供油时间过迟。

(2) 冒黑烟。冒黑烟的主要原因为供油时间过早；喷油雾化不良，产生油滴；空气滤清器堵塞，进气不充分；超过额定负荷。

(3) 冒蓝烟。冒蓝烟的主要原因是气缸窜机油或空气滤清器机油液面过高，造成烧润滑油。

4. 发动机敲击声

主要原因有：喷油时间过早；喷油器雾化不良或滴油；供油不均匀等。

第九节　发动机的启动

一、概述

发动机从静止状态进入工作状态，必须先依靠外力转动发动机的曲轴，使气缸完成进气、压缩和点火过程，直到混合气燃烧做功后，发动机才能自动进入工作循环。发动机在外力作用下，曲轴由开始转动到自动怠速运转的全过程，称为发动机的启动。

启动发动机所必需的曲轴转速，称为启动转速。发动机启动时，为了使曲轴达到启动转速，必须克服各运动零件相对运动表面的摩擦阻力和气缸内被压缩气体的阻力。克服这些阻力所需的转矩，称为启动转矩。

二、发动机的启动方式

发动机的启动方式，常用的有人力启动、压缩空气启动和辅助动力启动。辅助动力通常有电力起动机或辅助汽油机。

(1) 人力启动。人力启动即手摇启动或拉绳启动。启动时，将启动手柄杆端横梢插入发动机曲轴前端的启动爪内，摇动手柄即可转动曲轴，由于这种启动方式操作不方便，并且较费力，因而仅作为中、小功率汽车的备用启动装置。

拉绳启动的操作方法是将软绳的一端在曲轴的飞轮外缘上缠绕一至两圈，用手猛拉绳的另一端，使曲轴转动，可用于小功率发动机的启动。

(2) 压缩空气启动。其方法是将气缸放气阀开放，然后使压缩空气通过管道进入燃烧室，推动活塞运行并带动曲轴转动。压缩空气启动一般用于大、中型柴油发动机的启动。

(3) 辅助动力启动。其中辅助汽油机启动主要用于大功率柴油机的启动，而电力起动机启动则广泛用于中、小功率发动机的启动。电力起动机以电动机轴上的驱动齿轮带动发动机飞轮周缘上的轮齿，从而驱动曲轴旋转，其以蓄电池为电源，结构紧凑，操作简单，启动迅速可靠，是现代汽车发动机普遍采用的一种理想的启动方式。

电力起动机由直流电动机、传动机构和控制机构等组成。按传动机构和控制机构的不同，电力起动机可分为惯性啮合式起动机、机械啮合式起动机、电磁啮合式起动机和电枢移动式起动机。其中电磁啮合式起动机结构简单、工作可靠、操作方便，在国内外汽车上得到了广泛应用。

三、典型起动机构造及工作原理

图 6-52 所示为一种常用的 321 型电磁啮合式起动机的基本组成，其控制电路如图 6-53 所示。

第六章 内燃机

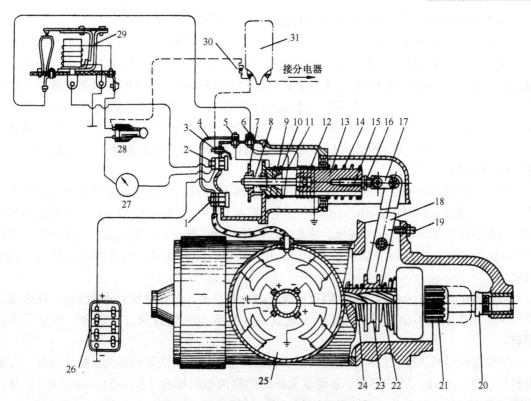

图 6-52 321型电磁啮合式起动机的组成

1，2—电动机开关接柱；3—点火线圈附加电阻短路开关接柱；4—导电片；5，6—线圈接柱；7—触盘；8—触盘弹簧；9—触杆；10—固定铁芯；11—吸拉圈；12—保持线圈；13—引铁；14—回位弹簧；15—连接杆；16—固定螺母；17—耳环；18—拨叉；19—定位螺钉；20—限位螺母；21—驱动齿轮；22—锥形弹簧；23—滑环；24—缓冲弹簧；25—启动电动机；26—蓄电池；27—电流表；28—点火开关；29—启动继电器；30—附加电阻；31—点火线圈

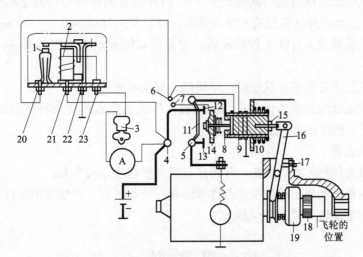

图 6-53 321型电磁啮合式起动机控制电路

1—附加继电器触点；2—附加继电器线圈；3—点火开关；4，5—起动机开关接柱；6，20—起动机接柱；7—点火线圈附加电阻接柱；8—吸拉线圈；9—保持线圈；10—活动铁芯；11—连接片；12，13—触点；14—接触盘；15，17—调节螺钉；16—传动叉；18—驱动小齿轮；19—单向滚柱式啮合器；21—电池接柱；22—电枢接柱；23—点火开关接柱

· 209 ·

由图 6-53 可知，321 型电磁啮合式起动机的工作原理如下：

启动时，电路为蓄电池正极→起动机开关接柱 4→电流表→点火开关 3→附加继电器点火开关接柱 23→附加继电器线圈 2→电枢接柱 22→电池负极。由于附加继电器的线圈 2 通电，产生吸力，使附加继电器触点 1 闭合，接通起动机的保持线圈和吸拉线圈。这时保持线圈、吸拉线圈的电路为：蓄电池正极→起动机开关接柱 4→附加继电器的电池接柱 21→磁轭→附加继电器触点 1→起动机接柱 20、6→保持线圈 9→接柱（电池负极）。另有一路从起动机接柱 6→吸拉线圈 8→连接片 11→起动机开关接柱 5→起动机励磁绕组→电枢绕组→接柱（电池负极）。

在吸拉线圈和保持线圈的吸力下，活动铁心 10 被吸动，传动拨叉逆时针摆动，使小齿轮 18 啮入飞轮齿圈。与此同时，活动铁心推动接触盘 14，接通触点 12、13，蓄电池即可为起动机提供强大的电流，产生转矩，从而带动曲轴转动。起动机的主电路为：起动机开关接柱 4→触点 12→接触盘 14→触点 13→起动机开关接柱 5→励磁绕组→电枢绕组→接柱（电池负极）。

当触点 12 与 13 未接通之前，因吸拉线圈的电流已流入电枢绕组和励磁绕组，在电磁力作用下，能产生一个小的转矩，使小齿轮旋转一角度与飞轮齿圈进入啮合，避免了顶齿现象。

主电路接通后，吸拉线圈被短接，活动铁芯的位置由保持线圈的吸力保持。另外，在触盘移动接通触点 12、13 的同时，还使点火线圈的附加电阻短接（图 6-53 中未示出），从而提高了点火电压。

四、起动机的使用与保养

1. 起动机的正确使用方法

（1）起动机每次通电启动时间应低于 5 s，再次启动时中间应停歇 2 min 左右，若需连续第 3 次启动，启动前应认真检查并排除故障，且其间隔时间不应少于 15 min。

（2）发动机启动进入自动工作循环后，应立即切断起动机的控制电路，使起动机停止工作。

（3）发动机处于正常工作状态时，不得接通起动机电源。

（4）在冬季或低温气候条件下启动起动机，可先用热水或明火将气缸加温预热后再进行启动，也可用手柄摇动曲柄预热。

2. 起动机的保养

（1）起动机应保持干燥、清洁，各连接导线与接柱应压接牢固。

（2）经常检查起动机上的各活动部件和传动、控制机构，并按规定进行润滑。

（3）按规定定期进行维护和保养。

思 考 题

6-1　往复活塞式发动机常见的分类方法有哪些？

6-2　什么是发动机的工作循环？

6-3　发动机主要由哪些机构和系统组成？它们各有何功用？

6-4 四冲程发动机和二冲程发动机的工作原理有何不同？试比较它们的优缺点。

6-5 柴油机与汽油机在可燃混合气形成的方式与点火方式上有哪些区别？其所用的压缩比有何不同？

6-6 曲柄连杆机构主要由哪些零件组成？其功用是什么？

6-7 试述曲柄连杆机构的常见损伤及修复方法。

6-8 配气机构的功用是什么？气门式配气机构如何分类？

6-9 试述气门配气机构的常见故障及排除方法。

6-10 发动机的润滑方式有哪些？各用于哪些部位的润滑？

6-11 试述发动机润滑的常见故障和排除方法。

6-12 发动机冷却系统的功用是什么？发动机冷却系统常见的故障有哪些？试简述产生的原因和排除方法。

6-13 汽油直接喷射供给系统有哪些优缺点？如何分类？

6-14 传统蓄电池点火系统主要由哪些零件组成？主要存在哪些缺点？

6-15 柴油机燃料的燃烧过程通常分为哪几个阶段？试述各阶段柴油燃烧的特点。

6-16 柴油机的燃料供给系统主要由哪些部件构成？

6-17 试述Ⅱ号喷油泵全程调速器的工作原理。

6-18 试述柴油机燃料供给系统的常见故障及其产生的主要原因。

6-19 发动机常用的启动方式有哪些？

第七章　通用机械设备管理基础

第一节　通用机械设备管理概述

一、机械设备管理的意义

所谓机械设备管理，简单地说是围绕机械设备开展的一系列组织和管理的总称，具体是指企业对机械设备的装备购置、经营生产、使用维修、更新改造、处理报废等全过程的管理工作。当前，我国国有大中型企业已实现了机械化生产或施工，生产性机械设备是生产力的重要组成要素，机械管理已成为现代企业经营管理的重要组成部分。

机械管理对于合理地组织机械化生产、降低劳动强度、提高生产率、保证产品质量、降低生产成本、保证安全生产等，都具有十分重要的意义。

不同类型的企业，应结合具体情况，制定机械设备管理制度，建立、健全设备管理机构及岗位责任制，完善设备管理体制，加强机械设备的维护和检修工作。

二、机械设备管理的任务与内容

机械设备管理的任务就是对机械设备进行综合管理，做到合理装备、择优选购、正确使用、精心维护、科学检修、适时改造和更新设备，不断改善企业的技术装备水平，充分发挥设备效能，确保生产任务的顺利完成，从而达到提高企业经济效益、不断提高装备现代化和管理现代化的水平、不断提高企业在市场中的竞争能力的目的。

机械设备管理的内容包括机械设备运动的全过程，即从选择机械设备开始，经生产领域的使用、磨损、补偿，直至报废退出生产领域为止的全过程。机械设备运动的全过程包括两种运动形态：一种是机械设备的物质运动形态，包括设备选择、进场验收、安装调试、合理使用、维护修理、更新改造、封存保管、调拨、报废和设备的事故处理等，在实际工作中叫作机械设备的使用业务管理（或叫设备的技术管理）；另一种是设备的价值运动形态，即资金运动形态，包括机械设备的购置投资、折旧、维修支出、更新改造资金的来源和支出等，在实际工作中叫作机械设备的经济管理，构成企业的固定资金管理，由企业的财务部门承担。一般来说，工作机械管理按其具体工作内容的不同一般分为前期管理、资产管理、现场管理、安全管理、经济管理和统计管理等。

为搞好机械设备管理，生产企业应做好以下几项基础性工作。

（1）机械设备管理是一项技术性很强的综合管理工作，企业要建立、健全设备管理机构，切实加强设备工作的领导，既要坚持完成生产任务，又要克服只顾生产而忽视机械管理的倾向。

（2）实行目标管理和岗位责任制，层层落实责任，推行全员管理，并经常督促开展各项检查活动，调动群众管好、用好机械设备的积极性和创造性。

（3）建立健全机械设备管理规章制度和严格的责任制度、奖惩制度，总结和推广先进经验，使机械管理形成正常秩序，规范设备管理工作。

（4）重视机械技术和业务知识的培训工作，努力提高设备操作人员、维修人员与管理人员的专业水平和业务素质。

三、机械设备管理体制

目前我国企业的机械设备管理体制一般采取集中管理、分散使用的原则。这种管理体制的优点是：使机械设备得到充分利用，发挥投资效益，避免机械设备利用率低下、投资效益不高、管理不善、使用不当和维修困难等情况发生。

四、机械设备管理的责任制

在生产企业中，对机械设备管理负有责任的人员是：企业的经理、企业分管机械设备的领导、项目经理、生产现场负责人、各级机械技术负责人和各级机械管理部门负责人。各级机械管理部门的负责人应该由具备全面机械管理知识的技术人员担任。

1. 机械设备管理负责人的主要职责

（1）对所属单位的机械管理工作进行组织和技术、业务的指导，领导并完成本部门职责范围的各项工作。

（2）贯彻执行机械管理的各项规章制度，根据本单位情况制定实施细则，检查各项规章制度的执行情况。

（3）负责组织所属单位管好、用好机械设备，监督机械设备的合理使用、安全生产，组织机械事故的分析和处理工作。

（4）负责推行业务竞赛活动，组织检查评比，促进机械设备管理工作的全面提高。

（5）组织贯彻机械维修制度，审查维修计划，帮助维修单位提高技术水平。

（6）审查机械统计报表，组织统计分析、掌握机械设备全面情况，并解决存在的问题。

（7）推行单机经济核算，保证完成各项技术的经济指标。

（8）负责会同有关部门，做好机械管理的横向联系和协同配合工作。

（9）及时、定期地向主管领导汇报机械管理和维修工作情况，提出改进工作的方案和建议。

2. 一般机械管理人员守则

对于一般机械管理人员，应在本单位主管领导和部门负责人的领导下，根据分工，制定岗位责任制，并应遵守以下守则。

（1）模范地遵守并贯彻执行国家和上级有关机械管理的方针、政策和规章制度。

（2）努力学习机械管理专业知识，不断提高技术业务水平。

（3）认真执行岗位责任制，做好本职工作。

（4）面向基层，为企业生产服务，切实解决机械管理、使用和维修中的问题。

（5）加强调查研究，如实反映情况，敢于纠正违反机械管理规定等的错误。

3. 机械设备群众管理的主要形式

除了充分发挥各级领导和专业人员的作用外，还应调动操作人员、维修人员和广大职工的积极性。一切机械设备都要靠人去操纵和维修，操作人员和维修人员对机械的情况最为熟悉，管好、用好机械设备的规定和措施也必须通过他们来具体体现。因此，必须发挥群众管理的作用，使各项机械管理工作有着广泛的群众基础，才能使机械设备管好、用好并使其完好状态得到充分保证。

机械设备群众管理的主要形式有以下几种。

（1）建立定人、定机、定岗位责任的"三定"制度，把每台机械设备、每项机械管理工作具体落实到人。

（2）建立以工人为主的机械检查组，负责机械日常状况的检查，监督例保执行并负责修、保机械的验收工作，必要时可协同处理管理工作中的重大问题。

（3）由经验丰富的工人担任兼职机械员，协同专职机械员做好机械管理工作。

（4）开展各种竞赛和爱机活动，调动群众管理机械设备的积极性。

五、评价机械设备管理水平的主要技术经济指标

评价机械设备管理水平的主要技术经济指标有以下几种。

（1）机械设备完好率：

$$机械设备完好率 = \frac{生产期内完成的机械台数}{生产期内实有的机械台数}$$

$$机械台日完好率 = \frac{生产期内制度日中完好台数}{生产期内制度台数}$$

（2）机械设备利用率：

$$机械台日利用率 = \frac{生产期内制度日中实际工作台数}{生产期内制度台数}$$

$$机械台时利用率 = \frac{生产期内制度时中实际工作台数}{生产期内制度台数}$$

（3）机械设备效率：

$$机械效率 = \frac{生产期内机械实际完成总工作量}{生产期内机械平均总能力}$$

$$机械能力利用率 = \frac{生产期内某种机械实际平均台工作量}{某种机械台定额产量}$$

（4）机械化程度：

$$某工种机械化程度 = \frac{某工种利用机械完成的实际工作量}{某工种完成的工作量}$$

$$综合机械化程度 = \frac{\sum\left[\binom{各工种利用机械}{完成的实际工作量} \times \binom{各工种的}{额定工系数}\right]}{\sum\left[\binom{各工种完成}{的实际工作量} \times \binom{各工种的}{额定工系数}\right]}$$

（5）机械技术状况和事故统计：

$$优良机率 = \frac{优良机械台数}{生产主要机械台数}$$

$$一类机械率 = \frac{一类机械台数}{生产主要机械台数}$$

$$故障发生率 = \frac{事故次数}{机械平均总台数}$$

第二节　通用机械设备的合理装备

一、企业装备机械设备的原则

企业的机械设备装备是企业机械管理的重要问题。由于生产的特点，以及产品的多样性、多变性，就决定了机械配备和确定机械的品种、规格和数量是很复杂的问题。

企业机械设备的合理装备总的原则是技术上先进，经济上合理，生产上适用，也就是说，应该是既满足企业生产技术的需要，又要使每台机械都能发挥最大的效率，满足经济上的要求，达到适用的目的。

二、机械设备合理装备的结构特征

装备结构合理化是企业管理的目标之一，合理的装备结构具有以下特征。

1. 技术先进

技术先进是指构成企业机械化生产能力的主要机械设备应具有与当代平均水平相匹配的技术指标，即具有先进的能耗水平、生产效率、耐用性、安全性、环保性、可靠性和维修性等。随着技术的进步，原来技术性能可称先进的机械设备，就可能变得技术陈旧和性能落后，对过时的老一代产品，或者已经步入老年役龄阶段的机械设备适时地更新是技术先进性的保证。

2. 机械效率和利用率高

在正常情况下，企业的主要机械设备应基本上达到国家规定的利用率和机械效率指标，否则就无法追求经济效益，也无达到定额标准。要使企业的技术装备结构达到高利用率和高机械效率的要求，必须处理好以下两个关系。

（1）常用机械与非常用机械之间的关系。

企业必须将机械按其长期利用率的高低区分为常用和非常用两大类，区分界线以年利用率的60%为界，年利用率在60%以上的定为常用机械，年利用率在60%以下的定为非常用机械。

（2）机械化生产过程中机械设备之间必须有正确的配套关系。

应在生产能力、技术性能、工艺性能之间合理地匹配。如果匹配不当，就难以达到高效使用机械设备的目的。

3. 机械化程度均衡

机械化程度的均衡是指工种、工序和生产之间机械化程度的均衡。如果机械化程度不均衡，就会在机械化生产的过程中出现"瓶颈"现象而影响进度，也无法体现总的机械化生产的优越性。

如果企业的装备结构只能实现高水平的机械化生产，那么这种装备结构就是一种有缺陷的装备结构。在众多的机械化生产环节之间夹杂着一些主要依靠手工劳动的生产环节,这样的薄弱环节必须通过实现装备结构的合理化来加以解决。

4. 便于使用与维修

机械设备便于使用和维修也是企业装备结构合理化的重要方面。如果机械设备的操作复杂、保养维修技术难度大且成本较高、配件来源缺乏,必将给企业总的经济效益带来不利的影响。

综上所述,一个完善、合理的技术装备结构应该是一个具有平均先进水平、高效、机械化程度均衡及便于使用、维修的装备结构,即使这种合理的结构已经形成,也还需要随着生产形势的变化适时地加以调整和完善,这就是装备管理的基本任务。

第三节 通用机械设备的资产管理

机械设备是企业固定资产的重要组成部分。从固定资产的角度对企业的机械设备进行管理的全过程称为机械设备的资产管理。固定资产是指使用期限超过一年,单位价值较高,且在规定标准以上,为生产商品、提供劳务、出租或者经营管理而持有的有形资产。不属于生产经营主要设备的物品,单价在 2 000 元以上并且使用年限超过两年的,也应当作固定资产。

机械设备管理的全过程包括机械设备的购置、验收、建立机械设备台账和单机卡片、分类编号、建立技术监理要案、清点盘查、折旧及大修基金提取、封存、调拨、处理和报废等工作。

一、机械设备的选型、购置

企业机械设备的来源,主要的渠道便是购置与调拨。为了提高企业机械设备的技术装备水平,企业将根据装备规划及生产的需要和资金筹措的情况,经过选型、购置、调剂等工作有计划地逐年添置机械设备,并对原有的机械设备不断地进行更新。

1. 机械设备的选型

选型是机械管理中的最初工作。设备的可靠性与维修性很大程度反映在先天阶段,即设计、制造的工作质量。因而选型的好坏,直接影响到今后机械设备的使用与管理。

选型前应做好的工作:

(1) 收集机型资料。对收集的资料进行比较,选其优者。

(2) 研究工作特点。所选机型必须适用,能在生产中充分发挥机械效能。防止对生产特点了解不深、研究不透,仓促确定所购机型,以致机械设备购买后不适用,造成浪费。

(3) 引进机械设备要考虑本单位的实际水平。

选型要考虑以下因素:

(1) 先进性。应具备技术先进、结构合理、操作简便、耗能量低等性能,落后、淘汰或过时的产品切不可购买。

(2) 经济性。所谓经济性,一是指购价低廉,特别是选购国外产品,更要多方了解比较;二是指机械设备本身应具备结构紧凑、质量轻、体积小、耗能低等经济性能,能减轻安装、使用方面的费用。

（3）可靠性。可靠性是指精度、准确度的保持性，零件的耐用、安全可靠性等。

（4）环保性。超过国家规定的噪声和排污标准的，不能购买。

（5）维修费用低。维修费用占机械使用费支出的比重较大。为节约维修费用，要选购结构简单，零件组合合理，维修时零部件易于采购，便于拆卸、检查，通用化、系列化、标准化程度高，零件互换性强的产品。

（6）灵活性。要能适应不同的工作条件和环境，操作灵活，能适应多种作业需要。

（7）配套适用性。一是机械设备本身的配套，二是机械设备的组合作业配套。

2. 机械购置

选定机械设备准备购置时，一般需签订供货合同。

签订合同时要在不违反合同法的前提下，充分反映本企业的利益要求。具体应注意以下几点。

（1）熟悉有关的合同法规。机械订货合同管理人员应了解经济合同活动全过程的所有细节。

（2）合同应有专人按合同号有始有终地负责管理，切忌频繁更换管理人员或出现分段管理。重点合同应由具备专业知识，同时熟悉合同法规的人员负责，并组成专业小组加强管理。一定要根除管理人不懂技术，而懂技术人员又无权的不正常现象。

（3）签订合同时应细致准确，应将产品品种、型号、规格、等级、质量标准、数量、价格、付款方式、包装、交货期、交货方法、运输方式、验收方法等一一认真准确地填写。对违约条款更应措辞严密，不得出现二义性。对进口设备还应当注意要求卖方提供设备维修保养的技术资料和必要的维修配件。

（4）关键合同应由公证处办理公证，以便发生纠纷时提请仲裁。

（5）加强资料管理。除合同应编号建档外，准备阶段的有关文件、签订过程中的会谈纪要，以及自合同签订之日起至合同规定的保证期中所发生的一切有关活动资料，都应收集整理归档，如其中包括来往信函及更改或取消合同的文件，到货通知单和海关手续，货物接运、商检、验收的原始记录与证书，保证期内的运行记载等。这些资料都是索赔及进行纠纷诉讼时的法律依据。

合同一经签订，即具有法律效力，不履行合同的负经济责任和法律责任。因此，必须定期检查合同执行情况，对执行过程中发生的一切事项要加以记录，并予以妥善处理。

二、机械设备的验收

无论是购置的新设备，还是调拨或转让的旧设备，以及自制的具备固定资产条件的机械设备，在进入本单位固定资产产权范围以前，都必须由机务部门组织验收。

验收的依据是核对各项原始凭证，包括：订货合同或协议书；订货的发票、货运单、装箱单、发货明细表、设备说明书、质量保证书及有关文件和技术资料等。

验收的内容主要是：机械外观检查和质量检验，随机附件、易损备品配件、专用工具以及设备说明书、图纸等随机技术资料的清点等工作。

验收一般按下列程序进行：

（1）根据合同核对发票、运单、品种规格和价格，按货运单初步检查包装完整情况和件数是否相符。如发现问题应及时和承运方（供方）交涉索赔或拒付货款。

（2）进行开箱检查。根据装箱单、说明书、合格证核实所有物品的种类、规格、数量以及外观质量。对发现的问题进行验记，并向承运方（供方）提出交涉或索赔。

（3）在必要时和可能情况下进行运转，发现问题做出记录，并提出索赔或交涉。

（4）认真填写验收记录，做好建立技术档案的原始资料。

经验收合格后，首先由机械管理部门填写机械设备验收和试验记录单，之后请单位总工程师或总机械师签字，并随同原始单据交财务部门作为固定资产的入账依据。

三、机械设备的分类、编号、建账、立卡和清点

为便于管理，机械设备必须按照国家和企业的规定，根据其性能与用途进行统一分类和编号。

为掌握所有机械设备的基本情况，企业所属各级机械设备管理部门要建立机械设备台账和机械设备登记卡。机械设备台账以机械设备的编号为顺序，反映各类机械设备的数量、增减变化和分布情况以及每台机械的主要技术数据、来源及其原值等情况。机械设备登记卡为一机一卡，卡片应随机转移，报废时，卡片应附在报废申请表后送审。机械设备登记卡必须指定专人填写、保管，不得随便更改、毁换或增减内容，做到台账、登记卡与机械设备相符。

按照国家对国有资产清查盘点规定，企业每年年终前都要对机械设备进行一次全面的清查盘点，作为年终清产工作的重要内容之一。

四、机械设备技术档案

所有机械设备都要建立技术档案，内容包括：随机技术文件（产品使用、保养和修理说明书，出厂合格证、图纸等），装箱单，交接验收凭证等原始技术资料，历次大修记录，设备改造记录，运转时间记录，机械事故记录，报废鉴定表及其他有关资料。

企业机械管理部门应建立机械履历书，并由专人负责保管，建立借阅登记簿，报废解体销毁后的机械设备，档案也随之销毁。

五、机械设备折旧和折旧基金

机械设备作为生产企业的固定资产，在长期参加生产过程中逐渐磨损，而其价值则随着固定资产的使用逐渐地、部分地转移到成本或企业的期间费用中去，这部分逐渐转移的价值就是固定资产折旧。机械设备的折旧就是根据机械设备的磨损程度，按月或年一部分一部分地转移到成本中去的机械设备价值。折旧的不断累积，形成用于机械设备更新和改造的资金，即折旧基金。

生产企业一般根据制度规定的各类固定资产预计使用年限和预计净残值率，采用年限平均法或工作量法计提折旧。净残值是指机械设备报废后的残体价值减去处理报废所需的费用。

国家规定国有企业的固定资产必须按月计提折旧基金。当月增加的固定资产，当月不提折旧，从下月起计提折旧；当月减少的固定资产，当月照提折旧，从下月起不提折旧。企业不得随意改变折旧政策；不得少提、多提固定资产折旧。折旧基金和转让机械设备的收入，

必须全部用于机械设备的更新改造，而不得用于其他开支。

六、机械设备的封存、调拨、处理和报废

1. 机械设备的封存

由于生产任务不足或企业转产等原因，造成闲置的机械设备，应进行维修、保养后入库封存保管。将闲置6个月以上的机械设备进行封存保管，对加强机械设备的管理是有益的，但企业还应抓紧安排闲置机械的出路，尽量减少由于封存给企业带来的经济损失。

机械设备的封存保管应由公司一级机械管理部门负责，应建立封存设备库、建立封存设备台账，并制定进、出库制度，设专人负责。对于封存保管的设备，上级主管部门可根据生产的需要，随时调拨给其他单位。

2. 机械设备的调拨和处理

有些企业由于施工生产的变化或由于更新和购置失误等原因，可能造成一些机械设备的闲置或积压。同时，也有企业由于生产任务急需某些机械设备，但因一时采购不到或因购置新设备资金不足，也希望能找到一些所需的闲置积压设备，于是便发生了机械设备的调拨和处理。这样既能充分发挥机械设备的作用，又能减轻企业的负担。

调拨一般是指同建制企业之间和本企业内部机械设备的调动。而处理则一般指不同建制企业之间所进行的机械设备的变价销售。同建制企业之间的机械设备调拨属于产权变更，应办理固定资产转移手续，企业内部生产单位之间机械设备的调拨不属于产权变更，而只是使用权的转移，因而不需要办理固定资产转移手续。机械设备的处理也称为有偿调拨，属于产权变更，要办理固定资产转移手续。

在进行机械设备的调拨和处理时，企业应注意以下几点。

（1）凡属国家或部规定淘汰机型的设备，一律不得调拨或处理给其他单位。

（2）汽车类机械设备在调拨和处理时，要同时办理行车执照、养路费和保险费等转移手续。

（3）机械设备调拨要经过上级主管部门批准，凭上级主管部门签发的机械设备调拨通知单执行。

3. 机械设备的报废

机械设备使用时间已达到折旧年限，或因磨损严重，或因事故使机械设备受到严重损坏，均可进行报废处理。机械设备属于下列情况之一的应予以报废。

（1）磨损严重、基础件已损坏，再进行大修已经不能使其达到使用和安全要求的机械设备。

（2）技术性能落后、耗能高且无改造意义的机械设备。

（3）修理费用高，在经济上大修不如更新合算的机械设备。

（4）属于淘汰机型、无配件来源的机械设备。

机械设备报废时，应组织有关部门进行技术鉴定，并按规定办理报废手续。设备报废时未提足折旧的，应予补提。所谓提足折旧，是指已经提足该项固定资产应提的折旧总额。已达到报废条件的机械设备，应及时报废。淘汰或报废的机械设备不能向外租赁或转让。但由于意外事故、自然灾害等原因造成提前报废的机械设备，可不补提折旧费。

第四节　通用机械设备的合理使用

机械设备的使用管理是指机械设备在使用过程中对操作人员和对机械设备本身的管理。对操作人员的管理包括"三定"责任制度（定机、定人、定岗位责任）、技术培训、技术考核、机械设备的检查和竞赛活动；对机械设备本身的管理包括机械设备的经济使用、技术使用和安全使用。

机械设备使用管理的目标是使机械设备的使用做到高效、科学、经济和安全。

机械设备的合理使用，是机械设备管理中的重要环节，关键的问题是要在合理使用机械设备的基础上，处理好使用同维修与保养之间的关系。为此，必须做好以下几个方面的工作：

（1）要根据生产任务的特点及生产方法和生产进度的要求，正确配备各种类型的机械设备，使所选择的机械设备技术性能既能满足生产活动的要求，又能使机械设备的寿命周期费用最低。

（2）要根据机械设备的性能及保修制度的规定，恰当地安排工作负荷及做好使用的检查保养，及时排除故障，不带故障作业。

（3）要贯彻"人机固定"的原则。实行定人、定机、定岗位的"三定"制度，是合理地使用机械设备的基础。实行"三定"制度，能够调动机械操作者的积极性，增强责任心，有利于熟悉机械特性，提高操作熟练程度，精心维护和保养机械设备，从而提高机械设备的利用率、完好率和设备产出率，并有利于考核操作人员使用机械的效果。

（4）要严格贯彻机械设备使用中的有关技术规定。机械设备购置、制造、改造之后，要按规定进行技术试验，鉴定是否合格；在正式使用初期，要按规定进行走合运行，使零件磨合良好，增强耐用性；机械设备在冬季使用时，应采取相应的技术措施，以保证设备正常运转等。

（5）要在使用过程中为机械设备创造良好的工作条件，要安装必要的防护和安全等装置。

（6）要加强对机械管理和使用人员的技术业务培训。通过举办培训班、岗位练兵等形式，有计划、有步骤地开展培训工作，以提高实际操作能力和技术管理业务水平。

（7）建立机械设备技术档案，为合理使用、维修、分析研究机械设备使用情况提供全面的历史记录。

第五节　通用机械设备的更新和改造

一、机械设备损耗

机械设备购置后，在使用或闲置过程中，都会逐渐发生损耗。这种损耗有两种类型，一种是有形磨损（又称物理磨损），另一种是无形磨损（又称经济磨损）。

1. 有形磨损

有形磨损是使用过程中在外力作用下的使用磨损和闲置过程中受自然力作用而产生的自

然磨损。有形磨损，有一部分可以通过修理得到修复和补偿；还有一部分是不可能通过修理得到补偿，而需要通过部分更新来补偿。

2. 无形磨损

无形磨损是由于科学技术的进步，不断出现更完善、生产效率更高的机械设备，使原有的机械设备价值下降，或是由于机械设备的再生产价值不断降低，而使原有机械设备相对贬值。对于无形磨损的补偿办法是技术更新。机械设备技术更新，就是指用原型新设备或结构更合理、技术更完善、性能更好、生产效率更高、耗费原材料和能源更少、外形更新颖的新设备更换那些技术或经济上不宜继续使用的老设备。

二、机械设备寿命

设备寿命在不同需要的情况下内涵和意义不同。设备寿命主要包括自然寿命、技术寿命、经济寿命和折旧寿命。

1. 自然寿命

设备的自然寿命（又称为物质寿命）是指设备从投入使用到因物理磨损和不能继续使用、报废为止所经历的全部时间。自然寿命主要由设备的有形磨损所决定，因此应做好机械设备的保养和维修工作。

2. 技术寿命

技术寿命（又称有效寿命）是指设备从投入使用到因技术落后而被淘汰所延续的全部时间。技术寿命主要由设备的无形磨损所决定。通常，此时设备的自然寿命并未结束，但由于市场上出现了技术更完善、经济效益更好的新设备，继续使用旧设备的企业的生产费用将高于使用新设备的同类生产企业。

3. 经济寿命

设备的经济寿命指新设备从投入使用开始，到设备年平均费用最低为止所经历的时间。年平均费用是指设备运行阶段中的年均折旧与年均经营费用之和。设备使用过程中，年平均费用（平均每年总成本）是随时间而变化的，机械设备使用期限越长，摊到产品中的设备年折旧费逐渐减少，而年经营费用显著提高。因此，在某一最适宜的使用年限，年平均费用会达到最低值，而此时正是设备达到其经济寿命的时候。

4. 折旧寿命

由于设备在使用过程中不断地发生各种磨损，财务部门必须把设备投资逐渐摊入成本，以收回设备投资。设备从购进到其在财务账簿上价值为零所经历的时间称为设备的折旧寿命。折旧寿命对企业是否做出淘汰旧设备的决策影响很大，其计算的准确程度直接影响到设备决策的正确性，必须根据经济形势的需要和技术进步的情况，合理地确定设备的折旧方案。

三、机械设备的更新

1. 设备更新的概念和方式

设备更新是用新型设备更换原有的技术落后或经济上不合理的旧设备，它是针对设备综合磨损的一种补偿方式，是维护和扩大社会再生产的重要保证。设备更新有两个主要方式：一是以结构、功能相同的设备简单地替换老设备，即役龄更新；二是以技术上更先进、经济效益更显著的新型设备来更换旧设备，即技术更新。后一种方式不仅能解决设备损坏的补偿问题，而且能促进企业的技术进步。因此，在经济合理的条件下，应尽量采用后一种更新方式。

设备更新的时机主要取决于设备的寿命。在进行设备更新时，应多掌握设备运行的实际情况，从技术、经济两方面着手，做出正确的更新决策。

2. 机械设备的更新规划

机械设备的更新指以新代旧，具体可分为役龄更新和技术更新。用完全相同的机械填补应报废而产生的空缺称为役龄更新；用技术性能更先进的同类机械设备替换陈旧落后的旧机械设备称为技术更新。

企业的设备更新一般发生在下列两种基本情况：第一种情况是按照国家或上级主管部门规定，应该或必须更新的某种机械设备；第二种情况是由于先进技术性能的机械设备进入市场，企业主动采取的更新措施。技术更新条件一般有以下几点。

（1）设备在技术上已经陈旧落后，一般耗能超过 20% 者。

（2）设备使用年限长，已经过 4 次以上大修或一次大修费用超过正常大修费用一倍以上者。

（3）设备严重损耗，大修后性能、装配精度仍不能达到规定要求者。

企业在进行技术更新时，必须对技术更新的必要性进行充分论证，证明更新确实比不更新具有明显的优势，才能做出更新决策。如果企业生产能力本来就不足，可充分发挥旧设备的作用，扩大生产能力，即便旧设备在经济上比不上新设备，也不一定马上更新。在更新时应深入进行产品技术性能调查，如果能预见到近期内将有性能更先进的产品进入市场，可再推迟一段时间更新。

四、机械设备的改造

1. 机械设备的改造的概念和方法

机械设备的改造是指机械设备的局部技术更新，即根据生产的具体需要，改造旧设备的局部结构，或在旧设备上增加新部件、新装置，从而改善和提高旧设备的技术性能。

为了尽快改变机械设备老、旧、杂的落后面貌，提高企业生产的现代化和机械化生产水平，尽快形成新的生产能力，对现有的机械设备，既要采取"以新换旧"，还要"改旧变新"，即对于老、旧、杂的机械设备需要进行技术改造。

机械设备改造的具体方法很多，如改造设备的动力装置，提高设备的功率；改变设备的结构，满足新工艺的要求；改善零件的材料质量和加工质量，提高设备的可靠性和精度；安装辅助装置，提高设备的机械化、自动化程度。另外，还有为改善劳动条件、降低能源和原材料消耗等对设备进行的改造。

2. 机械设备的改造规划

机械设备的改造一般都具有投资小、见效快的特点，是挖潜、节约开支和改善陈旧设备技术性能的有效途径，是企业装备规划中不可缺少的内容。但是，必须对改造方案的技术可行性进行研究和对经济效果进行预测，以防改造失败，造成经济损失。

在进行机械设备的改造中应注意以下各点。

（1）要同整个企业的技术改造相结合，提高企业的生产能力。

(2) 要以降低消耗、提高效率，达到最大经济效益为目的。

(3) 在调查研究的基础上，做好全面规划，根据需要和资金、技术、物质的可能，有重点地进行。

第六节 通用机械设备的安全管理

机械设备的安全管理是指机械设备在使用过程中，采取各种技术措施和组织措施，消除一切使机械遭到损坏、使人身受到伤害的因素或现象，从而避免事故发生，实现安全生产。机械设备安全管理工作是机械设备管理的重要内容，贯穿于机械设备管理的全过程。

一、机械设备安全使用要点

(1) 建立、健全安全生产责任制。机械设备的安全使用应列入企业领导、项目经理的任期目标。根据管生产必须管安全的原则，对企业各级领导、各职能部门、生产岗位上的职工，都要按其工作性质和要求，明确规定对机械安全的责任。

坚持"三定"制度（定机、定人、定岗位责任）、机长负责制制度和操作证制度，将各项安全要求和责任明文写进各项规定中，落实到每个人身上，以保证安全责任制的贯彻执行。

(2) 健全、完善、落实安全技术操作规程。安全技术操作规程是确保机械设备安全使用的法规性技术文件，是机械安全运行、安全作业的重要保障，是安全教育的基本教材，也是分析事故原因、查清事故责任的基本依据。完善的安全技术操作规程应包括3个方面的内容。

① 有关纪律性规定：主要包括一般应遵守的劳动纪律和安全知识。

② 有关通用技术性规定：主要包括机械设备通用部分的安全操作要点。

③ 有关专业技术性规定：主要包括针对机械设备的特殊结构或性能而制定的安全使用要点。

(3) 积极采用安全装置。随着安全技术的发展，在机械设备上安装自动报警、自动显示、自动连锁、自动停车等安全装置，当出现问题时自动动作，具有人所不及的安全保护作用。因此，只要技术上可能和条件上许可，都应积极采用，同时要定期对安全装置进行性能检测，以防失灵误事。

(4) 对职工经常进行安全教育。对机械专业人员、各种机械的操作人员进行不间断的安全教育，除日常教育外，还必须进行专业技术培训及机械使用安全技术规程的学习，并作为取得操作证的主要考核内容。

(5) 认真开展机械安全检查活动。机械安全检查的内容包括：机械本身的故障和安全装置的检查，主要是消除机械故障和隐患，确保安全装置灵敏可靠；机械安全生产的检查，主要检查生产条件、生产方案、措施是否能确保机械安全生产。同时，还应开展百日无事故、安全运行标兵等竞赛活动。

二、机械设备安全技术管理

(1) 安全技术部门应在项目开工前编制包括主要生产机械设备安全防护技术的安全技

术措施,并报管理部门审批。

(2) 认真贯彻执行经审批的安全技术措施。

(3) 管理部门应对执行安全技术措施的情况进行监督。生产单位应接受管理部门的统一管理,严格履行各自在机械设备安全技术管理方面的职责。

三、机械验收

(1) 管理部门应对进入生产现场的机械设备的安全装置和操作人员的资质进行审验,不合格的机械和人员不得进入施工现场。

(2) 机械设备在安装前,管理部门应根据设备提供的参数进行安装设计架设,经验收合格后的机械设备可由资质等级合格的设备安装单位组织安装。

(3) 设备安装单位完成安装后,报请主管部门验收,验收合格后方可办理移交手续。

(4) 所有机械设备验收资料均由机械管理部门统一保存,并交安全部门一份备案。

四、机械管理与定期检查

(1) 项目经理部应视机械使用规模,设置机械设备管理部门。机械管理人员应具备一定的专业管理能力,并掌握机械安全使用的有关规定与标准。

(2) 机械操作人员应经过专门的技术培训,并按规定取得安全操作证后,方可上岗作业;学员或取得学习证的操作人员,必须在(持操作证)人员监护下方准上岗。

(3) 机械管理部门应根据有关安全规程、标准制定机械安全管理制度并组织实施。

(4) 机械管理部门应对现场机械设备组织定期检查,发现违章操作行为应立即纠正;对查出的隐患,要落实责任,限期整改。

(5) 机械管理部门负责组织与落实上级管理部门和政府执法检查时下达的隐患整改指令。

第七节 通用机械设备的维修管理

维修是机械设备维护和修理的合称,通常维护也称保养,维修管理是对机械设备保养和修理工作的计划、组织、监督、控制和协调,其目的是减缓和消除机械设备在运行过程中所产生的损耗,提高机械设备使用的可靠性,延长机械设备的使用寿命,提高机械设备使用与维修的经济效益。

一、机械设备的维修制度

机械设备的维修制度经历了一个长时期的演变过程。最初的机械设备维修制度是事后维修制。所谓事后维修制是指当机械设备出现故障后才去修理,只要机械设备不出故障,就一直使用下去。随着生产机械化程度的日益提高,机械设备的突发性故障对生产的影响变得很大,甚至会使生产产生重大损失,这时,事后维修制已无法适应生产发展的需要。同时,人们在维修的技术理论研究方面,也有了明显的进步,对机械设备的磨损和损坏规律的认识有了重要突破,于是便产生了计划预期检修制和预防检修制的维修制度。

1. 计划预期检修制

计划预期检修制是典型的定期维修制度，它的主要特征是定期保养、计划修理，其指导思想是养修并重、预防为主。

（1）计划预期检修制的内容。

计划预期检修制分为保养和修理两部分作业内容。把机械设备从完好到需要彻底修理最多分为七个维修等级：即日常保养、一级保养、二级保养、三级保养、四级保养、中修和大修。对各级维修等级都规定有间隔期，各级保养等级间隔期之间均成倍数关系。

以内燃机械为例，各级维修作业内容的划分大体遵从以下规定：

日常保养：也称为每班保养或例行保养，由操作人员班前班后对机械设备进行"十字作业"（清洁、润滑、紧固、调整、防腐）。

一级保养：除日常保养作业内容外，还应检查润滑油面，添加润滑油，清洗空气、燃油、机油滤清器。

二级保养：除一级保养的全部作业内容外，增加了检查和调整内容。例如检查和调整离合器、制动踏板行程等。二级保养需要由修理工人配合进行。

三级保养：除二级保养的全部作业内容外，还需要进行某些总成的解体、清洗、检查、调整，以消除隐患。例如进行柴油喷油压力和时间的检查、调整等。从三级保养开始，就需要由专职维修人员负责。

四级保养：为最高一级的保养，应对大部分总成进行解体性清洗、检查和调整，其目的是对整机进行一次较彻底的全面检查和调整。

中修：中修是机械设备两次大修之间的平衡性修理。其目的是消除各总成间损坏程度的不平衡，达到尽可能延长大修间隔周期的目的。

大修：大修是对机械设备进行全面、彻底的恢复性修理。大修作业时，应将机械设备全部解体，对所有零件，包括基础件进行检查、鉴定，并对其按照大修技术标准进行修复或换新。大修后各零件必须达到原厂规定的技术标准，使机械设备无论从实质还是从外貌上都达到整旧如新的程度。

上述七级维修分级是一种最全的分级制度，并不是所有的机械设备都执行上述七级维修分级制度。根据机械设备的类型特点一般执行以下规定：大型机械设备执行七级维修制度；汽车类机械设备执行日常保养，一、二、三级保养，大修制；中小型机械设备等执行一、二级保养，大修制；个别结构简单的机械设备不执行计划预期检修制，采取事后维修制。

随着科学技术的进步和职工技术素质的提高，机械设备的制造质量和可靠性已得到明显提高，使用人员和修理人员的使用维修水平也有不同程度的提高，使机械设备的使用状况得到明显改善。因此，目前已取消中修和四级保养并逐渐延长各级维修的间隔期。除上述维修分级制度中各级保养和大修外，还有机械设备为排除临时故障所需的现场修理，即所谓的小修和事故性修理。

（2）机械设备修理周期。

由于某机械的生产条件和保养状况的不同，即使机种、机型相同，也会导致其磨损状况具有不一样的结果，所以修理周期或称间隔期是一个相对的概念。平时接触到的修理间隔期定额也只能是根据某种机械的一般磨损规律确定的指导性计划和考核指标。其意义在于，据此可以编制机械修理计划，安排修前技术鉴定，以及作为衡量和考核机械使用、保修工作的标准。修前技术鉴定所确定的修理期限才是实际意义上的修理时间。

2. 预防检修制

预防检修制的维修制度也称为定期检查、按需修理维修制或定检定项维修制。它是在总结计划预期检修制的不足，吸收国外以机械状态检测为基础的预防维修的做法，是在企业推广的新的修理制度。

定检定项维修制的特点是：定期检查、按需修理，根据机械设备的运行周期，采取和应用机械设备诊断技术和仪器，通过一定的检测手段，如油样分析、废气分析、温度测试、磁性传感、超声波探测等不解体的测试技术，检查和了解机械的技术状态，发现存在的隐患，有针对性地安排修理计划，以排除这些缺陷和隐患。定期检查、按需修理的方式接近于机械的实际情况，因而安排的修理计划接近于机械当时的状况且切合机械缺陷所需要的修理，具有修理及时且费用低的优点。但实行定检定项修理制必须具备一定的检测仪器、设备和掌握一定的诊断技术。

二、保养计划的编制与实施

保养计划是组织对机械设备进行保养的依据。保养计划按月编制。为了协调机械设备的生产时间和停机保养时间，应将保养计划作为生产计划的一个组成部分，在下达生产计划时同时下达机械设备保养计划。

保养计划的编制方法是：由机械使用单位中的机械管理部门在每月前根据机械设备运转记录计算出每台机械设备当月应进行的保养级别和保养次数，并查明必须同时进行小修的项目，然后编制月度机械设备保养作业进度计划表。

保养计划的内容包括保养级别、作业日程、占用台日等。保养计划进度表编制完成后，应与生产计划部门提出的当月需用机械设备情况协调，经批准后纳入月度生产计划实施。一般保养费用应直接摊入当月成本。

在保养计划的实施中应注意：停机保养一律以机械管理部门下达的保养任务单为准，不得随意提前或推迟停机保养日期；如因生产任务急需且必须推迟执行保养计划时，则应经机械主管领导同意，推迟时间一般不得超过规定保养周期的 10%；日常保养和一级保养一般不列入保养计划，但必须加强对日常保养与一级保养质量的检查和监督；对于一、二级保养应尽量安排在生产作业间歇时间或非生产作业时间进行；保养任务完成后，要认真填写保养记录，对于二级以上的保养，还应由机械管理部门及时审查保养记录，并归入机械技术档案。

正确组织机械设备的定期保养作业，是缩短停修时间、提高机械设备完好率和利用率的有力保证。为使保养工作组织得更好，维修部门应合理安排劳动组织、严格执行技术检验制度、不断完善保养机具和保养工艺，以提高工效，确保质量，降低消耗。

三、大修理计划的编制与实施

由于大修理作业工作量大、停机时间长，而且需要一定的物资准备，所以应分别编制预计性的年度大修理计划、调整性的季度大修理计划和实施性的月度大修理计划。

年度大修理计划编制的目的是掌握全年机械设备大修理量，统筹安排全年修理力量，编制年度材料与配件的供应储备计划等。年度大修理计划由公司机械管理部门统一编制。季度大修理计划是年度大修理计划的季度落实，根据生产任务和机械设备本身情况，将机械设备的送修时间确定到季度。月度大修理计划是实施性作业计划，机械设备的使用单位必须按照计划规定日期将机械设备按时送修。有些单位只编制年度大修理计划和月度大修理计划，而不编制季度大修理计划。

第八节　通用机械设备的技术档案管理

一台机械设备，在其整个寿命周期内，有一系列具有财务依据性及技术参考性的单据、数据、文字记录、图样、计算书等文件资料，这些都是机械管理工作的主要依据。把这些资料集中保存与系统管理就成为机械设备的技术档案。

一、技术档案的主要作用

技术档案是机械设备整个寿命周期全过程的历史性记录。它的主要作用如下：

（1）根据实际使用情况，核查主要装备管理措施的正确性，总结经验，吸取教训，逐步提高装备管理水平。

（2）为正确使用、维修、培训、改造等提供技术资料。

（3）反映机械设备使用性能、技术状况的变化情况，为充分发挥机械设备效能，编制各种计划（机械使用计划、保修计划、配件计划等），进行大、中修技术鉴定，以及事故分析等提供可靠的依据。

（4）为购买、转让提供技术、财务依据。

二、技术档案的具体内容

并不是所有的有关机械设备的记录、数据均列入技术档案的内容，只有那些具有单机针对性以及有查阅参考价值的技术数据资料才能成为技术档案的一个组成部分。以内燃机为例，每次检修时的曲轴修磨尺寸、镗缸尺寸等数据应作详细记录，列入档案，但一些正常替换件的更换就没有技术参考价值，不能列为档案内容。机械设备全面综合管理在技术档案工作方面的反映主要体现在以下两点上：

（1）对购进或调进的机械设备，必须把经过批准的"机械购（调）申请单"列为技术档案的必备内容，作为以后核查及追究责任的依据。

（2）对自制自改设备，从方案选择、具体设计到试制及测试鉴定等先天性技术资料均全部整理归档。

技术档案的具体内容可以分为原始性资料与积累性资料两大部分。

1. 原始性资料

（1）新增机械设备必要性审查计算书及购调申请单。

（2）自制自改机械设备方案论证、技术设计（主要是计算书及图样）、试制总结、试运转测试记录及技术鉴定等。

（3）随机原始资料，如合格证、出厂试验记录及文件（大型机械甚至还有主要结构或零部件的材质化验单等）、使用说明书、维修说明书、随机附具附件清单、易损零件图册、配件编号目录等。如果是旧机调拨，也应从调出单位接收上述资料。

（4）设备进厂（场）试验验收记录、安装调试总结、接交清单及有关手续签署文件。

(5) 有条件收集到的部分或全套加工装配图样等。
(6) 其他具有长期参考价值的静态技术数据资料。

2. 积累性资料

(1) 设备运行、消耗等分期总结分析资料。
(2) 历次大（中）修记录、修竣验收单、大（中）修费用核销清单等检修资料。
(3) 机械事故记录分析、处理过程。
(4) 设备检查评比记录资料。
(5) 关于机械结构、个别零部件材质改变、代用等局部技术变更资料。
(6) 其他在使用、维修过程中发生的有保存价值的资料。

三、技术档案的管理

技术档案的管理是档案能否正常发挥作用的关键，它要达到以下几个目的：
(1) 资料完整、齐全、精干、高质、保存完好。
(2) 凡属积累性资料，必须及时补充、更新。一旦积累性资料出现遗漏、陈旧、脱离现实情况的现象，将失去指导作用。
(3) 技术档案的管理要以方便使用为原则，以充分发挥其作用。

为此，在技术档案管理上应遵循以下原则：

(1) 要适当缩小建档范围，以利于集中精力提高管理水平。当前一个较为普遍的问题是不问具体对象，一律建立档案，例如一些以金属结构件及替换件为主体的机械设备，如胶带输送机等也建档，一些技术档案往往除了几个生产性能、规格型号等数据外，其余一片空白，这是没有必要的。应该由主管技术负责人根据需要核定建档机械设备清单。一般来说以内燃机为动力的大、中型机械及以电动机为动力的结构复杂的大型设备应建档。

(2) 技术档案要实行双重管理，除了由专人负责保管、正确填写等业务性工作外，还要由主管技术员（师）分类负责分管机械技术资料的及时补充、更新并定期检查技术档案的填写质量。机管部门应每半年组织一次技术档案的检查与分析工作，保证技术档案的质量及总结变化规律，改进管理工作。

(3) 凡是拥有多台同规格的机械设备，不必将说明书、操作规程、维修手册等共性资料每档保存一份，以致操作工人与现场反而得不到使用。像这类资料在同类档案中只需保存一两份即可，其余部分应放手外借，方便使用，即使由于现场使用而招致部分磨耗损蚀，也比只管不用为好。

(4) 技术档案只有在设备调出时才调出建制单位，平时应始终保存在机械设备管理部门。一般规定在设备大修时要随机进厂。实践证明，这样做弊多利少，因为即使在大修时，所需要参考的也只是少量几个数据，如果全部档案随机入厂，是很容易发生丢失和污损现象的。

四、技术档案的简化形式——机械履历书

基层使用单位的机管部门或机管人员，采用技术档案的简化形式——机械履历书进行管理。机械履历书的内容与要求为：

(1) 机械规格说明：由机管部门于建立履历书时一次填登。

（2）随机工具及附属装置记录：由机管部门登记，机长（保管人）签章认可，有变动时随时登记签认。

（3）交接记录：在每次变更使用单位或保管人，办清交接手续后填登，由交接双方及监交人签章。

（4）运转记录：由机管部门或机管人员根据班运转记录按月填写一次。

（5）小修保养记录：由机管部门根据保修任务单，按月填写一次。

（6）修理记录：每次大（中）修时，由承修单位提供必要数据，由主管人员摘要填写。

（7）事故登记：由机务部门根据事故报告摘要填登。

（8）变更装置记录：于变更装置后由机管部门填登。

（9）检验记录：机械进行技术检验时，由检验负责人填登。

（10）其他基层使用单位机务部门认为必须填登的内容。

思 考 题

7-1 说明机械设备管理的意义、任务与内容。

7-2 简述机械设备管理的责任制。

7-3 评价机械设备管理水平的主要技术经济指标有哪些？

7-4 机械设备中合理装备的结构特征有哪些？

7-5 简述机械设备资产管理的内容。

7-6 机械设备的选型、购置需要注意哪些方面？

7-7 机械设备技术档案主要包括哪些内容？

7-8 什么是折旧基金？它的作用是什么？

7-9 机械设备的使用管理主要包括哪些内容？

7-10 分别说明机械设备的更新和改造方式。

7-11 什么是机械设备的自然寿命、技术寿命、经济寿命和折旧寿命？

7-12 简述机械设备安全管理的内容。

7-13 简述机械设备的两种维修制度。

7-14 说明机械设备技术档案的主要作用。

7-15 说明机械设备技术档案的具体内容。

参考文献

[1] 曹志成，郎运鸣．实心转子制动电机在起重机运行机构中的应用［J］．起重运输机械，2000（04）．
[2] 机械工程手册编委会．机械工程手册（第2版）．物料搬运设备卷［M］．北京：机械工业出版社，1997．
[3] 倪庆兴，王殿臣．起重输送机械图册［M］．北京：机械工业出版社，1992．
[4] 李文治．泵的构造与维修［M］．重庆：科学技术文献出版社重庆分社，1988．
[5] 杨诗成，叶衡．离心泵结构与部件［M］．北京：水利电力出版社，1990．
[6] 商景泰．通风机手册［M］．北京：机械工业出版社，1994．
[7] 刘绍叶，朱达异，杜道基，等．泵与原动机选用手册［M］．北京：中国石油工业出版社，1991．
[8] 杨惠宗，袁仲文，陆火庆．泵与风机［M］．上海：上海交通大学出版社，1992．
[9] 林梅，孙嗣莹．活塞式压缩机原理［M］．北京：机械工业出版社，1997．
[10] 巫安达，乔国荣．汽车维修技术［M］．北京：高等教育出版社，1997．
[11] 徐少明，金光熹．空气压缩机实用技术［M］．北京：机械工业出版社，1994．
[12] 王迪生，杨乐之．活塞式压缩机结构［M］．北京：机械工业出版社，1990．
[13] 刘雅琴，郑学伦．汽车摩托车构造与工作原理［M］．上海：上海科学技术出版社，1996．
[14] 王兴民．钳工工艺学［M］．北京：劳动人事出版社，2009．
[15] 陈家瑞．汽车构造上册［M］．北京：机械工业出版社，2001．
[16] 杨成可，孔宪峰．汽车发动机构造与修理［M］．北京：高等教育出版社，1997．
[17] 蔡云光，覃方明．轻型汽车故障检修图解［M］．成都：四川科学技术出版社，1998．
[18] 杨信．汽车构造［M］．北京：人民交通出版社，2006．
[19] 周国洪．汽车修理中级汽车发动机［M］．成都：四川科学技术出版社，2007．
[20] 郑祖斌．通用机械设备［M］．北京：机械工业出版社，2007．
[21] 中国标准出版社总编室．中国国家标准汇编［M］．北京：中国标准出版社，2000．
[22] 史路．上海通用别克轿车动力总成的开发、标定．国产化认证和验证研究［J］．上海汽车杂志．2002（8）：1-6．
[23] 周宗明，吴东平．机电设备故障诊断与维修［M］．北京：科学出版社，2009．
[24] 王新晴．内燃机维修［M］．北京：国防工业出版社，2008．